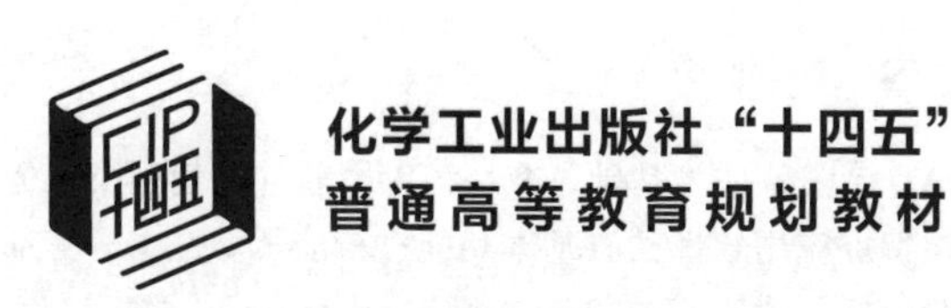

计算机辅助设计与实训

王子佳　主编

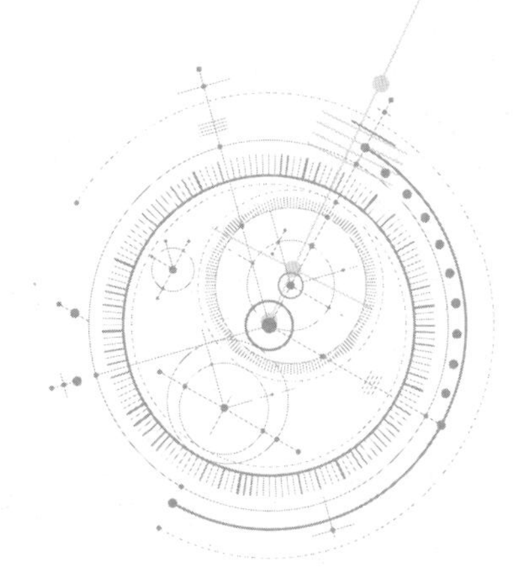

化学工业出版社
·北京·

内 容 简 介

《计算机辅助设计与实训》主要以AutoCAD绘图软件为基础，介绍该绘图软件的使用及操作，图样以设计相关专业图样为主，结合不同图样的结构特点应用软件独有基本功能进行演示。全书分三部分，共十五章。第一部分为建筑制图基础与实训，主要包括：建筑制图的基本规定；形体的表达方法。第二部分为AutoCAD绘图与实训，主要包括：AutoCAD基本知识；基本绘图命令；基本编辑命令；图案填充及其操作；图形的尺寸标注；文字注写与编辑；图层的使用与控制；创建图块及图块的使用；图形信息；AutoCAD快捷键。第三部分为设计制图与实训，主要内容包括：天正建筑软件入门；绘制与识读建筑施工图；专业图样示例。

本书适用于艺术设计、城市规划、建筑设计、公共艺术等专业的本、专科在校学生，也可作为计算机辅助设计培训班培训用书，还可以作为相关专业设计人员的学习和参考用书。

图书在版编目（CIP）数据

计算机辅助设计与实训/王子佳主编．—北京：化学工业出版社，2022.11
化学工业出版社“十四五”普通高等教育规划教材
ISBN 978-7-122-42401-3

Ⅰ．①计… Ⅱ．①王… Ⅲ．①计算机辅助设计-高等学校-教材 Ⅳ．①TP391.72

中国版本图书馆CIP数据核字（2022）第194363号

责任编辑：满悦芝　　文字编辑：孙月蓉
责任校对：赵懿桐　　装帧设计：张　辉

出版发行：化学工业出版社（北京市东城区青年湖南街13号　邮政编码100011）
印　　刷：北京云浩印刷有限责任公司
装　　订：三河市振勇印装有限公司
787mm×1092mm　1/16　印张15¾　字数387千字　2022年11月北京第1版第1次印刷

购书咨询：010-64518888　　售后服务：010-64518899
网　　址：http：//www.cip.com.cn
凡购买本书，如有缺损质量问题，本社销售中心负责调换。

定　　价：55.00元

前 言

计算机辅助设计既需要具备建筑及室内外设计等方面的理论知识，又要求掌握并能够熟练运用相关软件进行快速、准确的绘图，只有掌握绘图软件相应的技巧，才能更好地以图样来表达设计师的创意、构思及理念。本书以建筑制图基本规定为基础，以计算机图形技术为手段，并结合编者多年计算机辅助设计课程教学的丰富经验，全面系统地介绍了计算机辅助设计的方法和技巧，助力培养艺术与计算机技术相结合的设计艺术创新型人才、应用技能型人才。

本书在图样及案例的选择上均注意适度和实用，最大限度精简命令操作步骤，增加技巧性实例，实现“教、学、做”一体化，力图达到教会读者操作技术，使读者学会表现技能、掌握绘图本领的目的。同时，在相关章节后设置相关练习题，章中穿插优秀设计效果图赏析等内容，潜移默化地渗透，可使读者提高艺术品位修养、增强设计构图能力、提升绘图识图技能。

本书将AutoCAD繁杂枯燥的命令进行整合，融入具体的实例中，避免过多地侧重于软件操作叙述而导致学生在学习过程中忽略与相关专业结合这一弊病，遵循环境艺术设计课程的教学要求和特点，力求将较难理解和掌握的计算机软件操作简洁化、专业化，由浅入深，符合教学的科学性、适用性、实用性。

本书的最大特色在于编写内容紧密结合专业教学，实用性强、循序渐进、图文并茂。书中的文字说明简明扼要，以最简练的语言结合具体图例准确讲解操作过程和步骤，能够引导学生尽快掌握高效率地绘制专业图的方法、步骤。

本书分为三部分：第一部分为建筑制图基础与实训；第二部分为AutoCAD绘图与实训；第三部分为设计制图与实训。教材由长春人文学院教材出版基金资助出版。本书具体参加编写的人员有：王子佳——第1~9章、第15章；潘奕——第10、11、12章；吴春丽——第13、14章。

限于编者水平，本书难免存在一些疏漏之处，敬请广大读者批评指正。

编　者

2022年10月

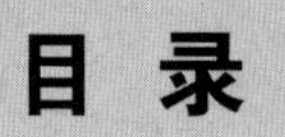

目 录

第一部分　建筑制图基础与实训

第二部分 AutoCAD绘图与实训

第三部分 设计制图与实训

第一部分

建筑制图基础与实训

第1章 建筑制图的基本规定

1.1 绘图的有关规定

为了使工程图样的设计和管理工作以信息化的形式系统、规范地进行技术方面的相互交流，针对绘图要求遵循建筑制图国家标准。当然，对于不同行业或不同省份，也有行业专用标准或各省级标准。外事技术交流时，还必须遵循国际标准。无论哪一种标准的规定都是为了使绘图（技术文件）和识图（施工指导预验收）标准化、规范化，以利于技术交流。

本章着重介绍《房屋建筑制图统一标准》（GB/T 50001—2017）、《总图制图标准》（GB/T 50103—2010）、《建筑制图标准》（GB/T 50104—2010）、《民用建筑设计统一标准》（GB 50352—2019）、《技术制图 图纸幅面和格式》（GB/T 14689—2008）等的有关规定。

1.1.1 基本规定

（1）图纸幅面

为了统一图纸幅面（即图幅，指图纸的大小及尺寸）并有效地使用图幅，便于图纸装订和存储，各图纸幅面应符合表1-1的规定。

表1-1 图纸幅面代号及图框尺寸 单位：mm

尺寸代号	幅面代号				
	A0	A1	A2	A3	A4
$B \times L$	841×1189	594×841	420×594	297×420	210×297
c	10			5	
a	25				

注：在实际工程设计中，若图纸幅面有特殊需要时，其长、短边加长尺寸一般应以最小幅面尺寸的整数倍加大。

从表1-1可以看出，各规格的图纸幅面边长尺寸有这样的关系：A1幅面是A0幅面的对裁；A2幅面是A1幅面的对裁，其余以此类推。

图纸幅面分为横式和立式两种形式。以长边为水平边的称为横式图纸幅面，如图1-1；以短边为水平边的称为立式图纸幅面，如图1-2。

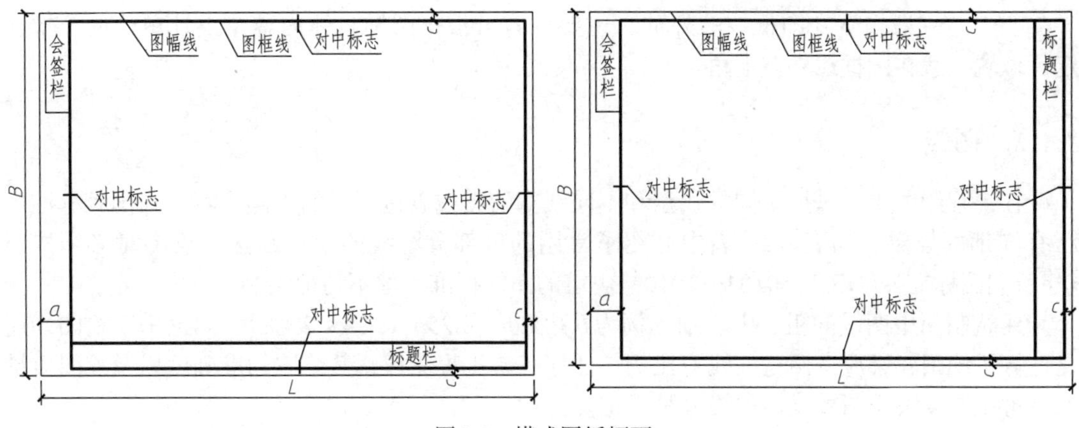

图1-1 横式图纸幅面

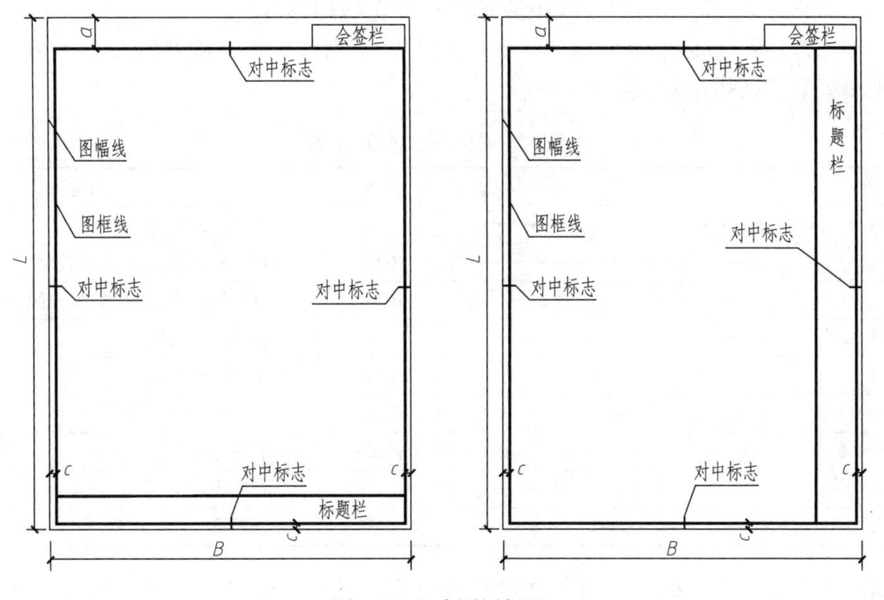

图1-2 立式图纸幅面

在规定的图幅内纸边界线（即$B \times L$）用细实线绘制，图框线用粗实线绘制。绘图时要求的图示内容必须在图框内，且应距图框线约30mm，这样均匀布图既合理，又美观整齐。为了使图样复制及缩放时定位方便，在图纸各边图框线的中点处分别以5mm的中实线作为对中标志。

（2）标题栏

图纸的标题栏也可简称为图标，应设置在图框线内的下方或右方。在图标内填写工程名称、图名、图号、比例、设计单位名称、设计者、设计日期、审核者等内容，具体格式及款项国标没有条文规定。

图标的外框线用粗实线绘制，其内的分格线用细实线绘制。字的高度由表格的高度限定。除签名外一律用长仿宋体字书写。

涉外工程应附加相关的译文，设计单位的名称前应加“中华人民共和国”字样。

（3）会签栏

会签栏一般设置在图框线的外部，主要内容可根据图样具体内容及设计单位的要求而定，位置一般在图框线外左上角。

1.1.2 图线

在工程制图中，采用不同的线型和不同线宽的图线表达图样的不同内容。在国家标准中已有详细的规定，如表1-2。表中介绍了常用的一部分图线的规定画法。绘图时必须按照《建筑制图标准》（GB/T 50104—2010）规定的图线标准一丝不苟地绘制。

建筑制图中图线的粗、中、细比例为b：$0.5b$：$0.25b$（或4：2：1）。无论手工绘图，还是计算机绘图，都应遵照这一线宽比例。任何一幅工程图样，其绘图的准确度以及绘图质量的优劣主要取决于图线线型和线宽是否正确。

所有线型的图线宽度应在国家标准规定的数系中选择：b=0.5mm、0.7mm、1.0mm、1.4mm。建议手工绘图常用的粗实线值应选择：b=0.7~1.0mm。

同一幅图样的线宽必须做到均匀一致，要保证做到这一点，除在绘图时认真、仔细外，削笔方式和运笔技巧也是很重要的一点。

表1-2 图线的类型及用途

图线名称	线型	线宽	一般用途
粗实线	————————	b	主要可见的轮廓线
中实线	————————	$0.5b$	可见的轮廓线,尺寸起止符号
细实线	————————	$0.25b$	可见的轮廓线,图例线、尺寸线,尺寸界线
粗虚线	— — — — — —	b	不可见的轮廓线
中虚线	— — — — — —	$0.5b$	不可见的轮廓线
细虚线	— — — — — —	$0.25b$	不可见的轮廓线,图例线
细单点长画线	—·—·—	$0.25b$	中心线,对称线
折断线	——∧——	$0.25b$	断开界线
波浪线	～～～	$0.25b$	断开界线

每幅图样应根据形体的具体情况确定基本线宽b。b值确定之后，每一组粗、中、细线的宽度称为线宽组，如表1-3。

表1-3 线宽组 单位：mm

图线名称	线宽			
粗实线	1.4	1.0	0.7	0.5
中实线	0.7	0.5	0.35	0.25
细实线	0.35	0.25	0.18	0.13

各种图线的应用如图1-3。

绘制图线的注意事项如图1-4。

① 在同一张图纸中，采用相同的比例绘制的各图，应选用相同的线宽组。

② 虚线的线段长度和间隔应相等，线段长为4~6mm，间距为1mm左右，虚线与虚线或虚线与其他图线相交时，应保证线段相交；虚线的端点相交时，两端不应留空隙；虚线为实线的延长线时，应在实线与虚线相接处留一段（1~2mm左右）空隙。

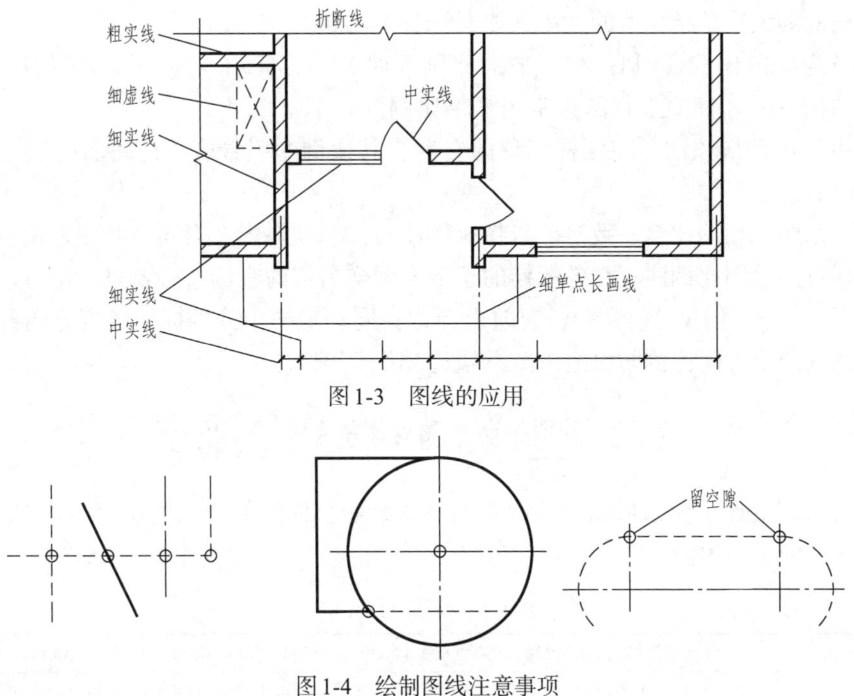

图1-3 图线的应用

留空隙

图1-4 绘制图线注意事项

③ 单点长画线、双点长画线的两端不应为短画，线段长度和间隔应相等，线段长为15~20mm，短画和间距均为1mm左右；单点长画线与单点长画线或与其他图线相交时，应保证线段相交，而不允许相交处为空隙或短画；当绘制单点长画线或双点长画线≤20mm时，其在图形中可用细实线代替；单点长画线作为中心线或对称线时，其伸出端应超出轮廓线5~7mm，且伸出端应为长画。

④ 折断线应通过被折断的全部并超出轮廓线5~7mm，折断线直线间的符号约3~5mm，转折线段长约为3mm。波浪线应徒手一次绘制而成，线宽为细实线。

以上注意事项应引起重视，其重要程度直接关系到绘图质量。

1.1.3 比例

图样中图形与实物相对应的线性尺寸之比，称为比例。比例用阿拉伯数字表示，如1：10、

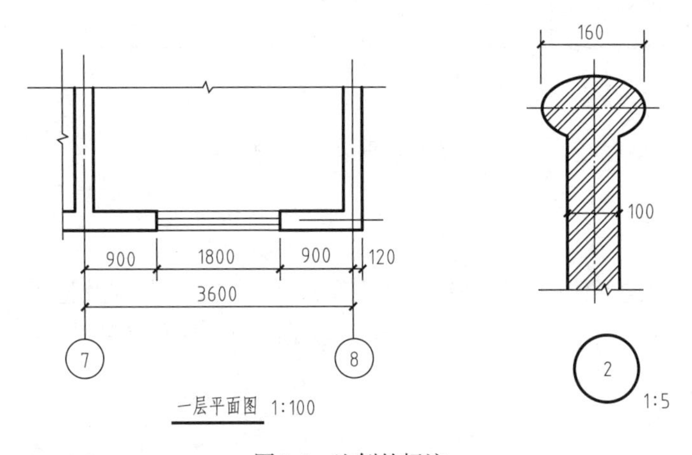

图1-5 比例的标注

1：100。比例的大小是指比值的大小，如1：50<1：20。

比例分为原值比例（即1：1）、放大比例（如2：1，5：1，…）、缩小比例（如1：2，1：5，1：10，…）。建筑工程图样常用缩小比例。

图样中的比例应该注写在图样名称的右侧，其比例的字号应该比图名的字号小一号或二号，如图1-5。

当同一幅图采用的比例一致时，可将比例注写在标题栏内。当同一幅图采用不同的比例时，应将各自的绘图比例注写在各图样的正下方图样名称的右侧。必要时，也可以注写在图样名称的下方（多用于机械制图）；有时也允许在同一视图中分别标注竖直方向和水平方向不同的比例（两个方向比例的比值一般不超过5倍）。例如：

2—2剖面图 1:50　　路线纵剖面图 水平 1:2000 竖直 1:500

绘图时所用的比例应该根据图样的用途及所绘制形体的复杂程度从表1-4中选用，并应优先选用表中的常用比例。

表1-4　绘图所用比例

常用比例	1∶1、1∶2、1∶5、1∶10、1∶20、1∶30、1∶50、1∶100、1∶150、1∶200、1∶500、1∶1000、1∶2000
可用比例	1∶3、1∶4、1∶6、1∶15、1∶25、1∶40、1∶60、1∶80、1∶250、1∶300、1∶400、1∶600、1∶5000、1∶10000、1∶20000、1∶50000、1∶100000、1∶200000

应该强调的是：绘图时无论选用放大比例、原值比例还是缩小比例，标注尺寸都必须标注形体的真实大小，如图1-6。

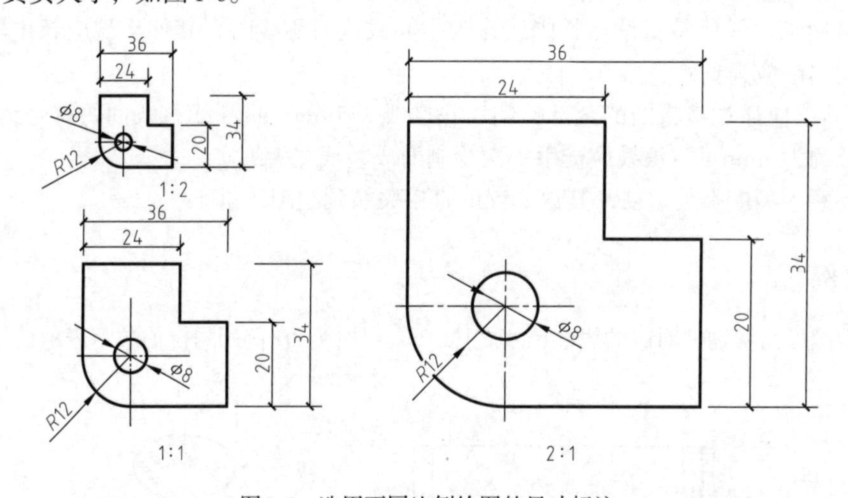

图1-6　选用不同比例绘图的尺寸标注

1.1.4　字体

在图样中除了表达形体的图线外还需要书写汉字、字母、数字及符号等，书写时必须做到字体端正、笔画清楚、排列整齐、间隔均匀。这是绘图的基本要求，也是书写的基本要领。

（1）字高

字体的高度用字号来表示，字号分为：2.5、3.5、5、7、10、14、20。字体的宽度为字

体高度的2/3。

(2) 汉字

汉字应采用长仿宋体字，字高不应小于3.5mm。字的笔画不可太粗，一般应为字高的1/10。长仿宋体字是介于宋体和楷体两种风格之间的字体。除了字体的高/宽为3/2及字体修长之外，其字体特征结构与宋体完全相同，但笔画却带有楷体字的特点。长仿宋体字横竖笔画的粗细基本一致，其横笔画可以按一般书写习惯略有左低右高的倾斜。由于长仿宋体字的独特风格，要求在书写时应做到：结构均匀严谨、字型端正俊秀、笔画刚劲有力、布置排列整齐。图1-7为汉字示例。

土木工程道路桥梁采暖通风给排水管理

(a) 14号字

建筑形体设计方案材料门窗楼梯雨篷结构室内艺术表现

(b) 10号字

施工图钢筋混凝土结构学习绘制与阅读工程图样是一项重要的技能掌握熟练精通

(c) 5号字

图1-7　汉字示例

(3) 字母、数字及符号

字母、数字及符号可书写为直体和斜体。按书写习惯多采用斜体，斜体字头向右倾斜，与水平线约成75°。

在图样中应用最多的是数字，用以尺寸标注，一般宜选用3.5或5号字。若需要标注其他字母及符号时，也应选用相同的字号。当需要采用注脚标注时，其注脚字号应比主体字号小一号。图1-8为字母、数字示例。

直体：A B C D E F G H I J K L M N

a b c d e f g h i j k l m n

1234567890

斜体：*A B C D E F G H I J K L M N*

a b c d e f g h i j k $\alpha\ \beta\ \gamma\ \delta\ \varepsilon$

1234567890

图1-8　字母、数字示例

1.1.5 建筑材料图例

在建筑工程图中，用规定的图例表示建筑材料，表1-5是常用的建筑材料图例（部分），其余的图例可查阅《房屋建筑制图统一标准》或其他标准。

表1-5 常用的建筑材料图例

名称	图例	名称	图例	名称	图例
自然土壤		石材		砂、灰土	
夯实土壤		金属		木材	
普通砖		多孔材料		饰面砖	
混凝土		钢筋混凝土		空心砖	

1.1.6 尺寸标注

图样只能表达物体的形状，其大小和各部分的相对位置则由标注的尺寸来确定。因此，正确地标注尺寸极为重要。标注尺寸时，要求正确、完整、清晰、合理。

（1）基本规定

① 图样上的尺寸一般以mm为单位，无须注写单位符号或名称，若标注尺寸时采用其他计量单位，必须在图幅适当的位置加以说明或注释。但建筑图样中的标高以m为单位，无须注释。

② 图样中所标注的尺寸为形体的真实尺寸，与绘图比例及准确度无关。

③ 图样中的尺寸应以尺寸数字（数值）为依据绘图和识图，而不得从图上直接量取。

④ 形体的每一个尺寸，一般仅标注一次。

（2）标注尺寸的四要素

尺寸线、尺寸界线、尺寸起止符号（或箭头）和尺寸数字称为标注尺寸的四要素，如图1-9。

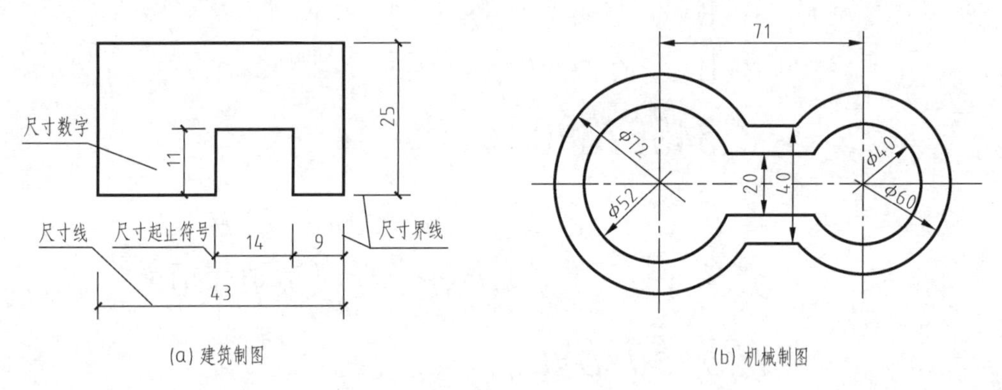

图1-9 尺寸的组成

① 尺寸线。尺寸线应与所标注的线段相互平行；尺寸线用细实线绘制；尺寸线不能超出尺寸界线；尺寸线不能用其他图线代替；尺寸线与所标注的线段的间距大于10mm，两道平行排列的尺寸线的间距为7~10mm。

② 尺寸界线。尺寸界线应与所标注的线段（或尺寸线）垂直；尺寸界线用细实线绘制；尺寸界线可以用轮廓线代替；尺寸界线与所标注的线段的间距大约2mm；尺寸界线超出尺寸线2~3mm。

特殊情况下，尺寸界线与尺寸线也允许不垂直。

③ 尺寸起止符号。尺寸起止符号用中实线绘制，长度为3mm，按尺寸数字字头方向从右上至左下，即倾斜方向应与尺寸线成顺时针45°；标注半径、直径、角度、弧长尺寸时宜用箭头；轴测图需要标注尺寸时，尺寸起止符号通常用涂黑的小圆点。在机械制图中尺寸起止符号为箭头，当相邻尺寸界线的间隔都很小时，箭头也可用涂黑的小圆点替代，如图1-10。

④ 尺寸数字。尺寸数字用阿拉伯数字注写；同一图幅内的尺寸数字大小应一致；尺寸数字一般选3.5号字或5号字；尺寸数字不得与其他图线相交，不可避免时，必须断开尺寸数字处的图线；尺寸数字注写在水平方向尺寸线的上方、竖直方向尺寸线的左方，与尺寸线的距离大约为0.5~1mm；当尺寸界线间隔太小时，可注写在尺寸界线外侧或将相邻的尺寸数字错开注写，也可引出注写，如图1-11。

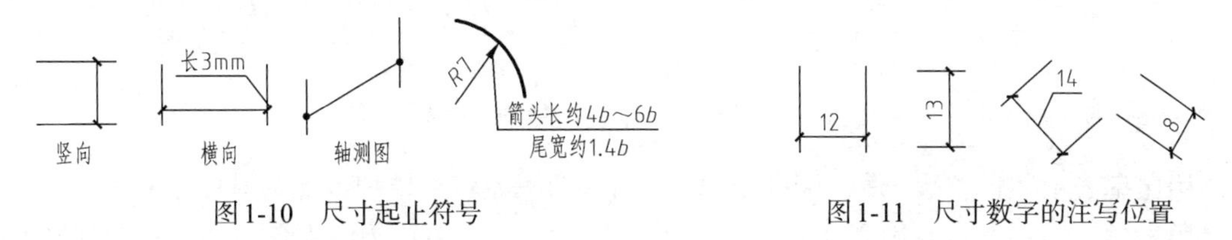

图1-10　尺寸起止符号　　　　图1-11　尺寸数字的注写位置

图样上的尺寸单位，除标高及总平面图以m为单位外，一般以mm为单位。标注尺寸时，数字不注写尺寸单位。尺寸数字的注写和辨认方向为读数方向，规定为三种：水平数字，字头向上；竖直数字，字头向左；倾斜的数字，字头应有向上的趋势，如图1-11所示。若30°斜线范围需标注尺寸，则按国家标准规定标注。

（3）半径、直径的标注

① 半径尺寸的标注。尺寸线从圆心注起，箭头指至圆弧。*R*表示半径，加注在数字前，如图1-12。

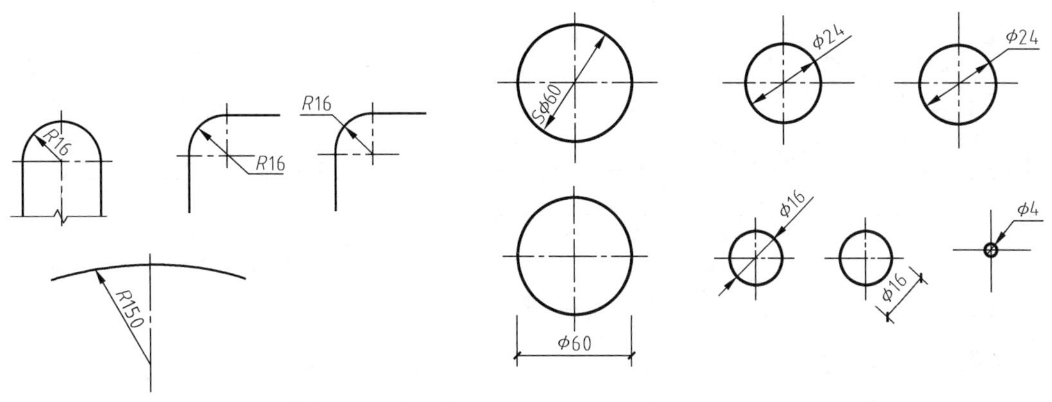

图1-12　半径尺寸的标注　　　　图1-13　直径尺寸的标注

② 直径尺寸的标注。尺寸线通过圆心，两端箭头指至圆弧。直径数字前加注“ϕ”。较小圆的直径尺寸，可注在圆外，如图1-13。

在半径或直径的尺寸标注符号前再加注“*S*”时，如“*SR*”或“$S\phi$”，则表示球的半径或直径。

（4）角度的标注

角度的尺寸线以圆弧绘制，其圆心是该角度的顶点，角度的两边作为尺寸界线，任何方位的角度，其数字必须水平方向正常书写，如图1-14。

（5）坡度的标注

平面的倾斜度称为坡度。有三种注法：

① 用百分率表示。2%表示在每100个单位长的位置沿某一垂直方向升高2个单位，箭头表示下坡方向，如图1-15（a）。

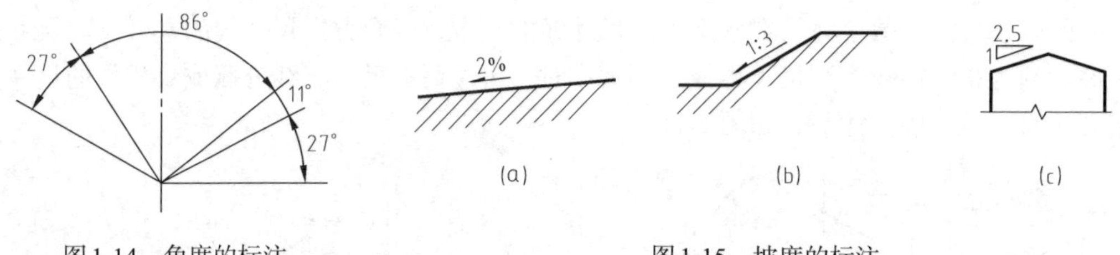

图1-14　角度的标注　　　图1-15　坡度的标注

② 用比率表示。1∶3表示每升高1个单位，水平距离为3个单位，如图1-15（b）。

③ 用直角三角形表示。用高度1个单位和水平距离2.5个单位为两直角边的斜边表示平面的坡度，如图1-15（c）。

（6）简化标注

对于单线条的图（一般为长杆件图，如桁架或管道线路图），把长度尺寸数字沿着相应杆件或管线的一侧标注，数字方向遵守读数方向规定，而不需绘制尺寸标注的其他要素，如图1-16（a）。

（7）等长尺寸的标注

连续排列的等长尺寸，可用“等长尺寸×个数=总长”的形式标注，如图1-16（b）。

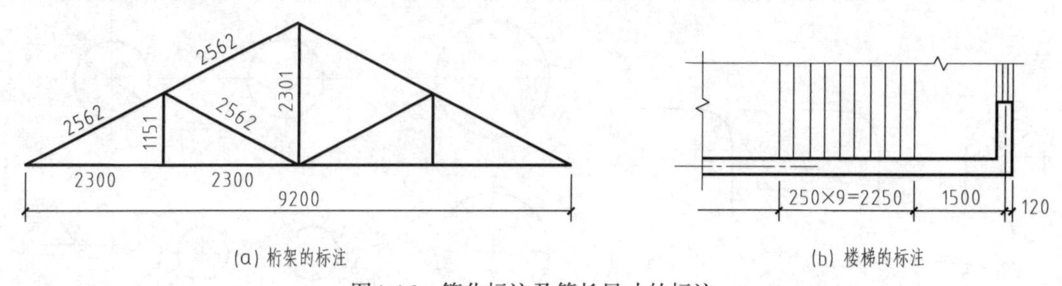

图1-16　简化标注及等长尺寸的标注

（8）对称尺寸的标注

采用对称省略画法时，尺寸线应略超过对称符号，只在尺寸线的一端绘制尺寸起止符

号，尺寸数字按全尺寸注写，注写位置应与对称符号对齐，如图1-17。

（9）相同要素的标注

构配件内的构造要素（如孔、槽等）如相同，可仅标注其中一个要素的尺寸，在其尺寸前加注要素的数量，如图1-18。

相同构造要素中若为圆孔，标注其定位尺寸时，必须标注圆心的定位尺寸；而若相同构造要素中为非圆孔，标注其定位尺寸时，标注构造要素的轮廓定位尺寸。

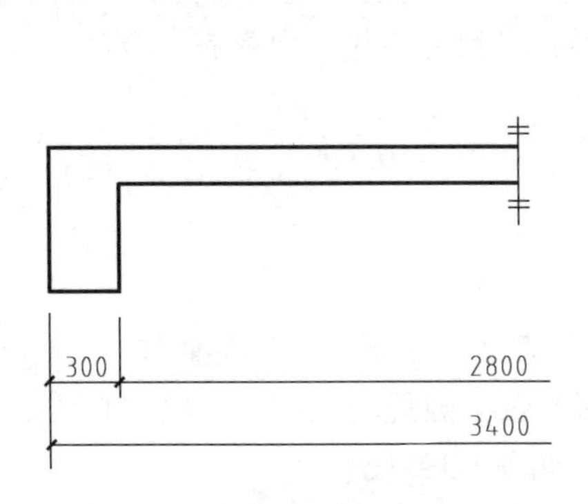

图1-17　对称构件的尺寸标注

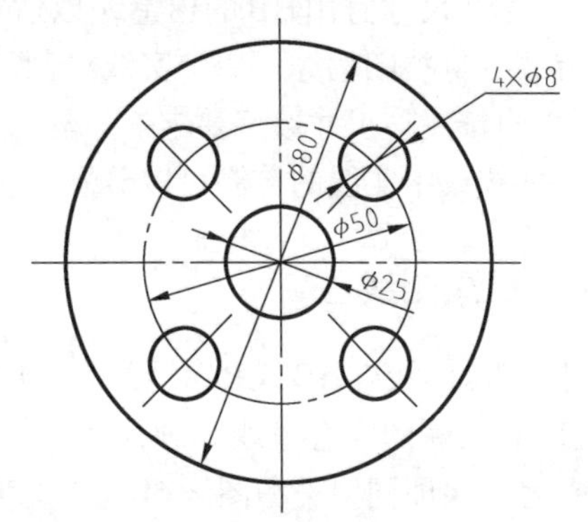

图1-18　相同要素尺寸标注

1.2　平面图形的绘图方法和步骤

在设计、施工部门绘制工程图时，原始的方法都是手工绘图，一般先绘制铅笔底图（草稿图），定稿后，对有保存价值的底图要上墨，即描硫酸图，再通过一定的方法制成施工所用的蓝图。然而，随着计算机的普及与应用，工程图样均用计算机绘制，可直接打印成硫酸图，再制成蓝图。无论用什么方法绘图，只要掌握正确的制图方法和步骤，就能够提高绘图质量和绘图速度。

下面以手工绘图要求为例（如图1-19），介绍绘图的一般方法和步骤。

1.2.1　绘图前的准备工作

① 阅读有关内容、资料，了解所要绘制图样的内容和要求。

② 布置好绘图环境。要求光线明亮、柔和，使光线从左前方射来，绘图桌椅高度要调合适，绘图姿势要正确。

③ 准备好绘图仪器和工具，把图板、工具和仪器擦干净，削磨好铅笔和圆规所用铅芯。

④ 按所绘图样的大小和比例，确定图幅。

⑤ 将图纸用透明胶带纸固定在图板的左下方。图纸左边至图板边缘3~5cm，图纸下方至图板边缘的距离至少要留有一个丁字尺尺身的宽度。

1.2.2　绘制底稿线

① 根据选定的比例估计图样及注写尺寸所占用的面积，布置图的位置，使整个图形协调、匀称。

② 绘制图线时，将铅笔（2H为宜）削成扁平状，轻轻地画，先绘制对称线、中心线和主要轮廓线，如图1-19（a）。

③ 再逐步绘制图样各部位的图线，直至完成图样，如图1-19（b）。

完成底稿线后，必须认真检查，保证图样的正确性和精确度。

1.2.3 标注尺寸

① 标注尺寸宜用HB的铅笔，以适当的铅笔级选择合乎规范线宽的细实线绘制尺寸线、尺寸界线、材料图例等；用中实线绘制尺寸起止符号；各尺寸段排列要整齐、合理。

② 再按注写尺寸数字要求一一注写各个尺寸。

细实线或中实线的绘制可以分别一次性绘制完成，如图1-19（c）。

1.2.4 加深图线

① 加深图线以HB或B铅笔为宜，加深粗实线的顺序为从上至下，从左至右，依次绘制。

② 若加深图线有直线和圆弧相切时，应先加深圆弧，圆规的铅芯应比绘制直线的铅芯要软一号。保证同一类型图线粗细、浓度均匀一致，如图1-19（d）。

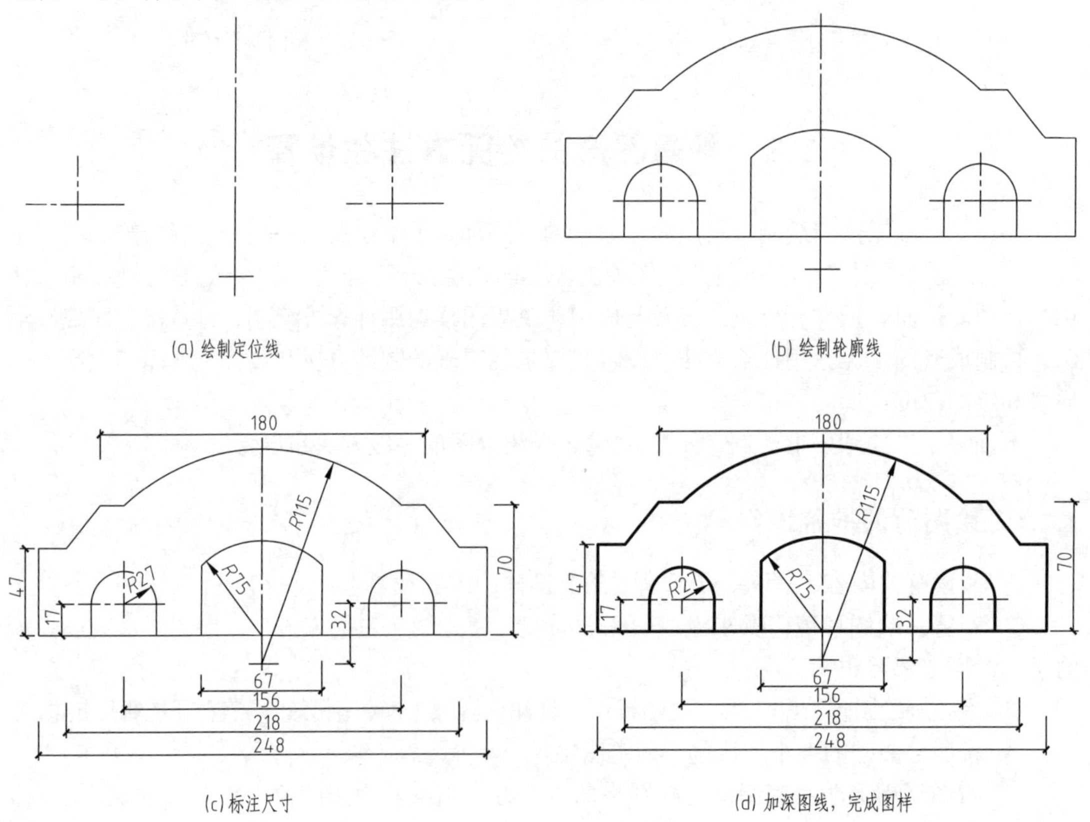

图1-19 平面图形的绘图步骤

1.2.5 填写标题栏

① 注写图样中的其他文字即说明或注释。

② 最后填写标题栏。

1.3　实 训 练 习

（1）建筑制图国家标准的作用是什么？
（2）练写工程字的基本要求有哪些？
（3）举例试画虚线、单点长画线，并分别写出其规定。
（4）线宽有什么作用？
（5）尺寸标注的要素是什么？有何规定？
（6）绘制图样时，注写图名有什么要求？举例说明。
（7）绘制如题图1-1所示平面图形。

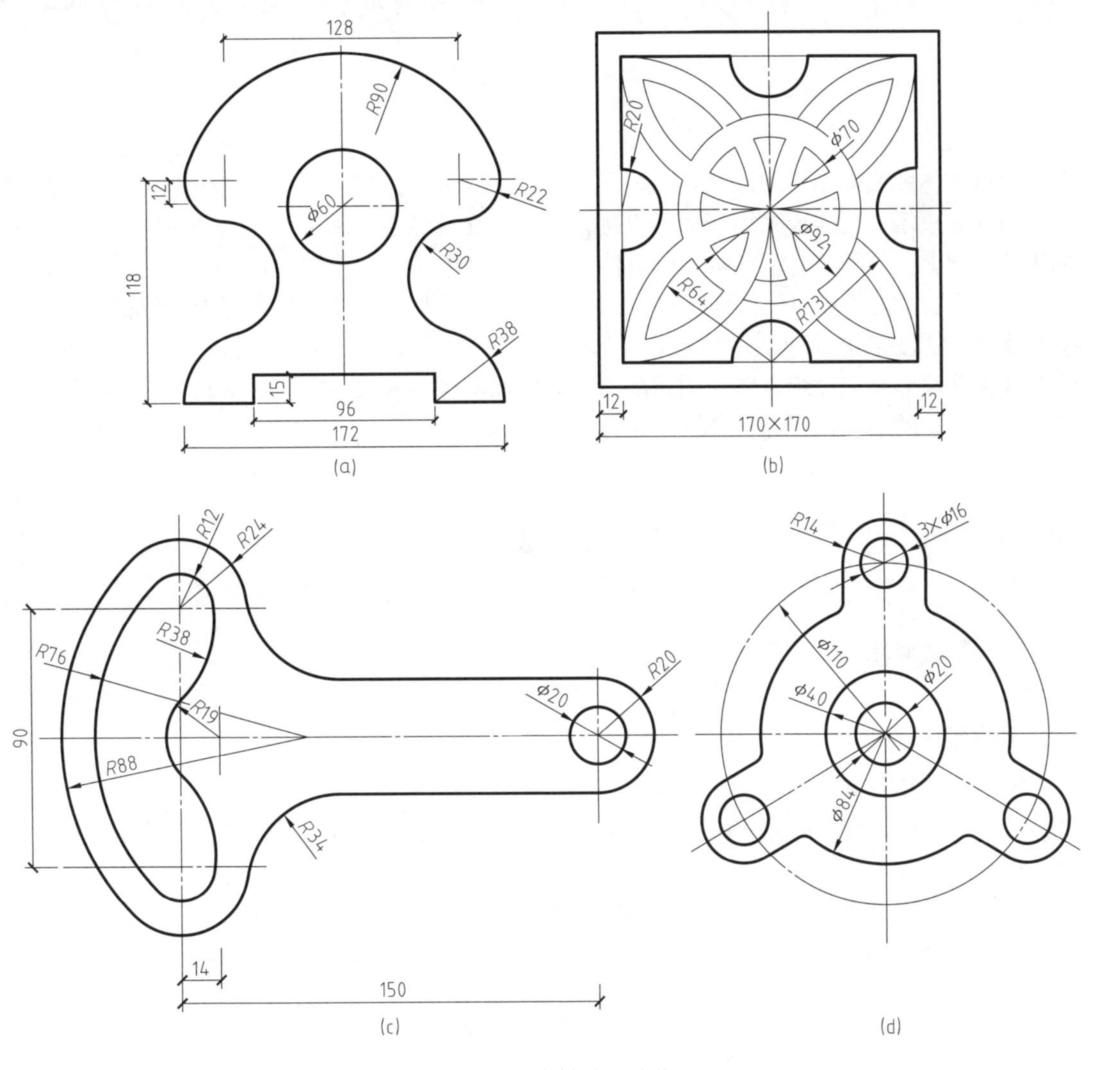

题图1-1　绘制平面图形

第2章　形体的表达方法

建筑形体的实际结构和形状是多种多样的，为了能够正确、完整、清晰地将不同的形体通过图样来表示，就需要采用不同的表达方法。应在已经学习和掌握绘制平面图形及其尺寸标注的基础上，再学习并掌握常用的形体表达的其他方法。

本章主要学习形体以国家标准有关视图表达的常用规定，重点掌握图样尺寸标注的规则、要求及其一般规定和标注方法；掌握各类剖面图、断面图的画法，知其标注的规定及其省略。

在掌握绘制和阅读组合体视图、剖面图、断面图等各种表达方法的基础之上，应具备对结构比较复杂的形体进行综合分析的能力。

2.1　视图表达

2.1.1　基本视图

（1）基本视图的定义

视图主要用于表达形体的内、外部结构形状。将一个形体置于六面体（六面投影体系）之中，分别采用正投影的方法向这六个相互垂直的投影面作投影，即得到了该形体的六面视图，称为基本视图。

将形体置于相互垂直的三面投影体系中，分别采用正投影的方法向 V、H、W 面作正投影，即得到了该形体的三面投影图。形体的三面投影图也称为三面视图，简称三视图，如图2-1。视图即为投影图，正面投影又称为正立面图（亦可简称为立面图），水平投影又称为平面图，侧面投影又称为左侧立面图，三者即称为三面视图。

（2）基本视图的展开方式

如图2-2为六面基本视图的展开方式，图中的六个投影面是在原来所学的三面投影体系（V、H、W 三个投影面）的基础上又增设了三个与之相互垂直（或平行）的投影面（分别为 V_1、H_1、W_1）而组成的。各视图的名称及布图位置如图2-3。

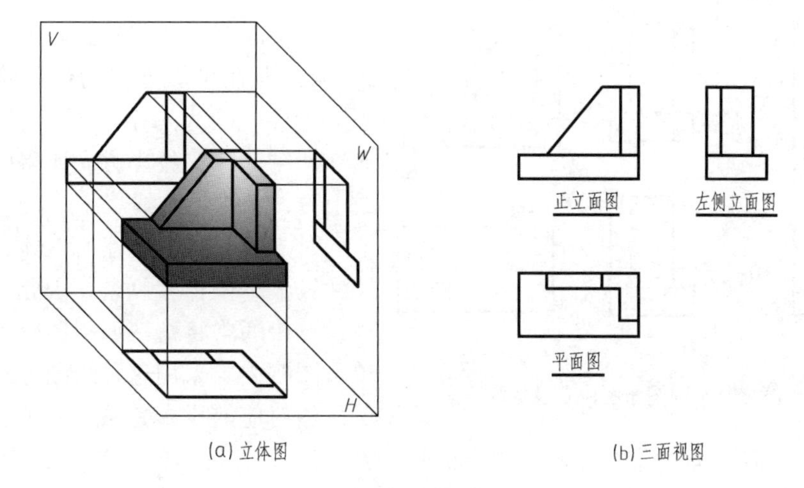

图 2-1　三面视图

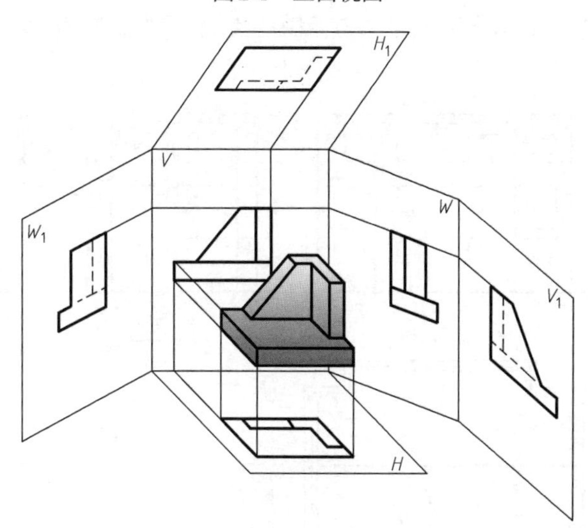

图 2-2　基本视图的展开方式

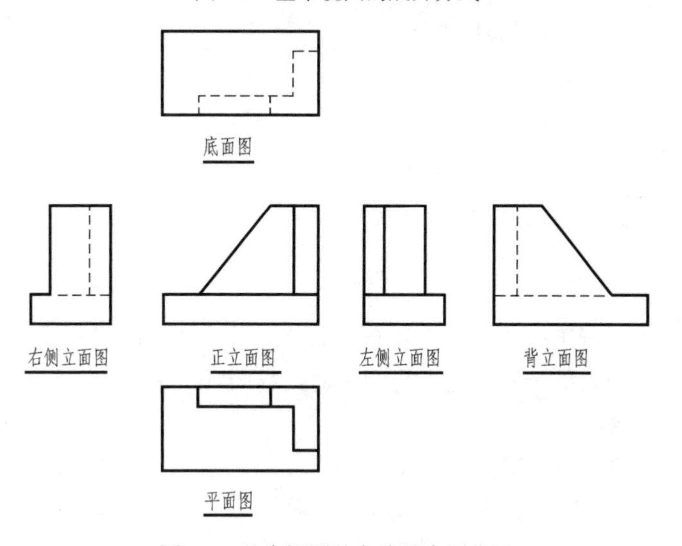

图 2-3　基本视图的名称及布图位置

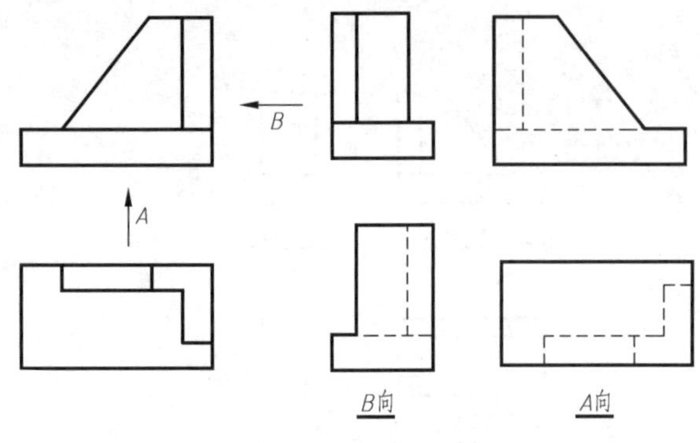

图2-4　改变基本视图布图位置及标注

如果改变布图位置，必须加标注，如图2-4，即在投影方向的位置绘制一个箭头，标注一个大写字母如“*A*”，再以“*A*向”两字注在该投影方向所得的视图下方或上方，并加下划线。

对于房屋这一类建筑形体，由于实际尺寸较大，图样较复杂，因此，在实际工程设计中通常将每一面视图分别绘制在各单页图幅内。采用这种绘图方式时仍要确保形体对应的投影关系，但可以不必考虑视图的布置，只需在每一视图的下方注明相对应的图名、比例等，如图2-5（此图未注尺寸，故也未加注比例）。若没有特殊要求，各视图的比例应尽量做到一致。

另外，对于房屋这一类建筑形体，在工程中一般不需绘制底面图。但对于室内装饰工程图通常需要绘制顶棚平面图（类似于基本视图中的底面图）。

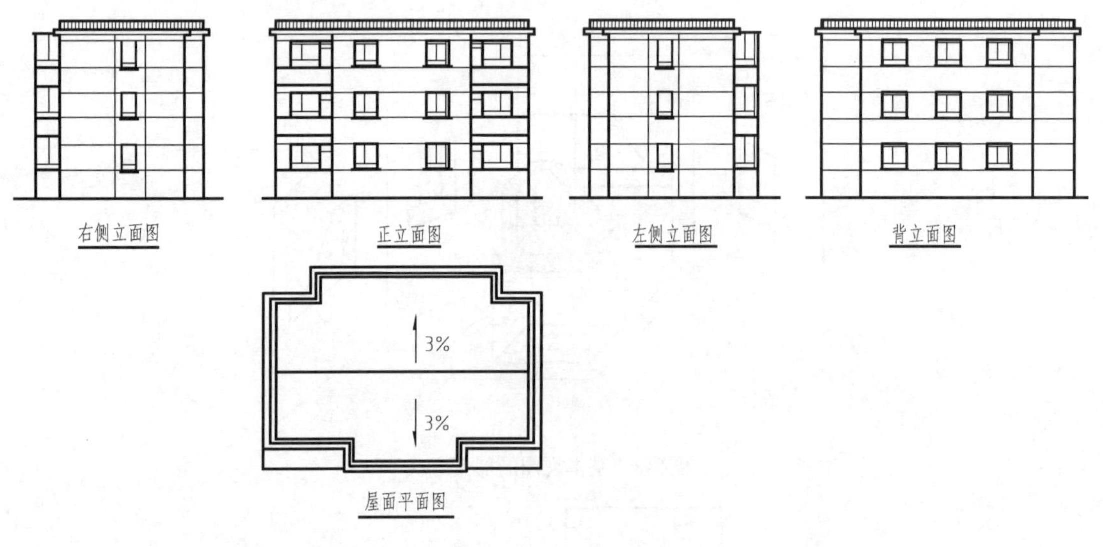

图2-5　房屋的基本视图

2.1.2　辅助视图

辅助视图包括：斜视图、局部视图和镜像视图。

（1）斜视图

当形体上具有不平行于基本投影面的倾斜部分时，在基本视图上就不能反映该倾斜部分的真实形状。将形体倾斜部分向与之平行的辅助投影面（不平行于任何基本投影面）作正投影所得的视图称为斜视图。

如图2-6（a）为该形体的立体图，形体的左侧部分倾斜于*V*面，若向*V*面作正投影则如图2-6（b），既不能反映挖切部分——拱形的实形，又不利于标注尺寸。而在“*A*向”斜视图中其结构就可以反映其实形，与原形体断裂处（假想的）用波浪线表示。在立面图上倾斜部分的投影则可省略，与倾斜部分断裂处也用波浪线表示。

绘制斜视图时，应在形体的倾斜部分垂直于其轮廓线标注一箭头，表示其斜视图的投影方向，并加注一个大写字母；而斜视图一般布置在箭头所指的方向上，并在其上方（或下方）注以相同的字母来表示图名，如图2-6（c）中的“*A*向”，要求水平方向正常书写，并在其下方绘制粗短线（线的长度与图名字符长相同）。如果旋转斜视图，则需加注“*A*向旋转”字样，并也要求绘制粗短线，如图2-6（d）。两种表达方式取其一。

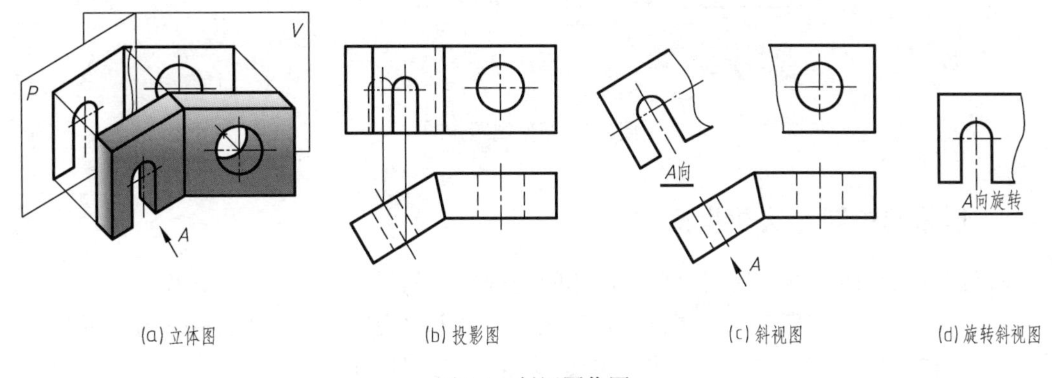

图2-6　斜视图作图

（2）局部视图

将形体的某一部分向基本投影面作正投影所得的视图称为局部视图。

如果按投影方向及投影关系布置局部视图，不需加任何标注，局部视图的断裂处与斜视图相同，也用波浪线表示，如图2-6（c）立面图的右半部分。

如果按投影关系布图，其标注形式如图2-7中的“*A*向”，表达的是形体左部分的局部侧立面图。这样布图其标注可以全部省略。

当所表达的局部是突出、完整、独立的结构时，可以按其投影方向将这一局部的外轮廓完整地绘制，而不必绘制波浪线。如图2-7中“*B*向”，表达的是形体右部分突出的结构形状。

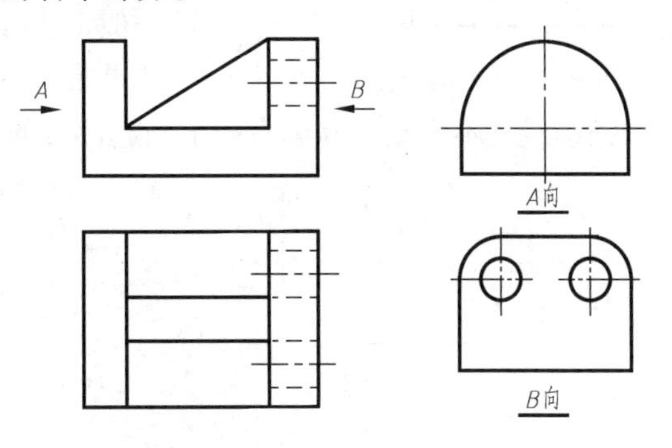

图2-7　局部视图

斜视图和局部视图相同之处是：标注形式一样，而且都是表达整个形体的某一部分。两者不同之处是：斜视图是向辅助投影面作投影，局部视图是向某一基本投影面作投影。

（3）镜像视图

假想把镜面作为投影面，对用正投影法绘图（正常投影方向）不易表达清楚的形体，在镜面上所映照的图形称为镜像视图，并要在图名后注写“镜像”两字。采用“镜像”视图表达建筑构造中某些梁、板、柱的节点图可为读图和尺寸标注带来方便。

如图2-8，把镜面放在形体的下方，按正常投影方向得到的平面图为2-8（b），在镜面得到的平面图（镜像）为图2-8（c）。

两者相同的是投影方向是一致的，均从上向下；不同的是图2-8（b）反映是的形体的上端面，图2-8（c）反映的是形体的下端面，这样可以省略或减少图中的虚线，使图样简便且更清晰。

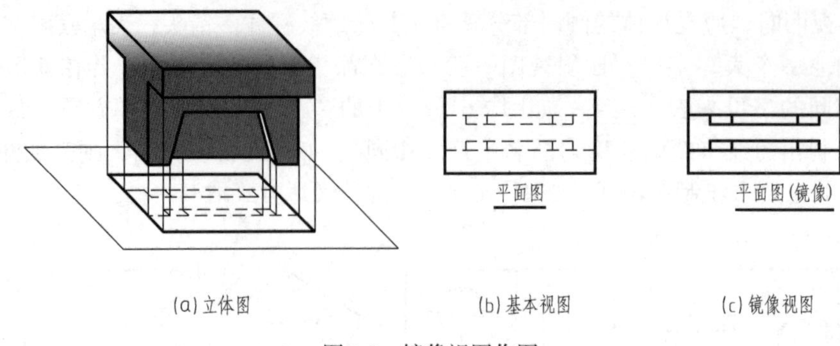

图2-8　镜像视图作图

2.1.3　形体的绘制方法和步骤

如图2-9为平面形体三视图，根据形体的结构特征和复杂程度，选择视图方向（投影方向），确定之后，再考虑视图数量、形体的尺寸，并按国家制图标准选择图幅、比例，再绘图。

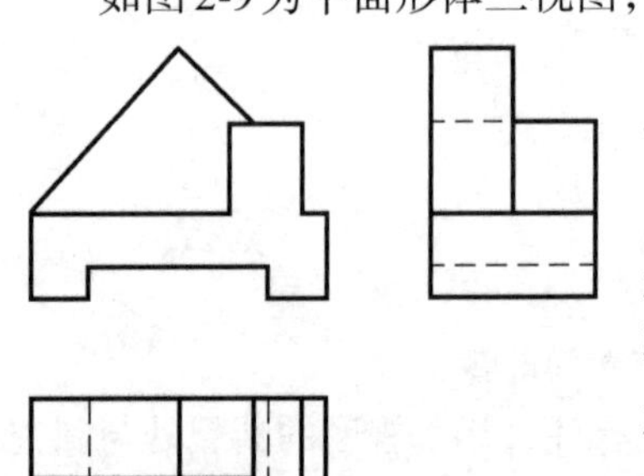

图2-9　平面形体的三视图

对于同一形体，每个人选择的视图方向以及视图数量是可以不同的，即便这两点一致，也可以有不同的绘图步骤，因此，下面的方法与步骤可供分析参考。如图2-10所示平面形体的具体作图方法及步骤如下。

① 在正立面图找出封闭的几何线框，如图2-10（a），类似h形立体，所以正立面图为h形线框；这部分的宽度尺寸是唯一的。平面图的外轮廓为矩形，其内有下部凹槽的两条虚线（不可见）和偏右向上凸起部分的轮廓线（可见）。

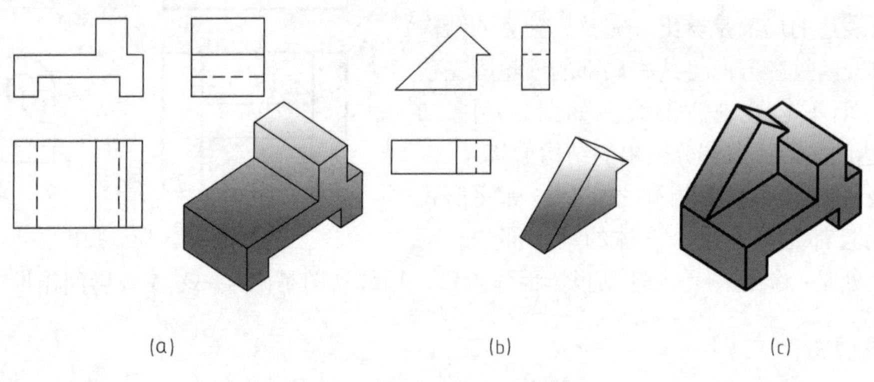

图2-10　平面形体的分析及绘图

② 如图2-10（b），形体的上部分为五棱柱，其后侧面与下部分的h形立体在同一表面上（即平齐），宽度尺寸较小，两部分叠加在一起。

③ 图2-10（c）为该形体的空间立体形状（轴测图）。

同理，如图2-11，对带有部分圆柱体的曲面形体，已知形体的两面视图，补绘左侧立面图步骤如下。

① 根据图幅大小确定比例。

② 绘制底稿图（用2H铅笔）：首先绘制定位线，并用形体分析按对称关系绘制形体下

部分的底板，如图2-11（c）；再绘制左、右端面与底板平齐的凹槽，如图2-11（d）；最后绘制左、右居中定位，和在底板上顶面的圆柱，完成作图，如图2-11（e）。应注意，三视图各部分之间的相对位置以及视图之间必须遵循“三等”关系。

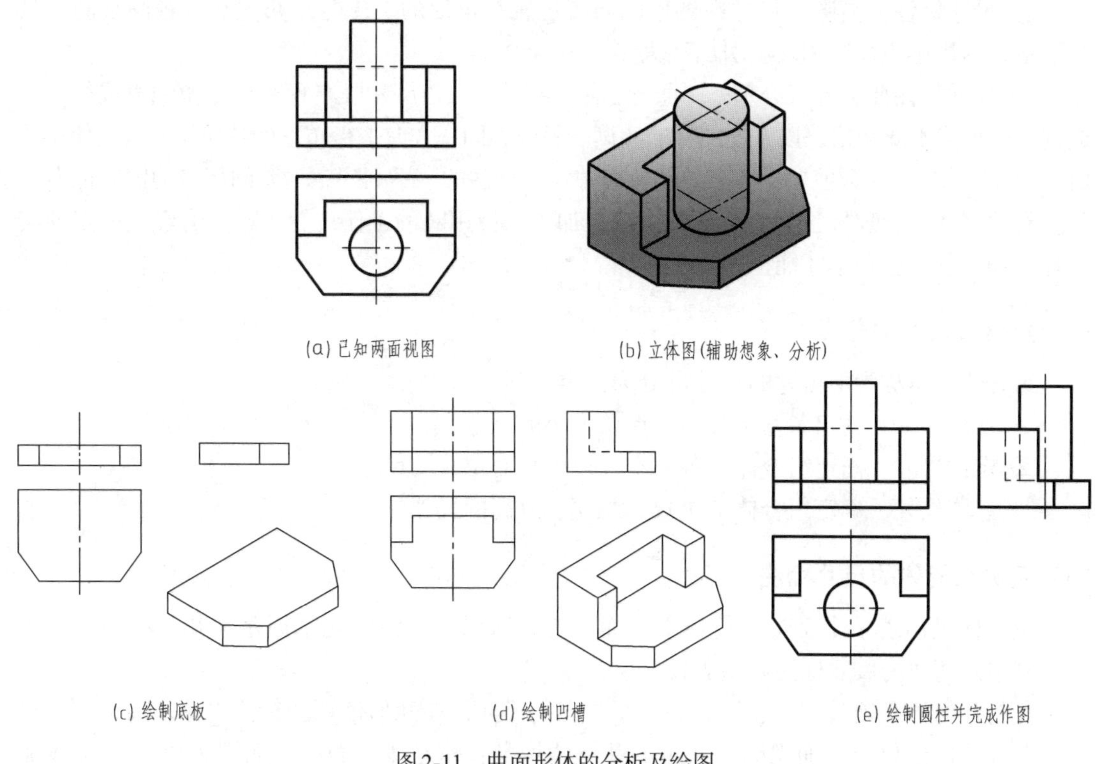

图2-11　曲面形体的分析及绘图

③ 检查底稿图，对照形体的视图，想象立体形状，检查图中是否有错，并加以改正。

④ 加深图线（用B或2B铅笔），线型要符合国家标准，应先绘制细线，后绘制粗线；应注意线型只有粗细之分，而不应细线轻、粗线重。加深图线应按自上而下、自左向右的顺序依次将应有的图线完成，保证图面整洁。

任何形体，绘图步骤都不是固定的，即各部分绘制顺序可自行确定，一般应根据不同的想象和分析人为地分解较复杂的形体，逐一绘图。通过这样的训练，能够较快地培养和提高思维能力、读图及绘图能力。

2.1.4　组合体的尺寸标注

形体除了要用视图（图线）表达其形状外，还需要用尺寸标注其大小。因此，尺寸标注是表达形体的重要环节之一。只有掌握形体的尺寸标注方法和一系列规则，才能为绘制专业图样打下一个良好的基础。

(1) 尺寸标注的基本要求

国家制图标准规定尺寸标注应做到：正确、完整、清晰、合理。

① 尺寸标注要正确。要严格遵守国标规定，尺寸数值要准确无误。尺寸一般以mm为单位，道路桥梁工程图常以cm为单位，标高值常以m为单位。

② 尺寸标注要完整。对基本几何体及由若干个基本几何体组合而成的形体来说，尺寸的数量应依形体的形状特征及相对组合位置而定，一般应该不多、不少、不重复（专业图样例外）。

③ 尺寸标注要清晰。尺寸在图中的布置位置是灵活的，应尽量布置在两视图之间，且要清晰，尽量避免纵横相交、引出线太多。

④ 尺寸标注要整齐（合理）。对于任何一个形体，各尺寸段布置时尽量做到横成行，竖成列，尽可能不要相错，以方便图样的阅读。另外，同一方向平行布置的各段尺寸，应使小数值尺寸段在内侧，大数值尺寸段在外侧。有关尺寸标注的一系列规定请参阅相应的国家标准。

有关尺寸的合理标注需要考虑其生产、加工、使用时的工作位置等，只有经过一定的实践环节和工程经验积累才能把握得更准确。

（2）组合体尺寸的分类

组合体（也称为形体）的尺寸可分为三类：

① 定形尺寸。确定各基本几何体形状大小的尺寸。

② 定位尺寸。确定组合体中各基本几何体相对位置的尺寸。

③ 总体尺寸。确定组合体的总长、总宽、总高的尺寸。

（3）基本几何体的尺寸标注

组合体是由若干个基本几何体组合而成的，所以，应该首先掌握基本几何体的尺寸标注。基本几何体的尺寸标注如图2-12。

任何几何体必须具有长、宽、高三个方向的尺寸，在几何体视图标注尺寸之后，图2-12（a）三棱柱仍要保留三面视图，其余的几何体均可省略左侧立面图，而图2-12（f）球体加注“$S\phi$”时，也可以只保留一个立面图，省略其他两面视图。

由此可见，在常见的几何体视图中标注尺寸后，可以减少视图数量。

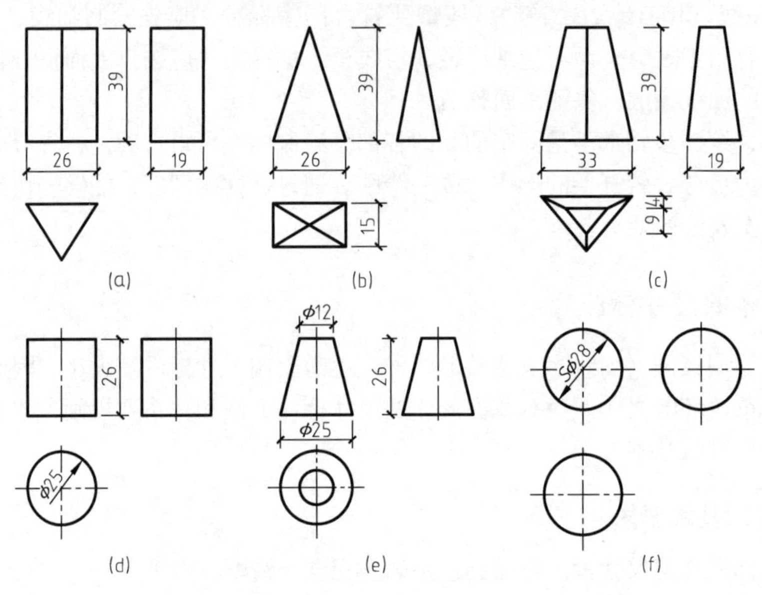

图2-12　基本几何体的尺寸标注

(4) 截切后组合体的尺寸标注

图2-13为几种常见的带切口的形体，除了标注基本几何体尺寸外，还需标注截切后切口（或开孔）的定形尺寸及确定切口（或开孔）的定位尺寸。

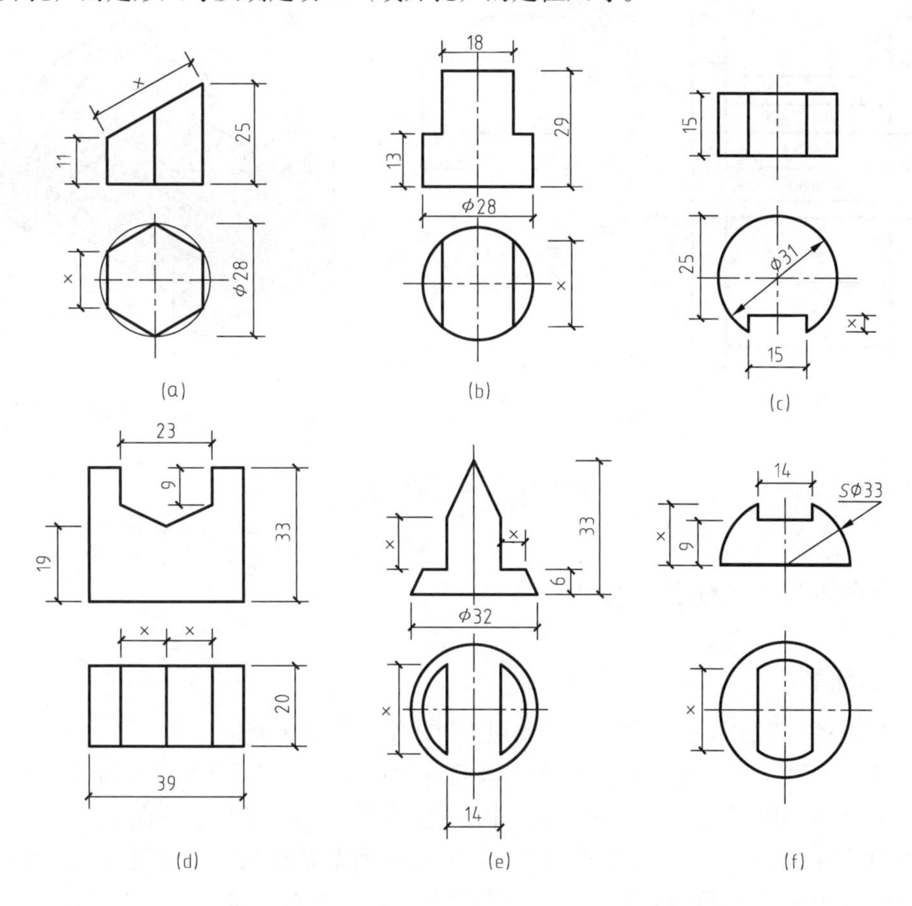

图2-13　切割体的尺寸标注

这里需要注意一点：当形体与截切平面的相对位置确定后，切口的交线（截交线）便依此确定，因此不应标注截交线的尺寸（图中画“×”的尺寸），以免出现矛盾。

(5) 形体与尺寸的分析

如图2-14，该组合体可分为三部分：台阶Ⅰ、台阶Ⅱ、栏板Ⅲ。

形体各自的定形尺寸分别为：台阶Ⅰ、Ⅱ——立面图中的1000（长）、170（高），平面图中的380（宽）；栏板Ⅲ——立面图中的200（栏板厚即长）、420、700（高），左侧立面图中的500、900（宽）。

立面图中的200（左）、200（右）分别为台阶与栏板的定位尺寸。

平面图中的1400（总长），立面图中的700（总高），左侧立面图中的900（总宽），这三个尺寸分别为该组合体的总体尺寸。

对于某一个组合体的形体结构和尺寸分析也同样可以有多种方式、方法，并不都是唯一的。但是，如果能够想到两种或两种以上的方法时，应该分析并思考哪一种方法最优。

由此可见，某一个尺寸从某种意义上分析可作为定形尺寸，从另一种意义上分析又可作为定位尺寸，或者又可作为总体尺寸。例如，图2-14（a）中两个“200”尺寸，既是定形尺寸，又是定位尺寸。而“700”和“900”两个尺寸，既是定形尺寸，又是总体尺寸。

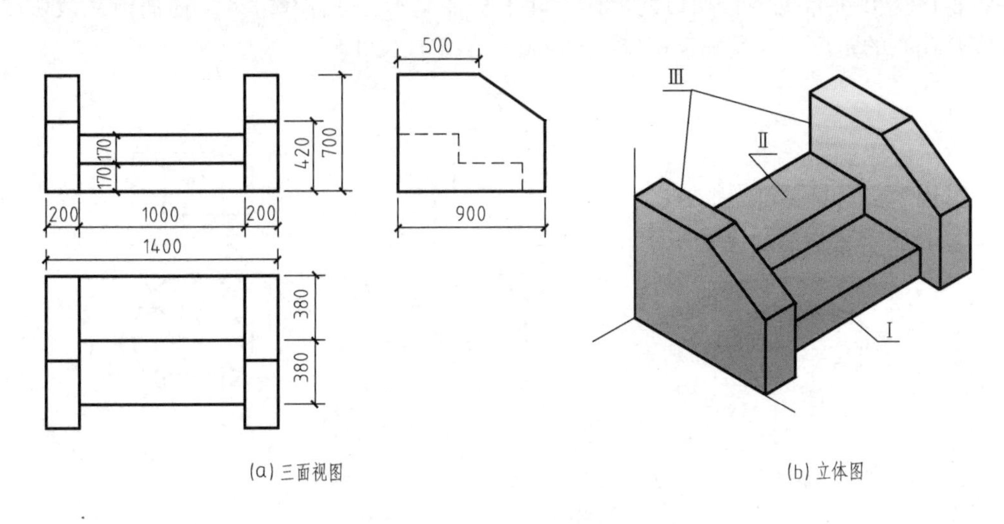

图2-14　台阶的尺寸标注

2.1.5　组合体尺寸的配置及要求

(1) 尺寸的配置

尺寸标注还应考虑尺寸的配置，应做到清晰、整齐、便于阅读。

以图2-15为例分析，组合体立面图的外轮廓为拱形，可将其分解为底板和竖板。底板的结构为在四棱柱由前向后、居中挖切一个斜槽，斜槽定形尺寸为立面图中的50（长）、30（高），平面图中的22（宽）；而底板的定形尺寸为左侧立面图中的64（宽），立面图中的30（高），30与底板居中的斜槽高度一致，不可重复标注。图形中未标注底板的长，因为该组合体的立面图（上部）外轮廓为拱形，所以，底板的长为2×*R*42。竖板整体为拱形，在其左

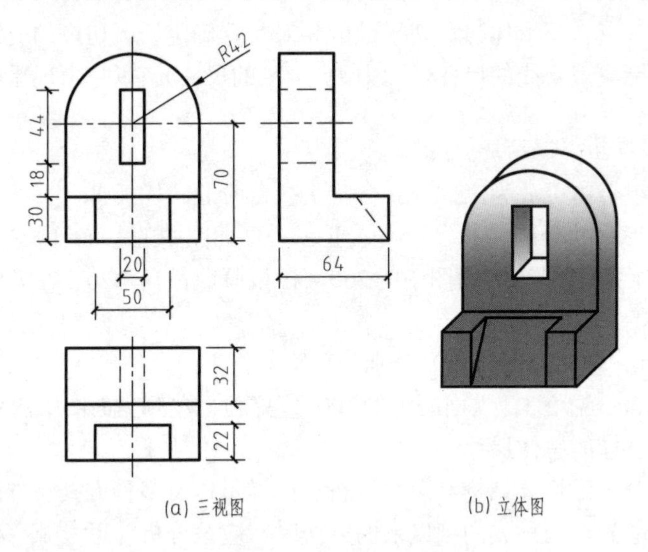

图2-15　组合体的尺寸标注

右居中、相对圆心上下居中的位置挖切一个矩形通孔，其定形尺寸为立面图中的20（长）、44（高），平面图中的32（宽）；而拱形体的定形尺寸为立面图中的2×*R*42（长），平面图中的32（宽），与通孔同宽。

该组合体的定位尺寸有两个：一是通孔底面与底板上端面的距离——立面图中的18；二是拱形体半圆的圆心位置——立面图中的70。

该组合体的总体尺寸为2×*R*42（长）、64（宽）、70+*R*42（高）。

说明一点：由于该组合体的上部外轮廓为半圆柱，按照尺寸标注的规则不允许直接标注总高，所以不应注到圆柱的素线。

（2）尺寸配置的要求

标注尺寸时应统筹安排，配置尽可能合理。配置形体的尺寸标注应注意以下几点：

① 相关尺寸应集中标注。如图2-15中底板上的槽，50和30应注在同一视图上。

② 平行的尺寸线间隔应相等，第一道尺寸距形体的轮廓10~15mm，其余每道尺寸间距为7~10mm。数字写在尺寸线上方或左方，字头应向上或向左，并且要按照小尺寸在内侧、大尺寸在外侧的基本规则配置。

③ 尺寸尽量配置在视图外或两个视图之间，采用指引线引出标注时，指引线允许折一次，且数字不要距所标注的结构太远，如图2-15中的*R*42也可以引出标注在半圆轮廓线之外。

④ 尽量不在虚线处标注尺寸，实在不能避免的除外。

⑤ 一个尺寸一般只标注一次，不可重复（专业图样除外）。

⑥ 绘图时采用任何比例，尺寸标注的数字应按组合体的实际大小注写。

⑦ 半径尺寸数值前加“*R*”，直径尺寸数值前加“ϕ”。

2.1.6　阅读组合体视图

阅读组合体视图是绘图的逆过程。绘图是将空间的组合体用正投影法表示在平面上，而阅读图样是根据投影及其规律，想象出组合体的空间形状，以此来进一步了解组合体中基本几何体间的相对位置及组合方式。

阅读图样是本课程的主要学习任务之一，它与绘图居于同等重要的地位。学习阅读组合体视图，是为了今后更快速、准确地阅读和了解专业图样。阅读图样的基本方法有：形体分析法和线面分析法。

将比较复杂的组合体人为地分解为若干个集合体或基本体（简单体），并一一绘制各几何体，同时注意各几何体之间的相对位置，这种方法称为形体分析法。

应用线、面的投影特性，分析组合体内外表面的棱线及平面、曲面的投影来看懂图样，此方法称为线面分析法。

（1）利用形体分析法阅读组合体视图

将比较复杂的组合体分解成两个或几个基本几何体的方法称为形体分析法，简称为形体分析。这种方法是分析组合体视图、想象立体形状、求解相关作图的基本方法之一。

下面再以图2-16（a）为例对该组合体进行形体分析，并阅读其视图（投影图）。

从组合体的三视图分析，按其形状特征和投影关系可将其分为三个部分：底板、左右支板、中间四棱柱。

按上述分析的三个部分逐一想象出其实际形状，然后再根据各部分之间的相对位置综合起来想象出组合体的整体形状。

如图2-16（b）为该组合体的底板，其立面图、左侧立面图的外轮廓均为四边形，而平面图为六边形，故底板应为六棱柱。

再来分析组合体上部左、右两侧的支板，如图2-16（c），其立面图、平面图的外轮廓均为四边形，而左侧立面图为五边形，故支板应为五棱柱。支板与底板的后端面平齐，左、

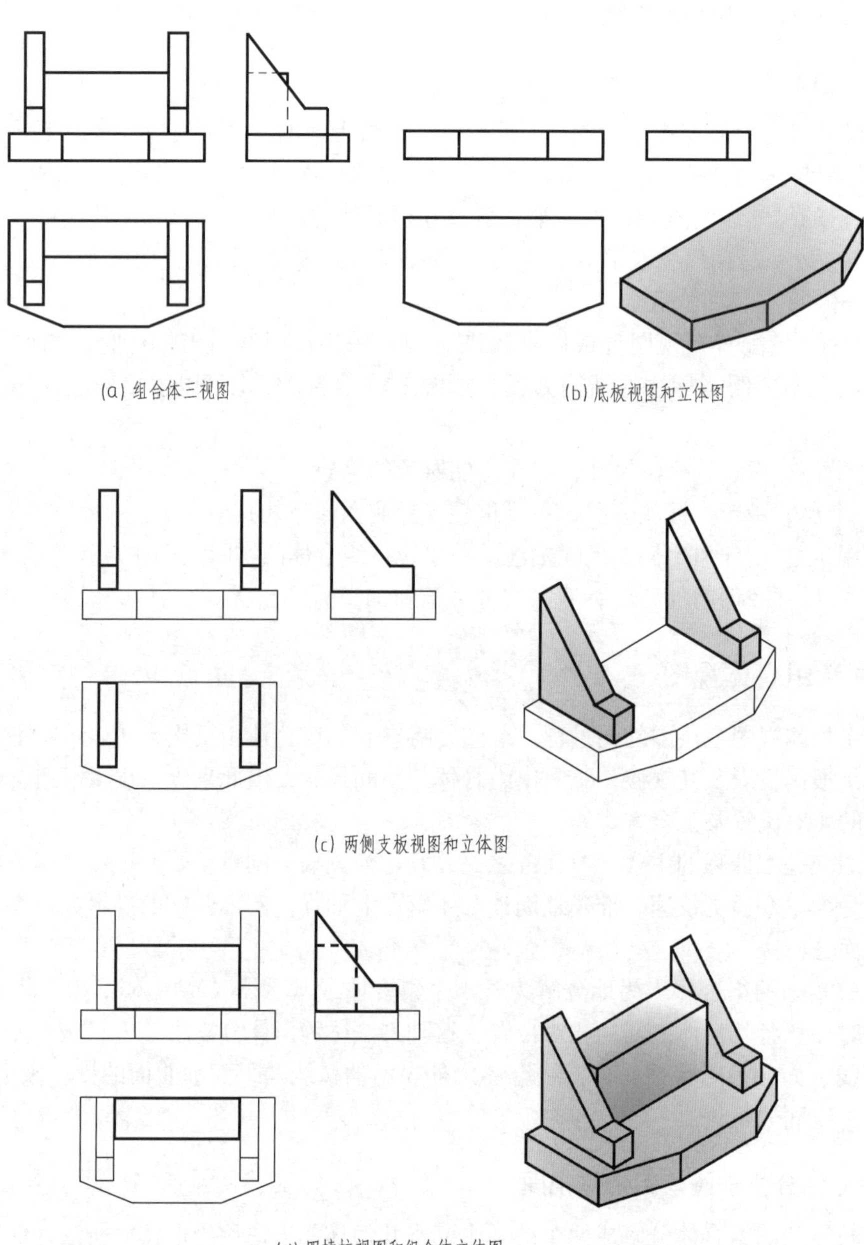

(a) 组合体三视图

(b) 底板视图和立体图

(c) 两侧支板视图和立体图

(d) 四棱柱视图和组合体立体图

图2-16 形体分析法阅读组合体视图

右对称，并相对于底板的左、右侧面向内位移一定的距离。

最后观察、分析底板上方中间的四棱柱，如图2-16（d），四棱柱与底板及两侧支板的后端面也平齐。

（2）利用线面分析法阅读组合体视图

阅读组合体视图时，对于比较复杂的组合体，其投影不易迅速分解成若干部分，因此可根据前面曾经学习的直线、平面的投影特性来分析组合体的表面与棱线的相对位置，然后将这些线面综合起来想象出其空间形状，即应用线面分析法来阅读图样。

组合体的棱线与表面的投影性质可归纳如下。

① 线。如图2-17：线可为某一棱线的投影（AB棱线）；线也可为两个平面的交线的投影（P、Q面的交线AB）；线还可为某一面的积聚投影（S平面为水平面，其V、W面投影积聚为两条直线s'、s''）。

② 面。如图2-17，面在图中即为封闭线框，封闭线框可能完全由直线组成，也可能由直线与曲线组成，还可能完全由曲线组成。面可为某一面的实形（S平面，其水平投影为实形）；面还可为某一面的类似形（P、Q平面，p、p''和q、q'均为其平面的类似形）。

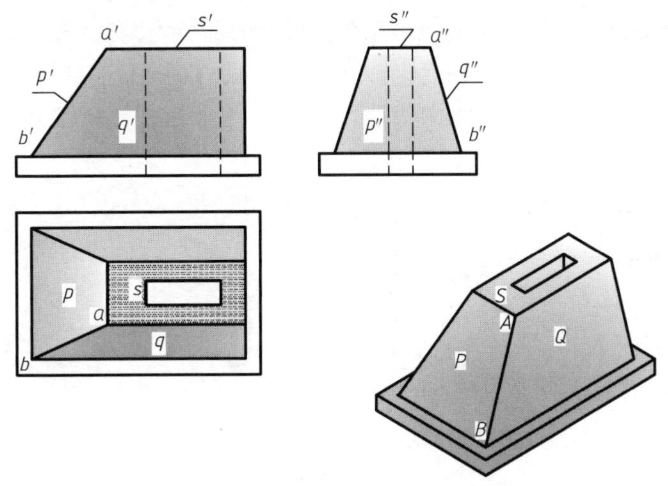

图2-17 组合体视图中线、面的性质

（3）阅读组合体的综合方法

综上所述，阅读组合体视图时无论哪一种方法都不是独立应用的，而是相互渗透的。因此，阅读图样的方法总括如下。

① 纵观视图看结构。我们知道，单面投影不能唯一地确定形体的形状和大小，所以，阅读图样时必须将多面视图对应起来，用形体分析法及线面分析法把整体进行分解。

② 分析视图想形状。首先观察并分析立面图，仔细分析组合体上相邻表面的相对位置。如图2-18（a），立面图中三角形肋板与底板及竖板相交处为粗实线，说明它们前面不是平齐的；如图2-18（b），立面图中三角形肋板与底板及竖板相交处为虚线，说明它们前面是平齐的。再结合其他视图阅读，判断该组合体有两块肋板，并且分别与底板及竖板的前后面平齐。

③ 读懂视图想整体。将各部分想象的形状与已知的视图反复对照，并不断修正想象的形状确认正误，分析它们之间的相互关系及位置，最后想象出整体形状。

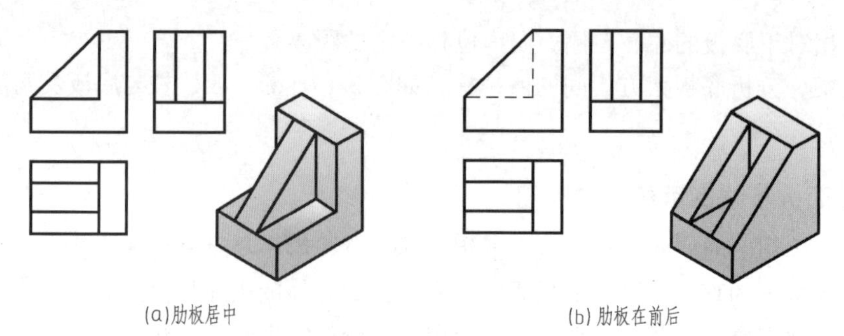

(a)肋板居中　　(b)肋板在前后

图2-18　组合体视图

(4) 阅读组合体视图举例

【例1】 阅读房屋模型的三面视图，如图2-19。

应用形体分析法将房屋模型组合体按其投影关系及其规律分解成三个部分——主体一个（四棱柱），附体两个（L形六棱柱、转角十棱柱），每一部分均为简单体。读懂每个简单体的视图，再按各简单体之间的相对位置想象整体。

如图2-19（a）为该组合体的两面视图，从视图的立面图中根据组合体的高度不同即可将组合体分解为三个部分，再结合平面图可以想象最高的部分为四棱柱，前后、左右均大致居中。组合体的左侧部分为L形的六棱柱，与四棱柱在左后方相交；右侧为转角十棱柱，与四棱柱在右前方相交。这种由多个棱柱组成的组合体从视图上分析、想象其立体形状也比较容易。

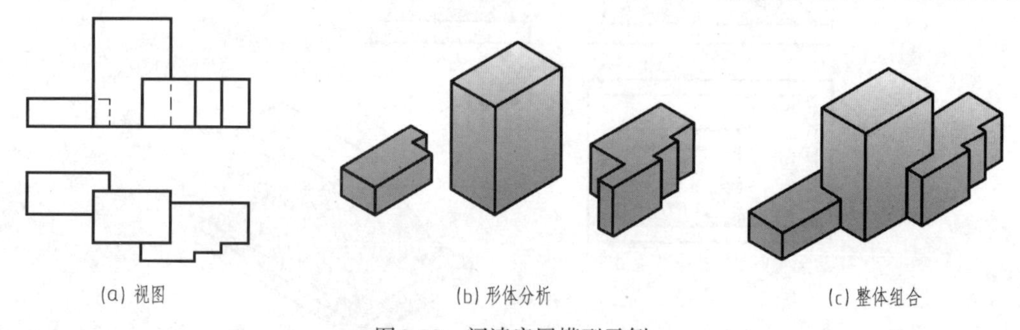

(a) 视图　　(b) 形体分析　　(c) 整体组合

图2-19　阅读房屋模型示例

在分析、阅读组合体视图的过程中也可以采用线面分析法，即可以在视图中按照投影的“三等”关系对应分析线框，想象各部分的实际形状。

【例2】 补绘组合体的左侧立面图，并按1∶1比例标注尺寸，如图2-20。

如图2-20（a）示出了组合体的两面视图及轴测图，通常情况下，在解这类题时往往轴测图是未知的。本例可结合轴测图分析视图，或者利用线面分析视图，再补绘左侧立面图，最后标注尺寸。

① 形体分析。该组合体可分为三个部分：Ⅰ底板、Ⅱ竖板、Ⅲ开槽三棱柱。底板和竖板均为四棱柱，两者的相对位置是右端面、后端面板面平齐；开槽三棱柱的后端面也与底板及竖板后端面平齐，并且开槽三棱柱位于底板的上方、竖板的左方；开槽位置在三棱柱的左侧，且前、后对称，槽深开至底板上端面。

② 补绘左侧立面图。如图2-20（b）、(c)、(d)，绘制底板——四边形，竖板——四边形，三棱柱及开槽——两个四边形。按照投影关系，这三部分在左侧投影方向均可见，故无虚线。绘图时，一定要想象组合体的空间形状，并分析、观察各部分结构之间的相对位置关系。

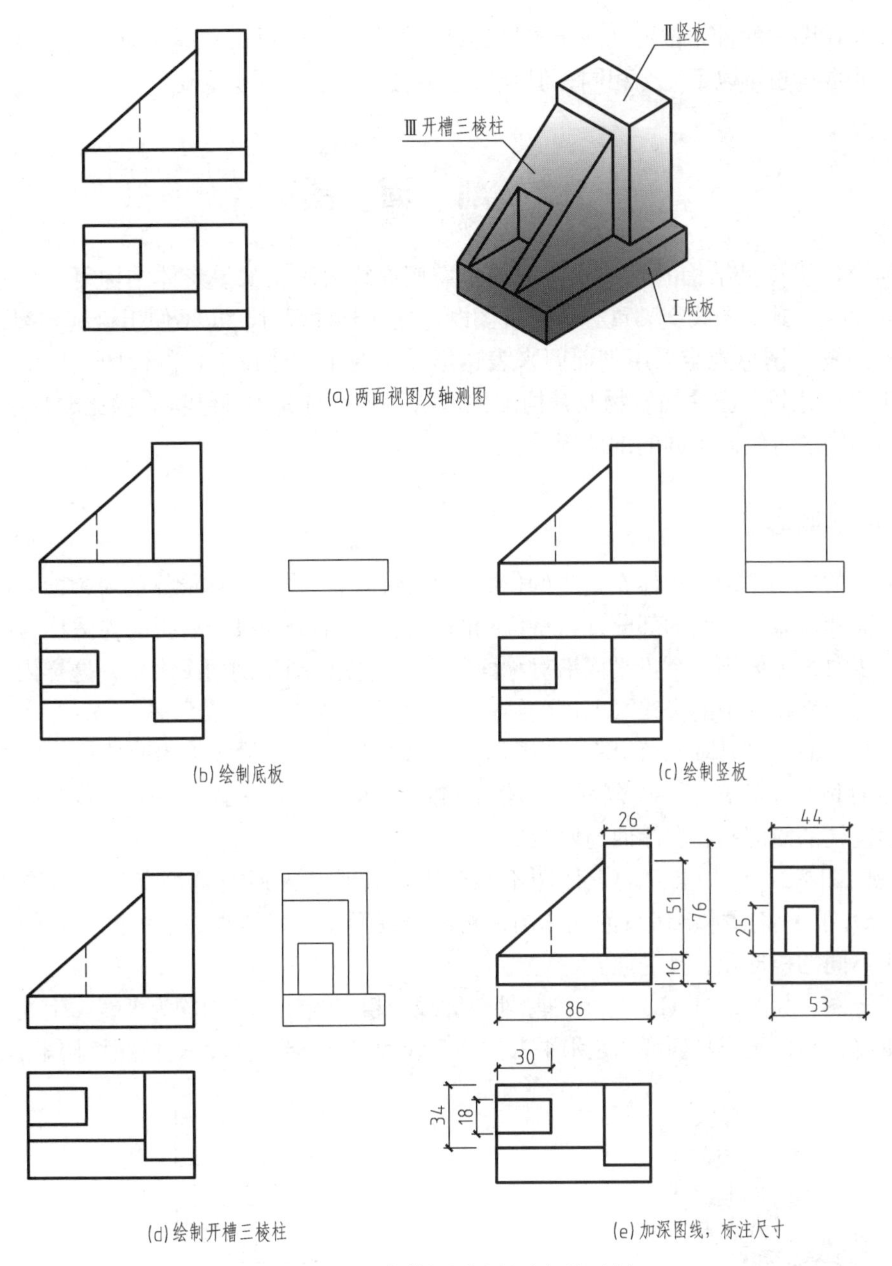

图2-20　组合体视图及尺寸标注示例

③ 标注尺寸。按照补绘左侧立面图的分析方法及顺序分别标注三部分基本几何体的尺寸。如图2-20（e），标注Ⅰ底板（四棱柱）的长86、宽53、高16；标注Ⅱ竖板（四棱柱）的长26、宽44，在图中未直接标注竖板的高，而是以组合体的总高76来约束的；Ⅲ开槽三棱柱的长由底板的长86限定，因为三棱柱的左端棱线与底板的左上棱线重合，标注三棱柱的宽34、高51，及其左侧斜面的开槽尺寸宽18、槽深（高）25。在此，由于开槽相对于三棱柱前后对称，故不必标注其定位尺寸。最后，标注组合体的总体尺寸：总长（底板的长）86、总宽（底板的宽）53、总高76。

检查视图及尺寸标注是否正确、完整。请注意：无论组合体的复杂程度如何，尺寸标注并不是越多越好，而应以最少的尺寸表达准确、清晰、完整为度。每个人在完成尺寸标注时，各尺寸在图中的排列位置（即布置）是灵活的，以不违反尺寸标注的原则为度。整个组合体的尺寸数量也可以不完全相同，但是尺寸不可少，也不可以重复。

2.2 剖 面 图

任何形体不可见结构的轮廓线在视图中需用虚线表示，如果形体结构复杂，则虚线过多，并且虚线与其他图线交叉重叠，使视图既不便于标注尺寸，也不便于绘制和阅读。为了解决这一问题，国标规定采用剖面图来表达形体。在工程建设中，剖面图是广泛应用的图样，由于房屋建筑、土建构筑物及其构配件形状各异，且其内部结构有的比较复杂，所以，需要选择不同位置绘制不同的剖面图。

2.2.1 基本概念

用假想的剖切平面将形体在适当的位置（回转体的轴线、对称形体的对称面）剖开，移去剖切平面和观察者之间的部分，再将剖到的和剩余的部分作投影所得的视图称为剖面图。

如图2-21，形体用一个正平面沿对称面剖开，将立面图用剖面图表示，这样内部结构被显露出来，原来视图中的虚线（不可见结构）变为实线。

图2-21（a）为形体的立体图，从图示可以观察到：形体的底板为四棱柱，并在底板左侧且前后对称的位置开了一个斜槽；形体右侧，在底板上方叠加了一个带有矩形孔的四棱柱，该四棱柱的前侧面、右侧面与底板平齐。

仅观察图2-21（a）上方的立体图不知道矩形孔是否开通或是否有其他结构。而观察图2-21（a）下方将形体剖切后的立体图，再结合视图就可以清晰地了解到形体的右侧为阶梯状大小不同的矩形孔，且为通孔。

分析视图，如图2-21（b）立面图除外轮廓线为粗实线外，其内均为虚线，上述分析的过程不再重复，在此不容易理解的是水平方向的虚线为何绘制到轮廓线。按照挖切矩形孔想象，

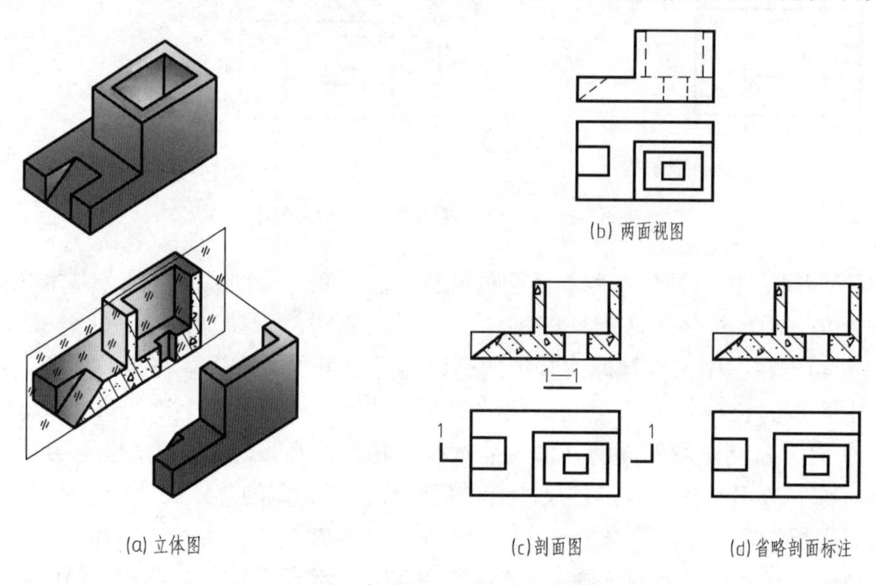

(a) 立体图 (b) 两面视图 (c) 剖面图 (d) 省略剖面标注

图2-21 剖面图的形成（全剖面）

水平方向的虚线应绘制到竖直两条虚线下端为止，但为何向左、右延伸至轮廓线呢？仔细观察一下即可以了解到，这一条虚线不仅是上方矩形孔的孔底，还是底板的上端面的后棱线，即形体上方的矩形孔孔深至底板上端面，所以，此虚线为底板后棱线和矩形孔底的重合线。

图2-21（c）为加注剖切符号的剖面图；图2-21（d）为省略剖切符号的剖面图。

2.2.2　剖面图的标注

① 剖切位置线（也可称为剖切迹线）用两段粗短线（线宽为b，长度为6~10mm）表示，不应与形体的轮廓线相接触或相交。

② 投影方向以垂直于剖切迹线的两段粗短线（线宽为b，长度为4~6mm）表示，也称为投影方向线。剖切符号和投影方向线在不同的剖面类别中有不同的规定，有时允许省略。

③ 用阿拉伯数字表示剖面图的编号，一般按顺序由左至右、由下至上连续编排，并水平注写在投影方向线的端部，并在相应的剖面图下方注写“1—1”“2—2”……来命名，且在图名的下方绘制一条与其等长的粗实线，如图2-21（c）。

④ 按国家标准规定，在形体被剖切平面所切到的部分应绘制材料图例（也称为剖面线或剖面符号），通常在未强调形体为何种材料时，以“普通砖”的材料图例绘制剖面线，即与水平方向呈45°的同方向、等间距（4~6mm）的细斜线。常用的建筑材料图例（剖面符号）可参阅第1章表1-5。

2.2.3　绘制剖面图的相关规定

① 剖切是假想的，图2-21的正立面图是假想的将形体的后半部分作投影所得的视图，因此，平面图必须按完整的形体绘制。

② 当形体具有回转结构形状时，如常见的孔或其他回转体，剖切平面必须通过回转体的轴线进行剖切。

③ 一般情况下剖切平面为投影面的平行面。即正立面图需要作剖面图时，剖切平面为正平面；平面图需要作剖面图时，剖切平面为水平面；侧立面图需要作剖面图时，剖切平面为侧平面。

④ 剖切平面剖切到的形体轮廓线用粗实线绘制，未被剖切到且可见的形体轮廓线用中实线绘制，对呈现剖面的图样，在读图和绘图时须多加注意。

⑤ 在同一个形体的各剖面图中，剖面线的方向、间距应完全一致。

2.2.4　剖面图的分类与画法

（1）全剖面（简称全剖）

用一个剖切平面将形体全部剖开，再作正投影所得的剖面图称为全剖。全剖面适用于外部结构较为简单、内部结构较为复杂的任何对称或不对称形体，如图2-22中2—2剖面图。

在保证立面图与平面图的投影关系时，即按图2-22布置图样时，可省略剖面标注。

（2）半剖面（简称半剖）

以形体的对称线为分界线，由一半为表示外形的视图、一半为表示内部的剖面组成的剖面图称为半剖。半剖面适用于内、外结构完全对称，而外形又比较复杂的形体，如图2-22。采用半剖可以表达形体前方的拱形部分。

应注意：

① 半剖面在形式上为视图、剖面各半的合成图。以单点长画线（对称线）为分界线。

② 半剖面的标注形式与全剖面相同，按投影关系布置图样时，同样可以省略剖切符号的标注。

③ 一般规定，绘制半剖面图应以“剖右不剖左，剖前不剖后”为基本原则。即立面图以竖直对称线为分界时，剖切右半部分。平面图以竖直对称线为分界时，剖切形体的右边；以水平对称线为分界时，剖切形体的前半部分。侧立面图以竖直对称线为分界时，剖切形体的前半部分。

④ 在半剖面图未被剖切部分中，表示内部轮廓的虚线可省略。

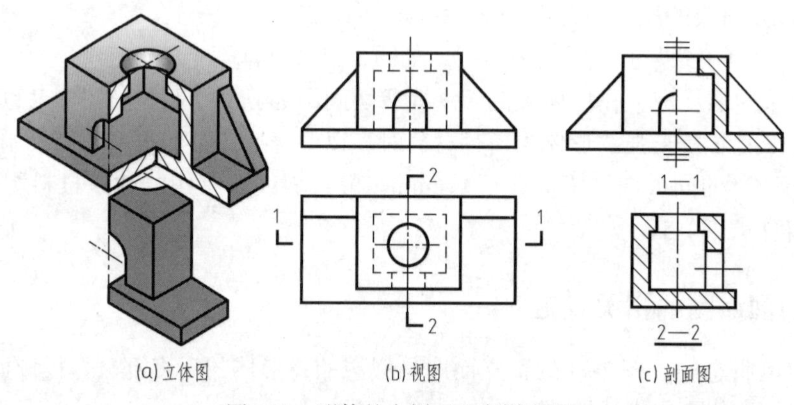

图2-22　形体的全剖面和半剖面图

（3）局部剖面（简称局剖）

将形体的局部作剖面所得的剖面图称为局剖，如图2-23。图2-23（a）为独立基础，正立面图为全剖。因为此构件为建筑构件中常用的基础构件，属于结构施工图内容，按照国家标准规定，可以将此构件的正立面图中的材料图例（剖面线）省略，因此，此构件的正立面图可以按图2-23（a）中间图样的形式绘制。此构件的平面图为局剖，以表达构件底部钢筋的分布情况。局剖用波浪线分界剖到的和未剖到的部分，波浪线不应与其他图线重合，也不应超出轮廓线，更不应通过孔（空）洞部分。

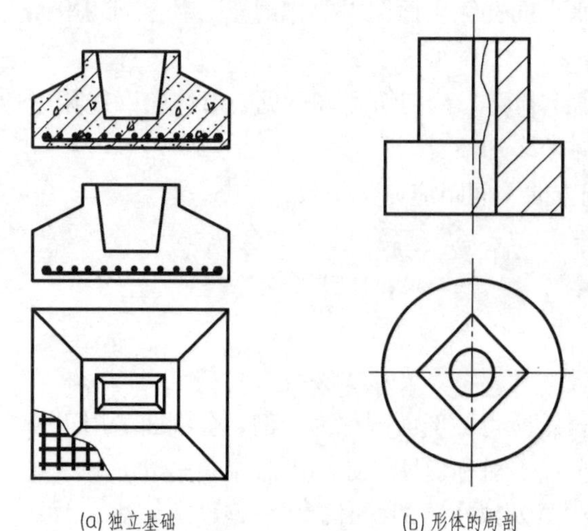

图2-23　局部剖面图

局剖适用于某一部分需保留外部结构，某一部分需反映内部结构，且用全剖面或半剖面都不适宜的形体，如图2-23（b）。局剖一般情

况下不需标注。

有些局部构造（如道路、室内地面、墙面或棚面装饰）需要多层做法，且各层的材料不同，则可用波浪线将各层在一定范围内断开，并以不同的材料图例表示，如图2-24，这种表达方法也是局剖的形式之一。

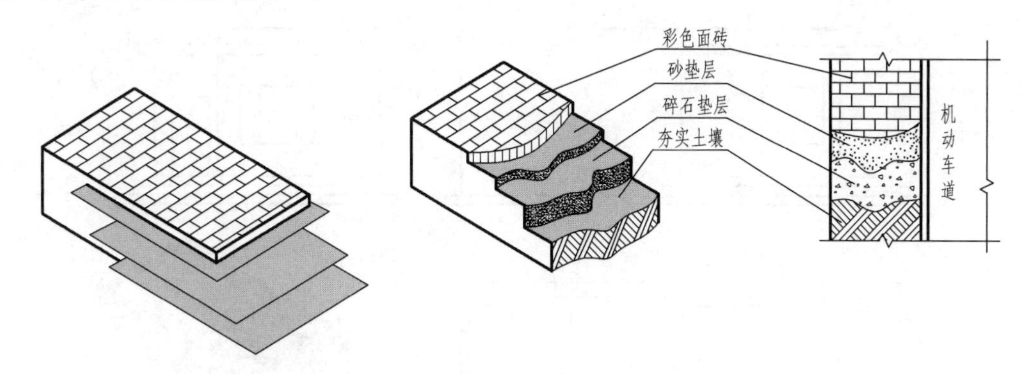

图2-24　局部剖面的分层表达方法

(4) 阶梯剖面（简称阶梯剖）

用一组相互平行的剖切平面将形体剖开所得的剖面图称为阶梯剖。阶梯剖适用于内部结构较复杂，且用一个剖切平面不能将其内部结构完全表达清楚的形体，如图2-25。

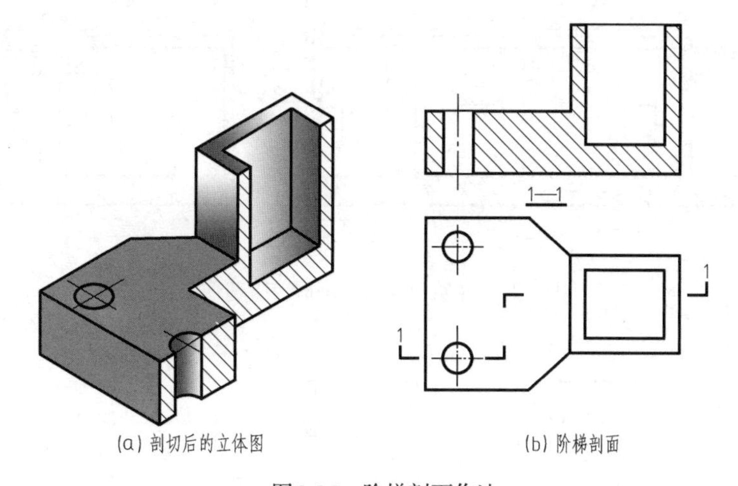

图2-25　阶梯剖面作法

一般情况下，作阶梯剖时剖切平面转折一次，转折处没有特殊说明时应在形体的实体处，且转折处不允许绘制分界线，其剖切符号不可以省略。当阶梯剖按投影关系布图时，也可省略投影方向线和表示编号的数字。

图2-26为一幢单层房屋的正立面图（2—2阶梯剖面图）、平面图（水平1—1全剖面图）、左侧立面图（3—3全剖面图）。国家标准对于绘制剖面图有如下规定：当采用小于1∶50的比例绘制剖面图时，可绘制其材料图例，也可省略材料图例。

(5) 旋转剖面（简称旋转剖）

用两个相交的剖切平面（且垂直于某一基本投影面）将形体剖开，并将形体倾斜部分旋转至与某一基本投影面平行的位置后作投影，所得的剖面图称为旋转剖。旋转剖一般适用于回转体，如图2-27。但在建筑图样中旋转剖也允许用于非回转体。

旋转剖不可以省略剖切符号，当旋转剖按投影关系布图时，也可省略投影方向线和表示编号的数字。

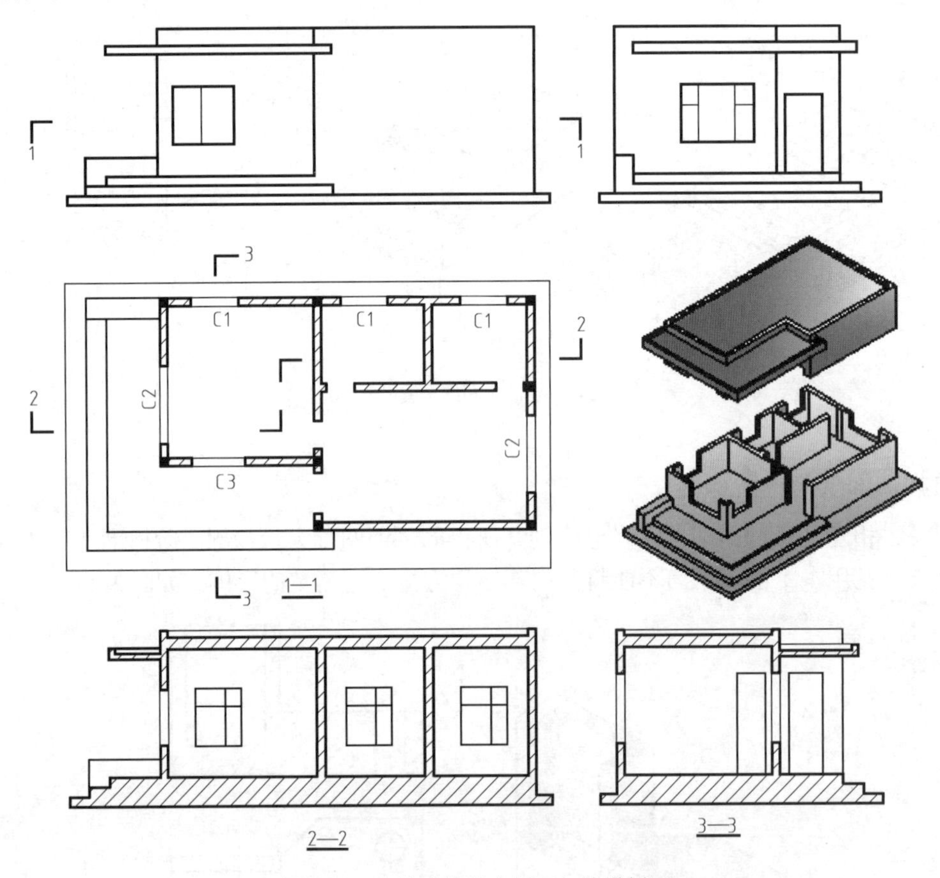

图2-26　建筑形体的全剖面与阶梯剖面

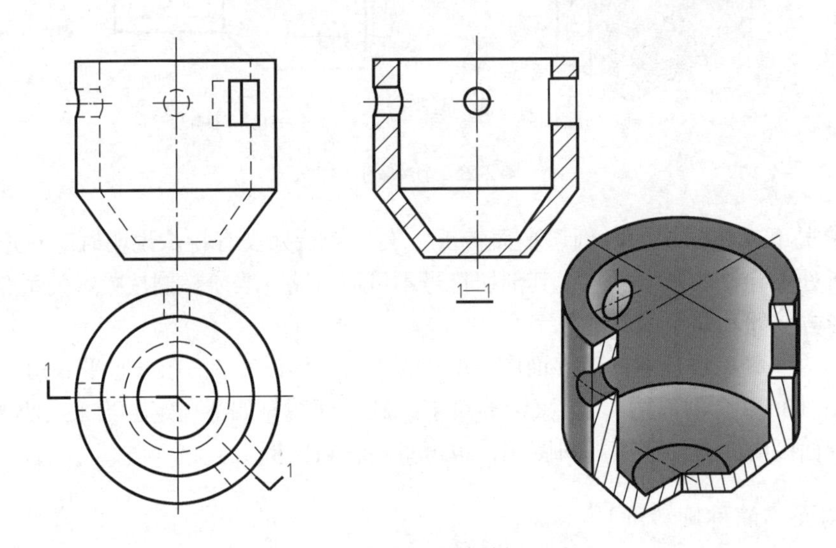

图2-27　过滤池的旋转剖面图

综上所述，不同分类的剖面适用于不同结构的形体，选择时应灵活运用，并严格按其各自的规定画法绘图和标注。

旋转剖面在建筑施工图中很少采用，当建筑形体局部或整体具有圆柱面时，采用旋转剖面表达比较适宜。

特别强调的一点，由视图想象作剖面时，一定要注意容易多画和漏画的图线，如图2-28。正确与错误的图样相互对比不难看出，图2-28（b）中漏画了孔径发生变化时应有的内轮廓线。图2-28（d）中多画了底板后棱线的右部分，这里绘制此线的话，从左侧90°转角处至右侧轮廓线的一段应为虚线。这样的虚线允许省略不画。

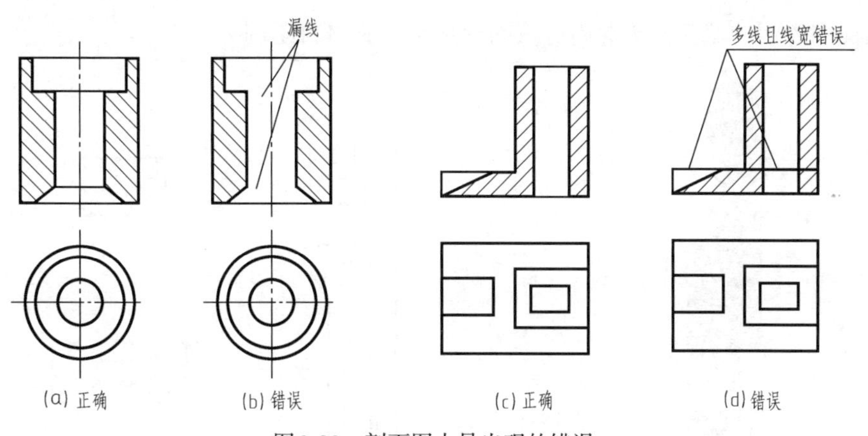

图2-28　剖面图中易出现的错误

表达形体时，同一形体可应用不同的剖面来表达其内部结构，如图2-29。此图由于右前方的圆管轮廓与主体定位轴线成45°，所以平面图中的剖面线应与水平方向成30°或60°。

如图2-29（b），分别采用了两种（剖面）表达方法，正立面图为旋转剖面，平面图为阶梯剖面。对于任何形体，应根据其结构特征选择某一种比较适当的表达方法，能够将其内、外部结构表达完整、清晰即可。从图2-29可见，该检查井选择旋转剖面为宜。

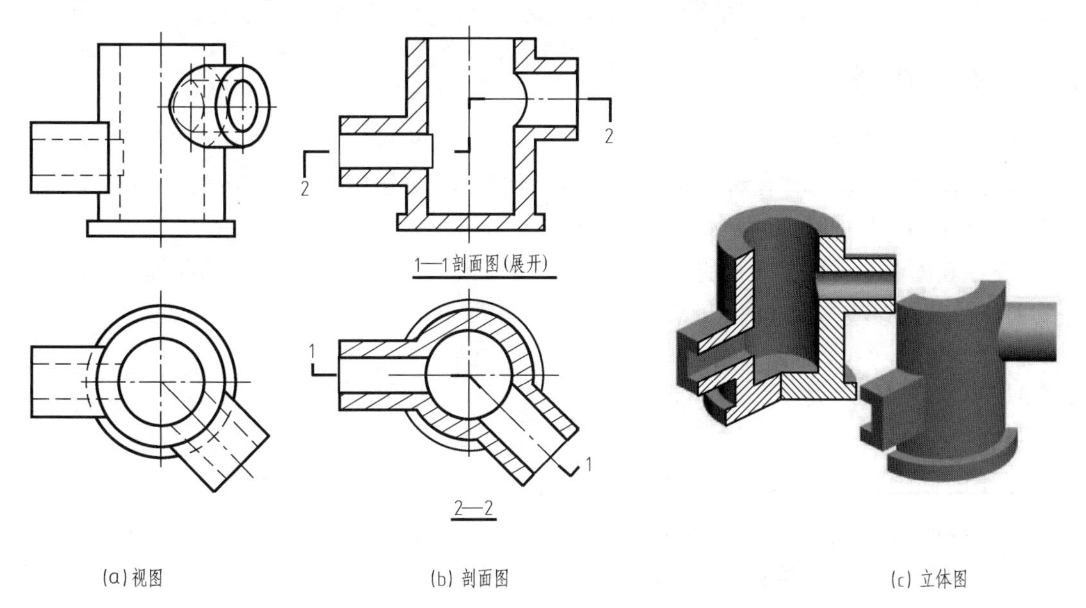

图2-29　用两种剖面图表达的检查井

2.3 断 面 图

2.3.1 基本概念

用一个假想的剖切平面（特殊情况下用两个相交的剖切平面）将形体在适当的位置剖开，将截断面向与其平行的投影面作正投影所得的图形称为断面图，也可称为截面图，如图2-30。

在断面图表示的截断面轮廓内应按国标规定绘制材料图例。

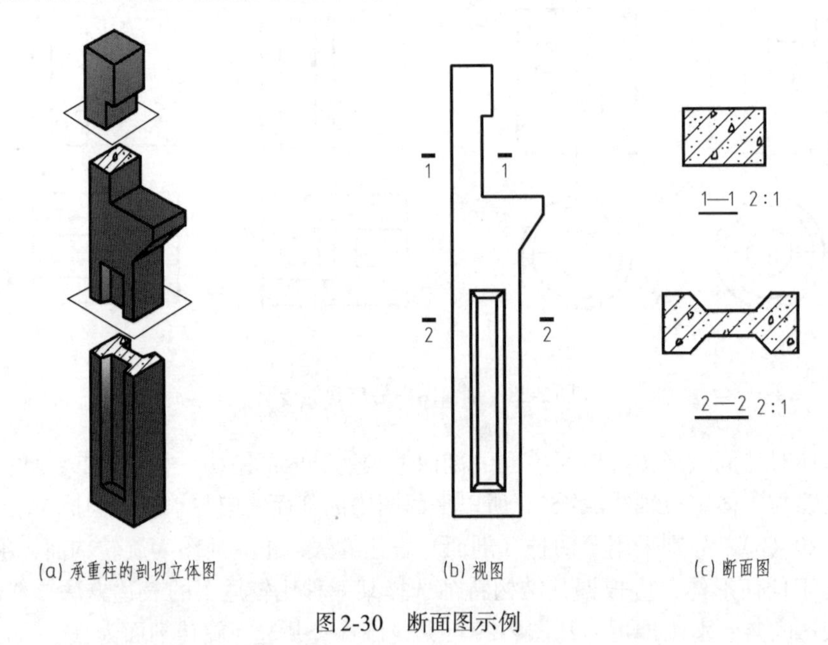

图2-30 断面图示例

2.3.2 断面图的标注

① 剖切是假想的，在剖切位置处绘制剖切符号（粗短线，线宽约b，长度为6~10mm）。

② 阿拉伯数字的标注位置表示断面图的投影方向。如图2-30（b）中“1”“2”，其注写在剖切符号的下方，即表示从上向下作投影。

③ 在断面图（移出断面）的下方注写“1—1”或“2—2”，表示对应的断面，并加绘一条粗短线，要求该线与标注的断面图编号字符等长。

2.3.3 断面图的分类

（1）移出断面

绘制在视图之外的断面图称为移出断面。移出断面的轮廓用粗实线绘制。如图2-30承重柱的1—1断面、2—2断面，图2-31的T形梁、图2-32的十字形梁等形体的断面图均为移出断面。T形梁和十字形梁的断面图均为对称断面，故省略了标注。

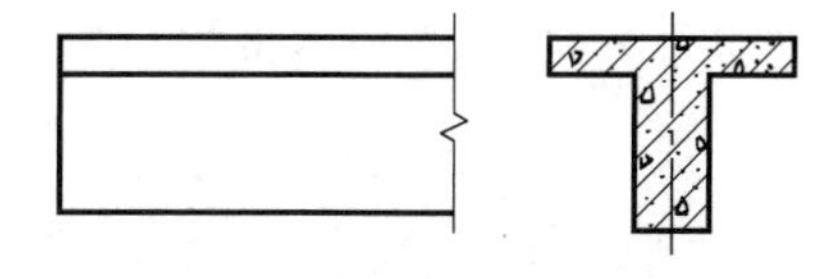

图2-31　T形梁的移出断面

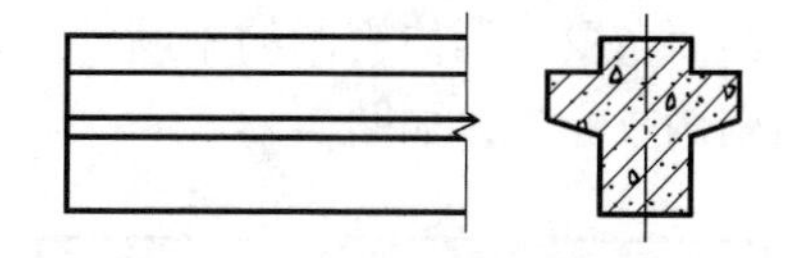

图2-32　十字形梁的移出断面

当移出断面所反映的形体断面形状是对称的，且形体的视图与所作的断面在布图时无其他图样相隔时，可省略断面图的编号数字。整个形体只需作一个断面时，若在读图时不会造成误解，则可省略标注。需要强调的是，这种情况要求断面图必须绘制在剖切平面的延长线位置。

有些形体在某一位置作断面时，其断面图为完全分离的两个断面，这种情况下将按形体的实际结构绘制其完整的断面图，如图2-33。

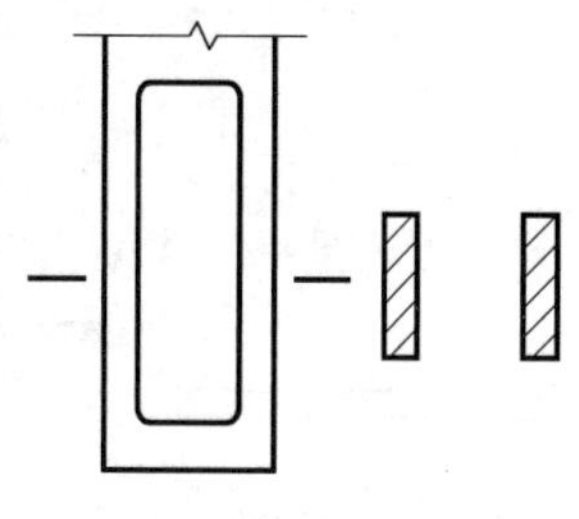

图2-33　断面分离画法

（2）重合断面

绘制在视图之内的断面图称为重合断面。当断面的轮廓与视图的轮廓重叠时，应保留视图轮廓（即粗实线），其余的轮廓线用细实线绘制。

断面形状对称时，其重合断面可省略标注，如图2-34。断面形状不对称时，其重合断面应加标注，如图2-35。

有时如图2-35的情况也可省略标注，其投影方向一般规定从左向右或按规定投影方向作图。

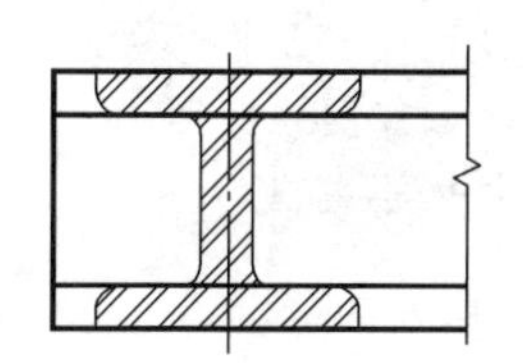

图2-34　对称断面的重合断面

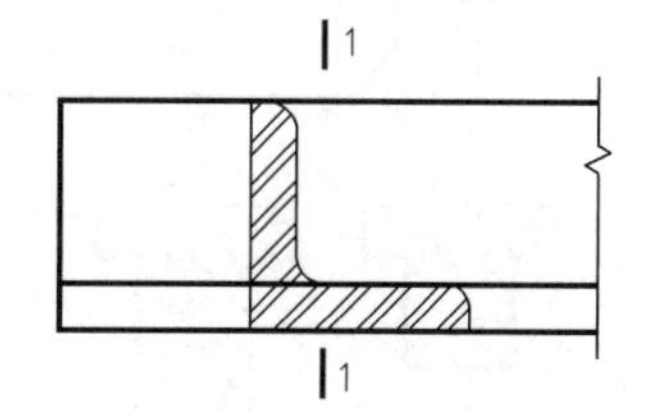

图2-35　非对称断面的重合断面

在表达建筑形体具有凹凸起伏的屋面或墙面时，通常也采用重合断面，并且形体的轮廓用细实线，断面的轮廓用粗实线，图形是不闭合的，材料图例和所剖切的轮廓的重合断面可只绘制一部分（在凹凸起伏结构连续且重复的情况下），如图2-36。

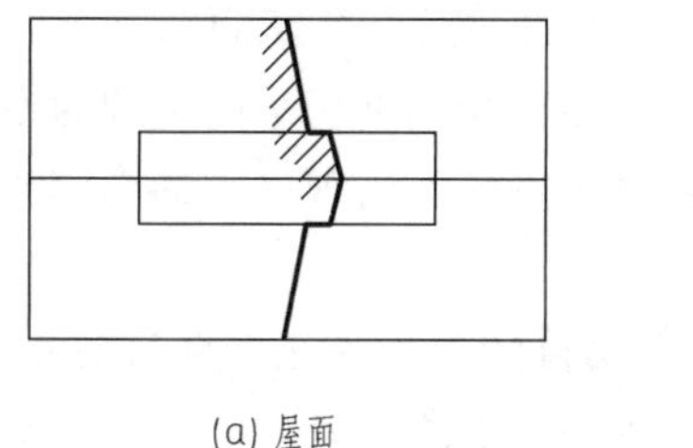

(a) 屋面

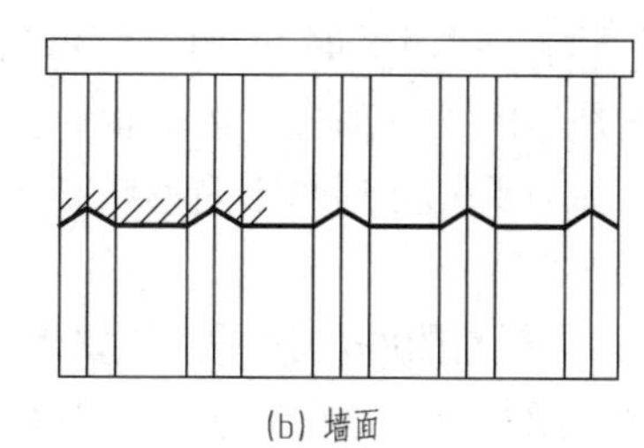

(b) 墙面

图2-36　特殊表达的重合断面

（3）中断断面

绘制在较长杆件视图中断处的断面图称为中断断面。中断断面的轮廓用粗实线绘制。由于中断断面布置在形体视图的中断处，故不需加标注，如图2-37。当断面尺寸很小时，可省略材料图例或涂黑，如图2-38。

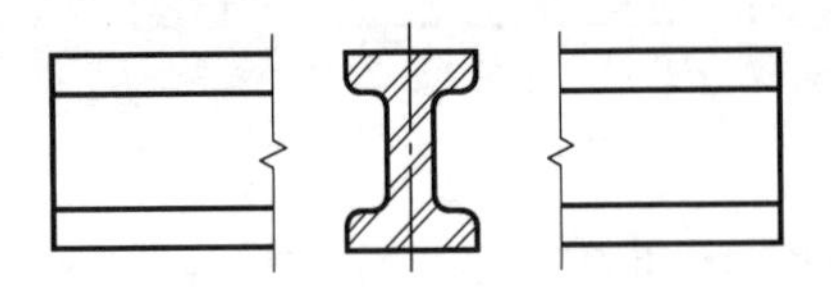

图2-37　中断断面

图2-38　较小尺寸的中断断面

无论是哪一类断面图，都可以更简单、更清晰地表达形体中某一结构的断面形状。断面的尺寸均可标注在断面图上。如果断面图按原视图比例绘图较小，不便于标注尺寸时，还可相应地放大，放大后的图样必须注明比例，如图2-39。

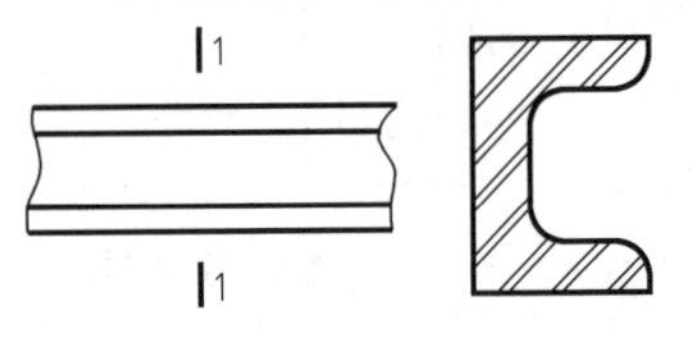

图2-39　与视图不同比例的断面

【例3】 根据梁的正立面图，并参照轴测图按图示位置作其1—1、2—2移出断面图，如图2-40。

根据梁的轴测图可以观察到在1—1、2—2作梁的移出断面图时，其断面形状类似，仅高度尺寸不同。作图时，梁的高度从正立面图中量取，梁的宽度从轴测图中量取，最后绘制断面图。

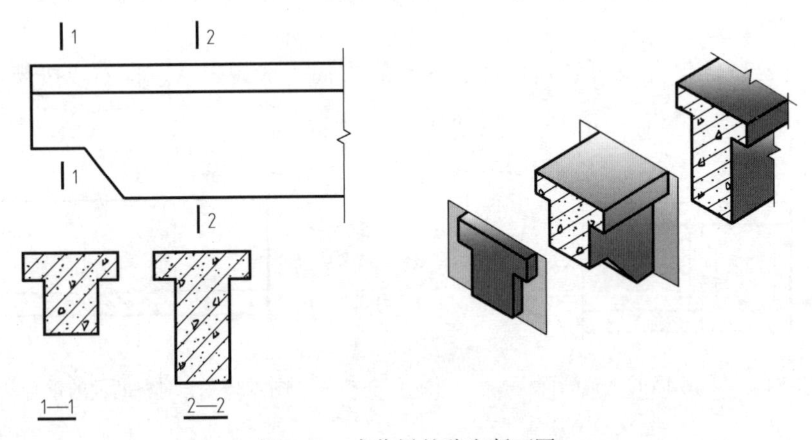

图2-40　求作梁的移出断面图

2.3.4　断面图与剖面图的区别

① 断面图是同一剖切平面剖开形体的剖面图中的一部分。断面图是形体某一个断面的投影，而剖面图是形体某一部分立体的投影。断面图仅绘制剖切平面剖到的断面形状，而剖面图不仅要绘制剖切平面剖到的断面形状，还要将按投影方向观察到的形体的保留部分全部绘制完整。

② 标注不同。断面图的剖切平面位置仍用剖切符号表示（这一点与剖面图相同），而投影方向线不绘制，用数字注写的位置表示其投影方向，如图2-41。1—1、3—3断面图的数字写在剖切符号的右方，表示在此位置剖开后，从左向右作投影；而2—2剖面图的标注与之不同。

【例4】 已知形体的两面视图，如图2-42（a），补绘其左侧立面图，作适当的剖面，并标注尺寸（比例1∶1）。

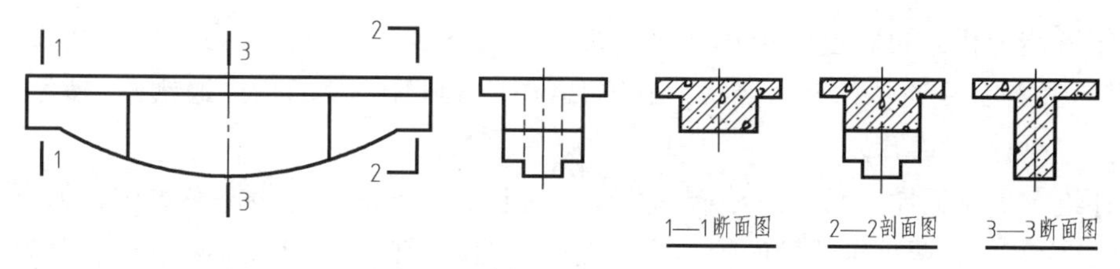

图2-41　剖面图与断面图的区别

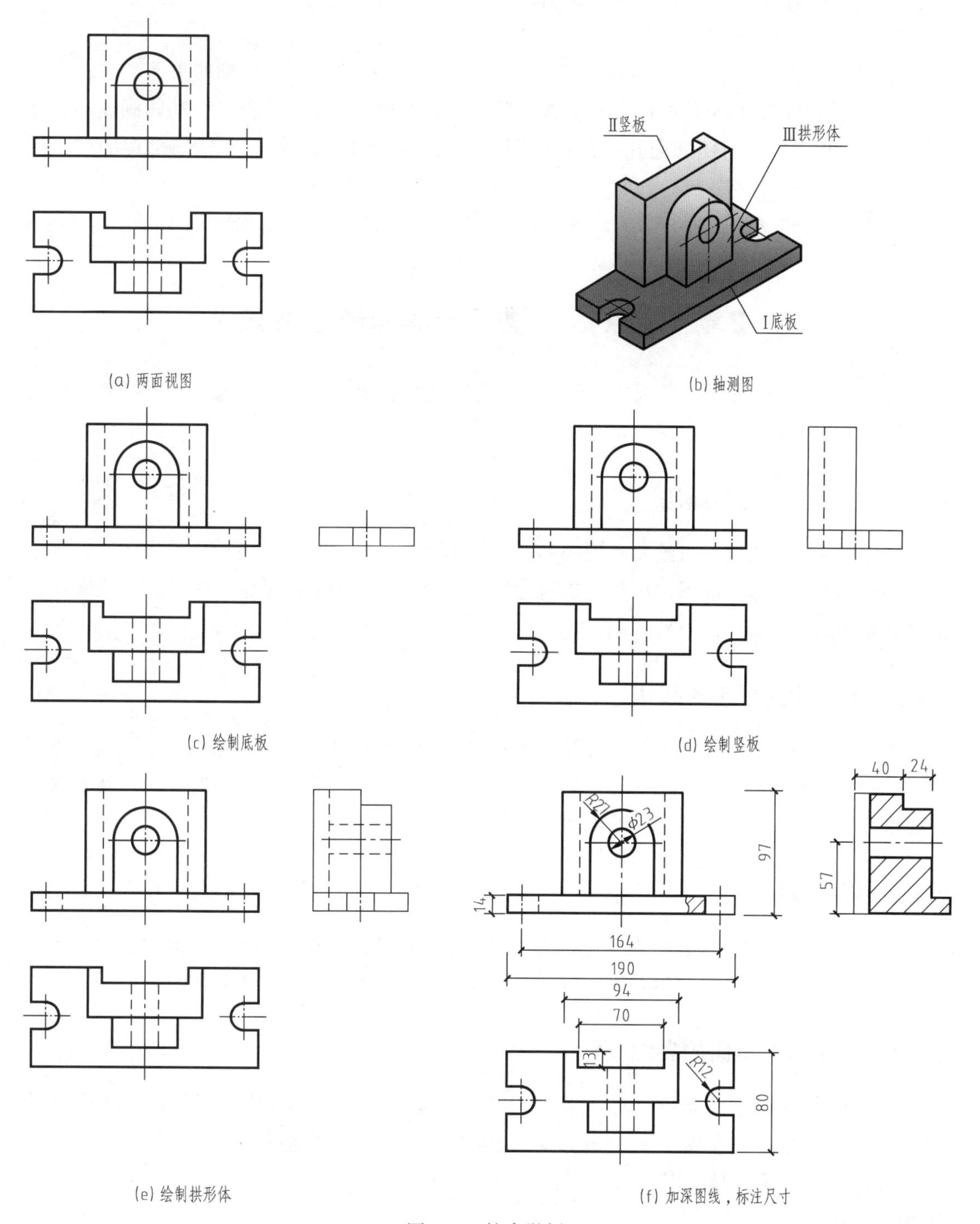

图2-42　综合举例

① 作形体分析。可将已知形体分为三部分，如图2-42（b）：Ⅰ为底板，其左右对称，呈凹字型，并各有一通孔；Ⅱ为竖板，在其后端面切割有一个凹槽（通槽）；Ⅲ为拱形体，并挖切有一个圆孔（通孔）。

② 补绘左侧立面图。首先，绘制底板Ⅰ，如图2-42（c）。底板左右对称，另有两条可见的棱线，为左、右两个拱形槽的轮廓线。然后，绘制竖板Ⅱ，如图2-42（d），其外轮廓也为矩形，虚线为凹槽不可见的棱线。最后，绘制拱形体Ⅲ，如图2-42（e），其外轮廓仍为矩形，圆孔虚线从前至后。

③ 选择剖面。该形体为左右对称形体，沿对称线选择侧平面作为剖切平面，将左侧立面图进行全剖，即将拱形体的圆孔和竖板的凹槽同时剖切，剖切后内部结构的轮廓线均为可见。再将底板上左、右侧的通孔在正立面图中进行局部剖切，相同且对称的结构剖切一侧（一个）即可，如图2-42（f）。

④ 标注尺寸。按上述形体分析，逐一标注形体的各类尺寸，完成全部作图，如图2-42（f）。

2.4 国家标准规定的其他表达方法

为了简化作图，提高绘图质量和效率，《房屋建筑制图统一标准》规定了一些简化画法及简化标注。下面是几种常用简化画法。

2.4.1 对称形体省略画法

形体有一条对称线，可绘制其视图的一半；形体有两条对称线，可绘制其视图的四分之一，并加注对称符号。图形也可稍超出对称线，此时，以折断线或波浪线断开，不绘制对称符号，如图2-43（a）。

2.4.2 相同构造要素的画法

形体内如有多个完全相同且连续排列的构造要素，可仅在两端或适当位置绘制其完整形状，其余部分以中心线或中心线交点表示，相同构造要素小于中心线交点时，也可在相同构造要素位置的中心线交点处用小圆点表示，如图2-43（b）。

2.4.3 折断画法

较长的形体（轴、杆、型材、连杆等）沿长度方向的形状相同或按一定规律变化，可以断开后省略绘制，断开处应以折断线表示，并要标注实际尺寸，如图2-43（c）。

2.4.4 形体局部不同的省略画法

若两个或两个以上的形体仅有一部分不相同，则允许只绘制不同部分，但应在两个形体的相同部分与不同部分的分界线处，分别绘制以相同大写字母注写的连接符号，如图2-43（d）。

还有其他的简化画法以及尺寸的简化标注，请参阅《房屋建筑制图统一标准》GB/T 50001—2017。

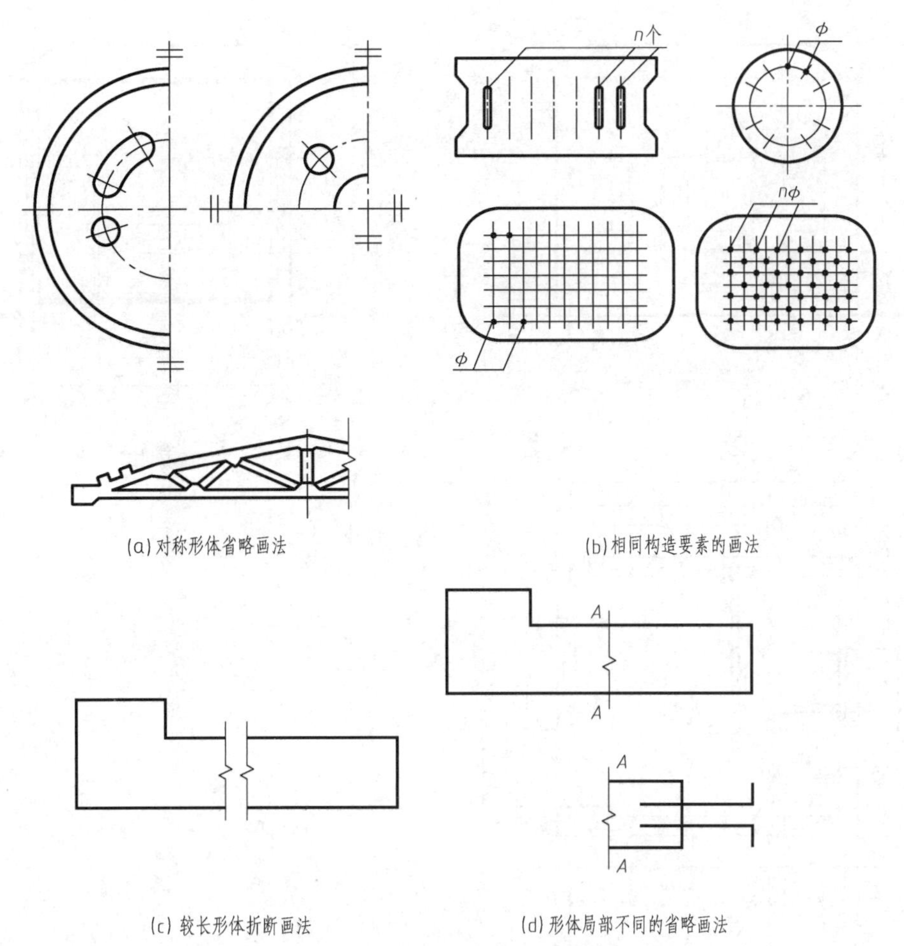

(a) 对称形体省略画法　　(b) 相同构造要素的画法

(c) 较长形体折断画法　　(d) 形体局部不同的省略画法

图2-43　简化画法及规定画法

2.5　图样实例的表达与识图

图2-44为某门卫室的三面视图，单层建筑。按照国家标准规定，当绘图比例≤1∶50时，可省略材料图例。

2.5.1　分析识读正立面图

形体的立面根据图示内容可以看到，由于是门卫室，所以建筑形体的四个外墙面上均有不同的门、窗。由图2-44中的正立面图可知，该墙面上有三个窗，左、右两个窗尺寸偏小，且对称，中间的窗较大，且上方为拱形。屋面轮廓形状为对称的多边形，其内图线表示屋面瓦材料。

根据形体的结构特征及规定表达方法，该形体应绘制前、后、左、右四个立面图，在此，仅绘制了形体的从前向后方向观察的立面图，其他三幅请自行想象绘制，各窗的高度除图样中已经标注的，也可自行确定绘图。

2.5.2　识读平面图（剖面图）

形体的平面图为全剖面图，为假想用水平面沿门、窗适当的位置将形体剖切开之后所

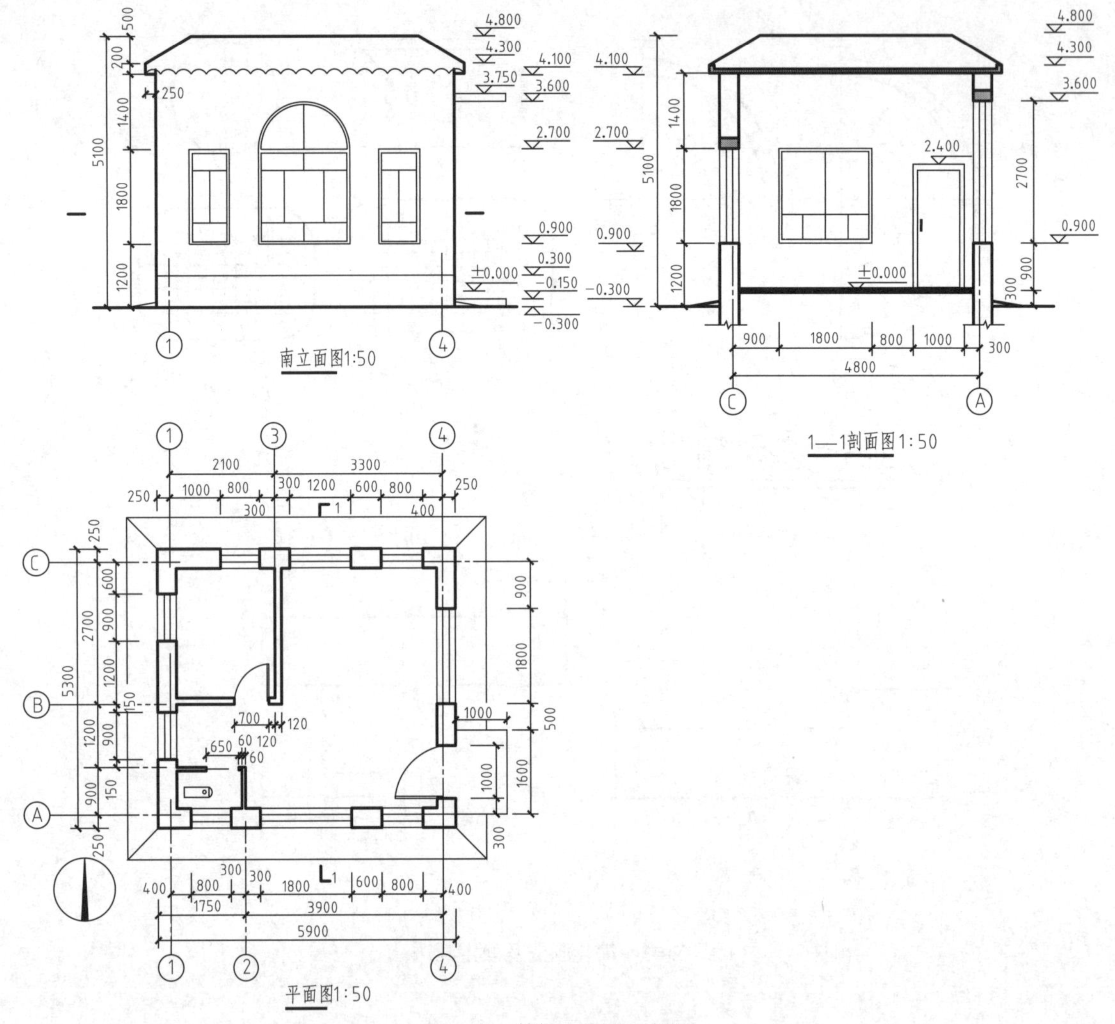

图2-44　某门卫室三面视图

得到的投影。剖切位置标注在立面图中，由于按投影关系布置，故省略了剖切符号中的投影方向线和剖切编号（数字）。

平面图可以表达各门、窗的位置及宽度尺寸。从图2-44中可以看到：左侧外墙面上有两个窗，窗口宽均为900mm；前侧外墙面上有三个窗，与立面图对应，左、右两个略小的窗口宽均为800mm，中间略大的窗口宽为1800mm；右侧外墙面上有一个窗和一扇门，窗口宽为1800mm，门的位置在形体的前方，门宽为1000mm；后侧外墙面上有三个窗，窗口宽分别为800mm、1200mm、800mm。形体的各外墙面均设有窗，这是由门卫室的使用功能所定的。

2.5.3　识读左侧立面图（剖面图）

在识读形体的立面图、平面图之后，想象形体，并在图中找到剖切符号，按照剖切符号的投影方向，绘制对应的剖面图。

如图2-44，形体的左侧立面图也为全剖面图。剖切位置标注在平面图中，按照1—1剖切位置绘制图样，从图示投影方向观察，可以剖切到形体前、后两个墙体及该墙体上的窗、屋面，还可看到形体右侧墙面上的门和窗。

另外，按照剖面图的绘图规定：被剖切平面剖到的部分，其轮廓线用粗实线绘制；未被剖切到的，但在剖视方向可以看到的建筑形体构造及其屋顶的形式等，其轮廓线用中实线或细实线绘制。

2.5.4　尺寸分析

图2-44图中的尺寸标注参照了建筑制图专业图样的形式，即立面图仅以标高的形式注写高度尺寸，而平面图、左侧立面图的尺寸标注主要有两项内容：一是室外、室内地面以及屋面的标高；二是建筑形体的长度、高度和宽度方向的所有的尺寸及必须标注的局部尺寸。其次，还应标注必要的文字注释及所需的索引符号等。

2.6　实训练习

（1）基本视图有哪些？各名称是什么？

（2）绘图的基本方法有哪些？

（3）尺寸标注的分类是什么？

（4）剖面图与断面图的区别是什么？

（5）剖切平面最好怎样选择？

（6）断面图有几种？如何标注？

（7）阅读题图2-1，详细分析形体的形状，补绘另外三面视图。按规定布图位置绘图，并分别注写各图名称。

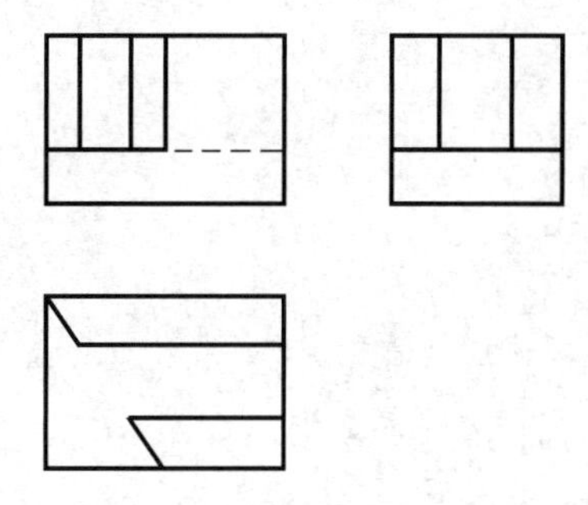

题图2-1　补绘另外三面视图

（8）补绘形体的未知视图，并按规定比例标注尺寸（见题图2-2）。

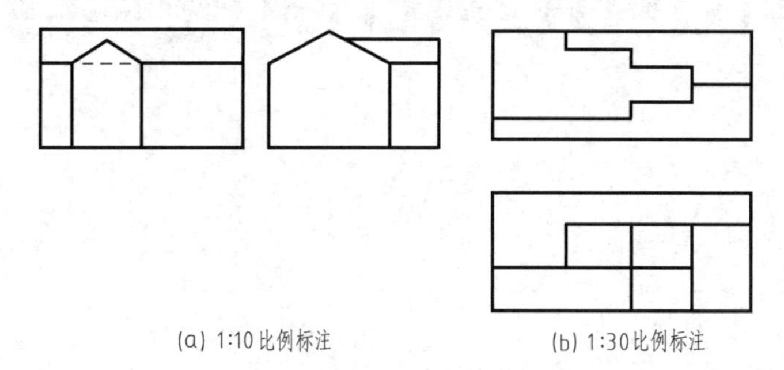

(a) 1:10比例标注　　(b) 1:30比例标注

题图2-2　补绘形体未知视图

第二部分

AutoCAD制图与实训

第3章 AutoCAD基本知识

计算机绘图是利用计算机及图形输入、输出设备，进行图形绘制及显示，并实现储存和输出的应用技术。这一技术的不断发展和广泛应用，特别是在工程制图中的应用，极大地显示了它的优越性。它以快捷、完善、便利等特点成为工程界应用最为广泛的绘图技术之一。

AutoCAD绘图软件是美国Autodesk公司开发的一个交互式图形软件系统，自正式使用以来，经过较长时间的应用、发展和不断完善，其功能也在逐步增强。AutoCAD具有的绘图功能空间包括“AutoCAD经典”“三维建模”和“二维草图和注释”三种绘图模式，且更进一步增强了建模功能以及渲染功能。

“CAD”是“Computer Aided Design”的缩写，意思为计算机辅助设计。AutoCAD有丰富的绘图功能、强大的编辑功能和良好的工作界面。对于各类工程的专业图样，用户可以应用AutoCAD精确地设计并绘制。

手工作图时，我们用铅笔、丁字尺、三角板、圆规等绘图工具在图纸上绘制出图形，非常直观，而使用AutoCAD绘图，其绘图方法和步骤与手工绘图非常相似，但所应用的“工具”就完全不一样了。因此，首先我们必须了解和熟悉AutoCAD的界面，了解AutoCAD窗口每一部分的功能；其次，应学会怎样应用绘图程序，即如何下达命令及操作，并学会对偶尔产生的错误进行处理等。经过一段时间的绘图实际训练，就可以应用AutoCAD软件正确地绘制图样了。

计算机和绘图机的结合，实现了我们通常所说的“计算机绘图”，应用它可以完全代替手工绘图，使设计者从繁重的手工绘图中解放出来，并真正实现在图学领域快捷设计、快速准确绘图的梦想。

计算机绘图的基本过程包括：应用绘图命令进行图形要素输入，并应用各种所需的绘图功能进行图形编辑与处理，最后由输出设备进行图样打印输出。

本章将详细介绍AutoCAD 的基本工作界面及应用AutoCAD程序的一些基本操作。

3.1 AutoCAD用户界面

在计算机桌面双击AutoCAD快捷图标后，即打开该应用程序的工作界面，如图3-1，其主要由标题栏、菜单栏、绘图窗口、十字光标、各工具栏、命令提示窗口、滚动条、坐标系统和状态栏等部分组成。

进行工程设计时，用户通过工具栏、菜单栏或命令提示窗口发出命令，在绘图窗口中画出图形，AutoCAD通过状态栏显示出作图过程中的各种信息，以及提供给用户各种辅助绘图工具。因此，要顺利地完成设计任务，较完整地了解AutoCAD工作界面各部分的功能是非常必要的。

AutoCAD是一个多文档设计环境，用户可以同时打开多个图形文件。在这样的环境下，用户能在不同图形文件间复制几何元素、颜色、图层、线型等信息，这给设计工作带来了极大的快捷和方便。

退出AutoCAD 工作界面可任选以下几种方式之一：

① 单击界面上方标题栏中右侧的按钮☒，即可退出。

② 在命令提示行输入“QUIT”（输入命令不区分大小写），并回车，即可退出。

③ 按“Ctrl”+“Q”，即可退出。

④ 菜单：“文件”→“退出”，即可退出。

退出前一定要将已经绘制的图形文件进行保存，切不可直接关机退出，否则，绘制的图形文件将全部丢失。

AutoCAD工作界面可以根据所需自行制定，工作界面会显示不同的操作部分。不同的部分，其功能也不同。只有了解各单元部分的名称和功能，才能熟练地操作并应用软件。下面分别介绍各部分的功能。

用户界面是交互式绘图软件与用户进行信息交流的“桥梁”，操作系统通过用户界面反映当前使用信息情况以及继续执行不同操作。因此，用户界面被称为“人机对话窗口”。

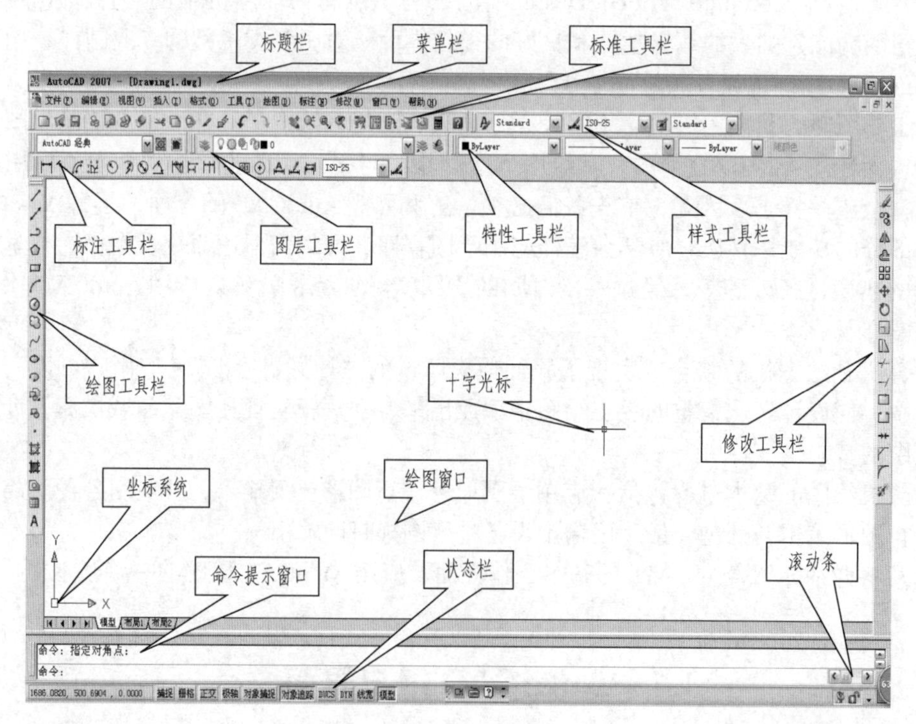

图3-1　AutoCAD用户界面

3.1.1　标题栏

标题栏位于用户界面窗口的最上方，显示了AutoCAD程序图标及当前所操作的图形文件名称，主要显示软件版本及文件名称，与一般的Windows应用程序相似，可通过标题栏最右边的3个按钮来控制AutoCAD窗口的最小化、最大化或关闭AutoCAD程序。

3.1.2　菜单栏及光标菜单

在标题栏下方是菜单栏，可供用户查询和使用，如图3-2。

图3-2　菜单栏

"文件"：用其进行图形文件的管理。

"编辑"：对图形文件进行复制、剪切、粘贴等操作。

"视图"：进行绘图区的窗口缩放、分割，还可以进行三维窗口的设置。

"插入"：主要进行图块、文件的插入和链接。

"格式"：设置绘图环境等参数。

"工具"：包含所有的绘图辅助工具。

"绘图"：包含所有的绘图命令。

"标注"：包含所有形式的标注命令。

"修改"：对图形进行复制、旋转、移动等编辑操作。

"窗口"：由于AutoCAD支持多文档设计环境，因此，可以对多个图形文件窗口进行层叠、水平平铺、垂直平铺以及排列图标等操作。

"帮助"：可通过此菜单获取所需要的帮助信息。

单击菜单栏的菜单项，即弹出对应的下拉菜单。下拉菜单包含了AutoCAD的核心命令和功能，通过鼠标选择菜单中的某个选项，AutoCAD就执行相应命令。AutoCAD菜单选项有以下三种形式：

① 菜单项后面带有三角形标记。选择这种菜单项时将弹出新菜单，用户可作进一步选择。

② 菜单项后面带有省略号标记"..."。选择这种菜单项后，AutoCAD将打开一个对话框，通过此对话框用户可进一步操作。

③ 单独的菜单项。另一种形式的菜单是光标菜单，当单击鼠标右键时，在光标的当前位置上将出现光标菜单。光标菜单提供的命令选项与光标的位置及AutoCAD的当前状态有关。例如，将光标放在作图区域和工具栏上分别单击右键，打开的光标菜单是不一样的。此外，如果AutoCAD正在执行某一命令或者事先选取了任意实体对象，也将显示不同的光标菜单。

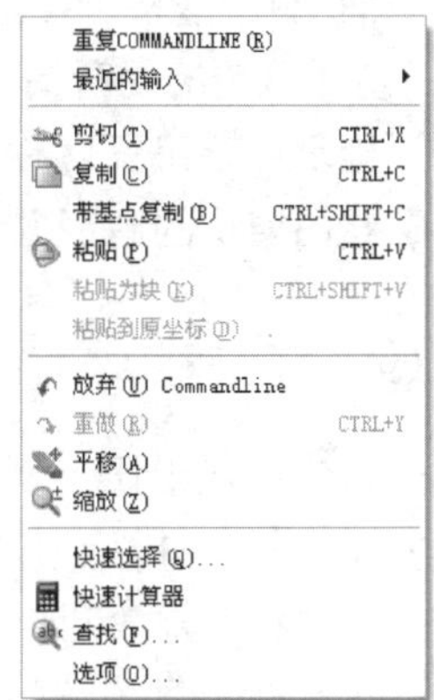

图3-3　光标菜单

在某个AutoCAD区域中单击鼠标右键可显示光标菜单，如图3-3。在此单击左键选择的光标菜单的某一项与相应标准工具栏中对应的选项功能相同。

同样，如果在菜单栏中任选某一项单击左键，其功能与在此项工具栏中选择使用是完全相同的。但是，前者与后者相比略显得麻烦一些。

3.1.3 绘图窗口

绘图窗口即图3-1中间较大范围的绘图区域，类似于手工作图时的图纸。这个区域是无限大的，所有的绘图内容都反映在此窗口中。虽然AutoCAD提供的绘图区是无穷大的，但我们可根据需要设定显示在屏幕上的绘图区域大小，即绘图图幅的大小。

绘图窗口左下角有一个坐标系图标，表示所使用的坐标系类型及轴的方向。它表明了绘图区的方位，图标中“X”“Y”字母分别提示*X*轴和*Y*轴的正方向。缺省情况下，AutoCAD使用世界坐标系，如果有必要，我们也可通过UCS命令建立自己所需的坐标系。绘图窗口的下方和右方所设置的滚动条可用来将绘图窗口内的图形左右、上下移动。

绘图窗口内有一个十字光标及坐标系图标，绘图时所做的一切工作（如绘图、标注尺寸、输入文本或插入其他图形等）都在绘图窗口内进行操作并完成。

提示：若在绘图区没有发现坐标系图标，可用UCSICON命令的“ON”选项打开图标显示。

当移动鼠标光标时，十字光标和拾取框会在绘图窗口跟随移动，它是绘图的主要工具，相当于手工绘图的笔。与此同时在状态栏上将出现光标点的坐标读数。坐标读数的显示方式有以下3种：

坐标读数随光标移动而变化——动态显示，坐标值显示形式是“*X*，*Y*，*Z*”。

仅仅显示用户指定点的坐标——静态显示，坐标值显示形式是“*X*，*Y*，*Z*”。例如，用“Line”命令绘制直线时，AutoCAD只显示线段端点的坐标值。

坐标读数随光标移动而以极坐标形式（相对上一点的“距离<角度”格式）显示，这种方式只在AutoCAD提示“拾取一个点”时才能得到。

如果想改变坐标显示方式，可利用“F6”键来实现。连续按下此键，AutoCAD就在以上3种显示形式之间切换。

绘图窗口包含了两种作图环境，一种称为模型空间，另一种称为图纸空间。在绘图窗口底部有3个选项卡：模型、布局1、布局2。缺省情况下“模型”选项卡是按下的，表示当前作图环境是模型空间，一般可按实际尺寸绘制二维或三维图形。当单击“布局1”或“布局2”选项卡时，就切换至图纸空间。大家可以将图纸空间想象成一张图纸（AutoCAD提供的模拟图纸），这样可在这张图纸上将模型空间的图样按不同缩放比例布置在图纸上。“模型”的左边有4个滚动箭头，用来滚动显示模型、布局1、布局2。

提示：绘图窗口的图标在图纸和模型空间中有不同的形状，请自行试一试。

绘图窗口的右下方和右侧还有纵、横两个滚动条，用以调整绘图窗口中图样的位置。

3.1.4 工具栏

将光标置于任一个工具栏的非命令项区域，单击右键，则出现工具栏列表，可以根据使用所需打开工具栏。若要在固定工具栏中关闭某一工具栏，只需用鼠标点击该工具栏的启动按钮，并将其拖放到绘图窗口，再单击该工具栏右上角的“×”即可。

工具栏提供了访问AutoCAD命令的快捷方式，它包含了许多命令按钮，只需单击某个按钮，AutoCAD就会执行相应命令。

（1）标准工具栏

图3-4为标准工具栏，它一般位于菜单栏下方。其各命令（快捷键）为：新建（Ctrl+N）、打开（Ctrl+O）、保存（Ctrl+S）、打印（Ctrl+P）、打印预览、发布、3DDWF、剪切（Ctrl+X）、复制（Ctrl+C）、粘贴（Ctrl+V）、特性匹配、块编辑器、放弃、重做、实时平移、实时缩放、窗口缩放、缩放上一个、特性（Ctrl+1）、设计中心（Ctrl+2）、“工具”选项板（Ctrl+3）、图纸集管理器（Ctrl+4）、标记管理器（Ctrl+7）、快速计算器（Ctrl+8）、帮助。

图3-4 标准工具栏

（2）样式工具栏

图3-5为样式工具栏。其从左至右各命令为：文字样式管理器、标注样式管理器、表格样式控制、多重引线样式控制。

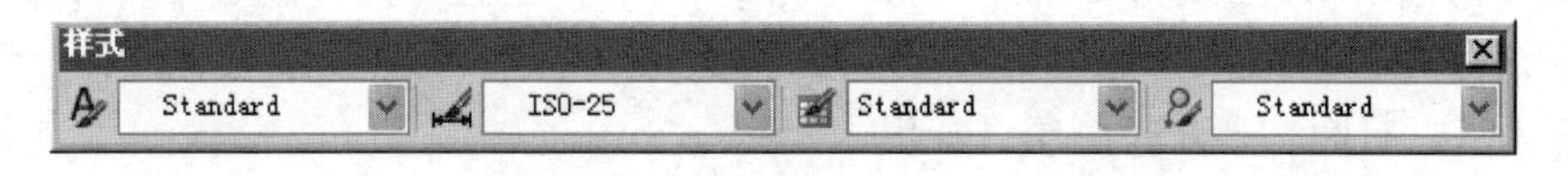

图3-5 样式工具栏

（3）图层工具栏

图3-6为图层工具栏（第9章详述）。其从左至右各命令为：图层特性管理器，开/关图层（图层显示窗口），在所有视口中冻结/解冻，在当前视口中冻结/解冻，锁定/解锁图层，图层的颜色，应用的过滤器，将对象的图层置为当前、上一个图层，图层状态管理器。

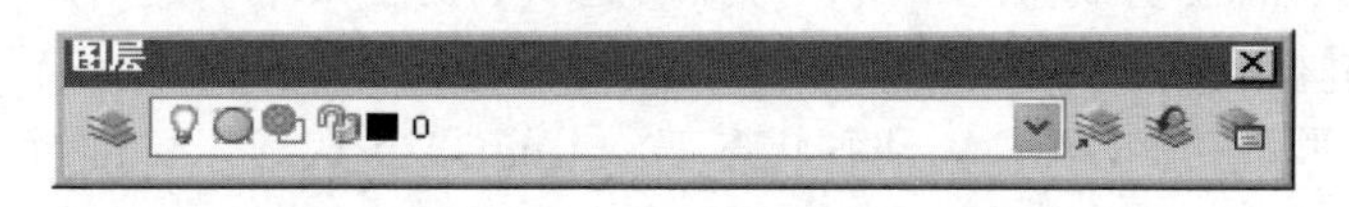

图3-6 图层工具栏

（4）特性工具栏

图3-7为特性工具栏（第5章详述）。其从左至右各命令为：颜色控制、线型控制、线宽控制、打印样式控制。

图3-7 特性工具栏

（5）标注工具栏

图3-8为标注工具栏（第7章详述）。其从左至右各命令为：线性标注、对齐标注、弧长标注、坐标标注、半径标注、折弯标注、直径标注、角度标注、快速标注、基线标注、连续标注、标注间距、折断标注、公差标注、圆心标记、检验、折弯线性、编辑标注尺寸、编辑标注文字、标注更新、标注样式列表、创建或修改标注样式。

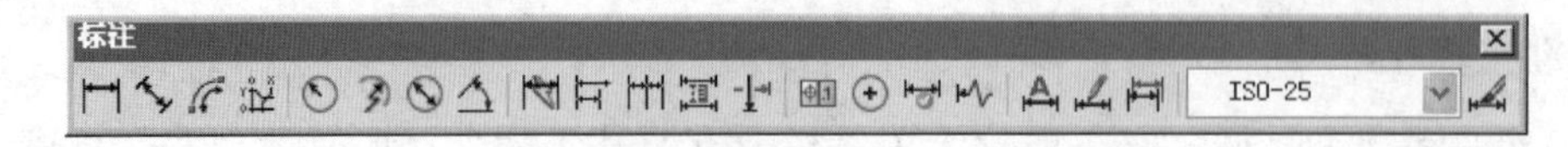

图3-8　标注工具栏

（6）绘图工具栏

图3-9为绘图工具栏（第4章详述）。在图3-1中它为垂直方向，位于界面的左侧。其从左至右各命令为：直线、构造线、多段线、正多边形、矩形、圆弧、圆、修订云线、样条曲线、椭圆、椭圆弧、创建块、插入块、点、图案填充、渐变色、面域、表格、多行文字。

图3-9　绘图工具栏

（7）修改工具栏

图3-10为修改工具栏（第5章详述）。在图3-1中它为垂直方向，位于界面的右侧。其从左至右各命令为：删除、复制、镜像、偏移、阵列、移动、旋转、缩放、拉伸、修剪、延伸、打断于点、打断、合并、倒角、圆角、分解。

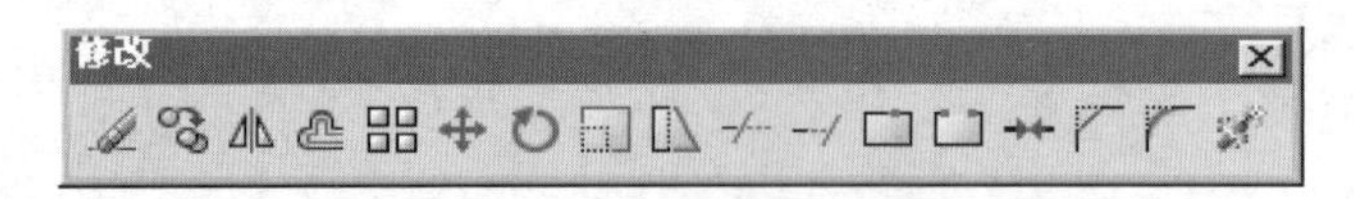

图3-10　修改工具栏

在工具栏中，有些按钮是单一型的，有些则是嵌套型的（按钮图标右下角带有小黑三角形）。将鼠标在某一嵌套型按钮上单击，可弹出选项下的子菜单，这时即可根据绘图需要选择其中的某一项进行操作。工具栏在界面的位置可移动。

AutoCAD提供了多个工具栏，缺省状态下，AutoCAD 仅显示标准、样式、图层、对象特性、标注、绘图和修改等7个工具栏。其中前5个工具栏放在绘图区域的上边，后两个工具栏分别放在绘图区域的左边及右边。如果想将工具栏移动到窗口的其他位置，可移动光标箭头到工具栏边缘，然后按下鼠标左键，此时工具栏边缘将出现一个灰色矩形框，继续按住左键并移动鼠标，工具栏就随光标移动。此外，用户也可以改变工具栏的形状，将光标放置在拖出的工具栏的上或下边缘，此时光标变成双向箭头，按住鼠标左键，拖动光标，工具栏形状就会发生变化。

除了移动工具栏及改变其形状外，还可根据需要打开或关闭工具栏。打开或关闭工具栏的方法如下：移动光标到任一工具栏上，然后单击鼠标右键，弹出光标菜单。在此菜单上列出了所有工具栏的名称。若名称前带有“√”标记，则表示该工具栏已打开。选择菜单上某一选项，就可以打开或关闭相应的工具栏。

（8）自定义

另外，工具栏中还有“锁定位置”和“自定义（C）”两项功能。如图3-11为“自定义用户界面”对话框下的“所有CUI文件中的自定义”和“主CUI中的自定义”界面。

绘图者可以根据工作方式与习惯来重新确定工作界面和工具栏，可以在“自定义（C）”

中直接创建或修改自定义内容，一般可以创建添加工具栏提示、添加或更改工具栏、添加菜单、为界面元素指定命令、创建或更改工作空间等。

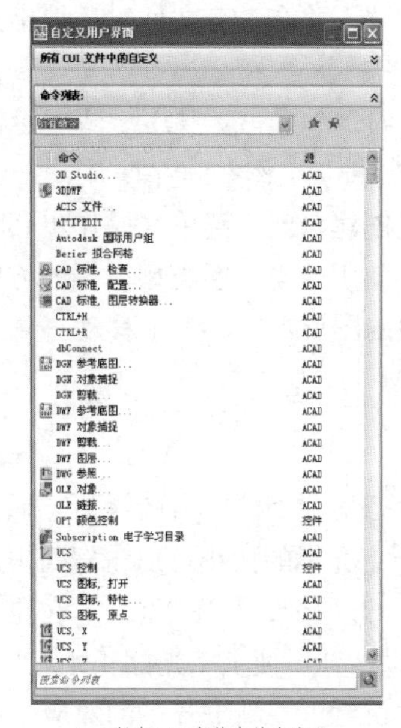

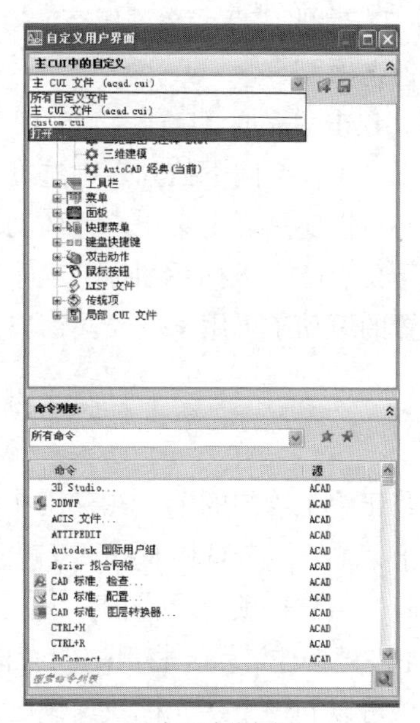

(a) 所有CUI文件中的自定义　　　　(b) 主CUI中的自定义

图3-11　“自定义用户界面”对话框

① 自定义编辑器。自定义用户界面包括所有CUI文件中的自定义［二维草图与注释 默认、三维建模、AutoCAD经典（当前）等工作空间］以及命令列表和特性，如图3-12。

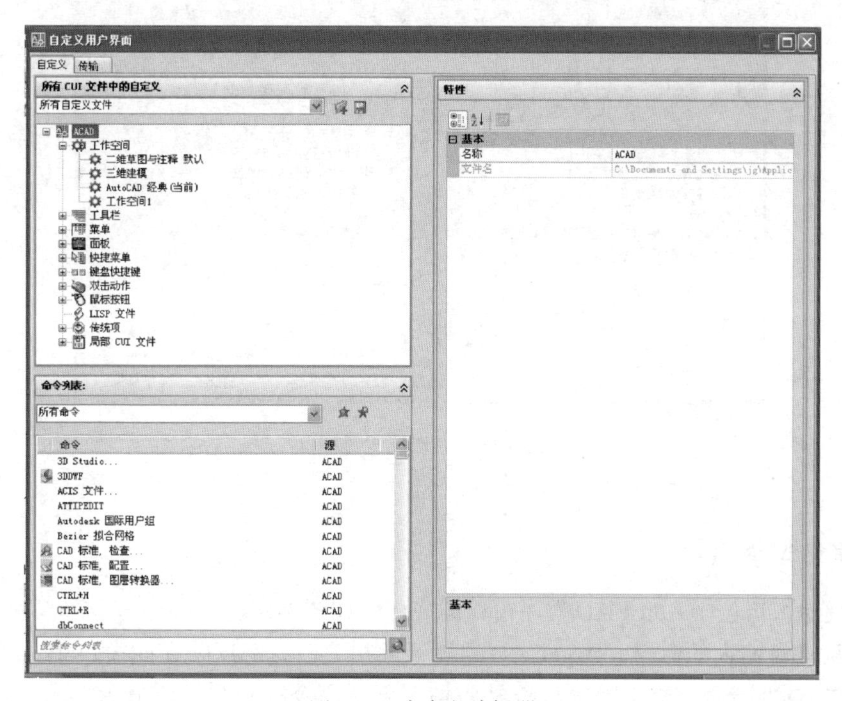

图3-12　自定义编辑器

② 具体操作步骤。

a. 在“自定义用户界面”对话框中左键单击“工作空间”，再在上面单击右键，并选择

“新建工作空间”；

b. 将新的工作空间命名为“user”；

c. 单击界面中右侧的“自定义工作空间（C）”，并在CUI文件对话框中选择自己所需的菜单、工具或其他选项；

d. 选定之后，单击“完成（D）”→“应用（A）”→“确定（O）”，即可返回绘图窗口。

绘图时就可以在工作空间下拉列表中选择“user”工作空间并查看。

除此之外，还可以应用自定义用户界面功能创建自定义菜单（操作步骤略）。

绘图窗口左下角有一个坐标系图标，表示所使用的坐标系类型及轴的方向。绘图窗口的下方和右方所设置的滚动条可用来将绘图窗口内的图形左右、上下移动。

3.1.5　十字光标

十字光标相当于手工绘图的笔，在未工作状态呈“一┼”，当选择某一工作命令后呈“+”字形，当将其置于菜单栏或工具栏时呈“↖”。十字光标的大小可以设置与更新，其操作方法为：菜单栏“工具”→“选项”，再打开“显示”选项卡，如图3-13 。在左下角“十字光标大小”一栏中单击左键按住滑块，将滑块向右移动，即可使十字光标变大。

在绘图过程中可以利用十字光标快速满足“长对正、高平齐”的对应关系。

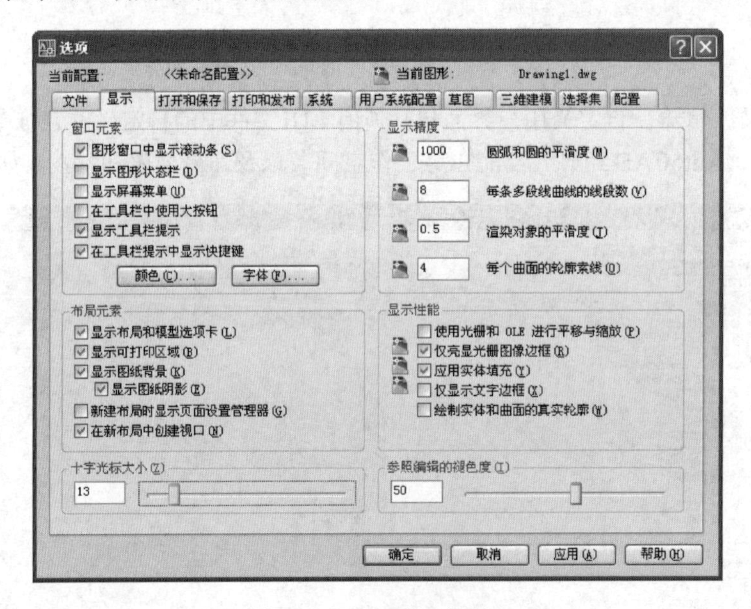

图3-13　“选项”对话框

3.1.6　命令提示窗口

命令提示窗口位于AutoCAD程序窗口的底部，如图3-14。

用户从键盘输入的命令、AutoCAD的提示及相关信息都反映在此窗口中，该窗口是用户与AutoCAD进行命令交互的窗口。缺省情况下，命令提示窗口仅显示2行，但我们也可根据需要改变它的大小。将光标放在命令提示窗口的上边缘使其变成双向箭头，按住鼠标左键向上拖动光标就可以增加命令窗口显示的行数。

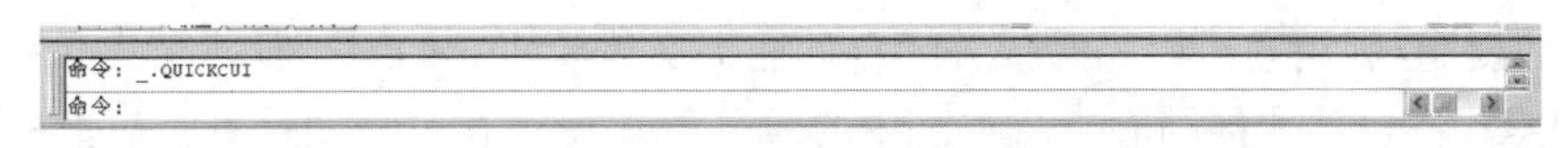

图3-14　命令提示窗口

应特别注意：命令提示窗口中显示的文字是AutoCAD与用户的对话内容，这些信息记录了AutoCAD与用户的交流过程。在绘图过程中要注意命令提示信息的变化，以便更快、更好地理解各命令的功能，从而掌握各命令的操作。

如果要详细了解这些信息，可以通过窗口右边的滚动条来阅读，或是按“F2”键打开命令提示窗口，在此窗口中将显示更多命令的历史，再次按“F2”键即可关闭此窗口。

3.1.7　滚动条

滚动条在绘图窗口的右边和下边。AutoCAD 是一个多文档设计环境，可以同时打开多个绘图窗口，其中每个窗口的右边及底边都有滚动条。拖动滚动条上的滑块或单击两端的三角形箭头就可以使绘图窗口中的图形沿水平或垂直方向滚动显示。

3.1.8　状态栏

命令提示行下边的最左方为动态坐标，在CAD二维绘图界面仅显示“*X*，*Y*”（长，宽）两组坐标值，其随着绘图操作显示而变化。动态坐标的右侧即为状态栏。例如，若将“动态输入（F12）”设为激活状态，则绘图操作时，在光标的右下方即可见相关的操作说明及坐标值。另外，状态栏中还有10个控制按钮，按钮按下去为激活状态，即为可用；按钮突起为未激活状态，即为不可用。各按钮的功能如下：

“捕捉”：单击此按钮能控制是否使用捕捉功能。当打开这种模式时光标只能沿*X*或*Y*轴移动，每次移动的距离可在“草图设置”对话框中设定。用鼠标右键单击“捕捉”按钮，出现光标菜单，选择“设置”选项，打开“草图设置”对话框，如图3-15，在这个对话框“捕捉和栅格”选项卡的“捕捉”区域中就可以设置光标位移的距离。

“栅格”：通过这个按钮可打开或关闭栅格显示。当显示栅格时，屏幕上的某个矩形区域内将出现一系列排列规则的小点，这些点的作用类似于手工作图时的方格纸，将有助于绘图定位。栅格沿*X*、*Y*轴的间距在“草图设置”对话框中“捕捉和栅格”选项卡的“栅格”区域中设置，如图3-15。

“正交”：利用它控制是否按正交方式绘图。如果打开此模式，就只能绘制出水平或垂直直线。

“极轴”：利用它可以打开或关闭极坐标捕捉模式。打开时可以精确绘制选定角度的倾斜线。例如：绘制直线，选择直线的绘图命令，指定一点，输入“@50<30”并回车（指定点为极心，50为极径，30为逆时针倾斜30°）。

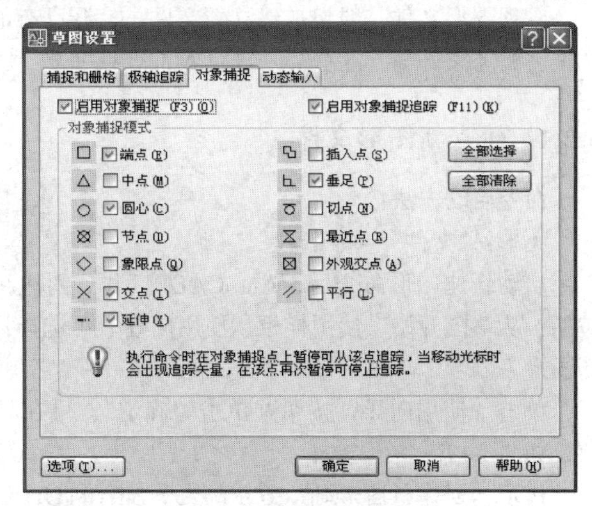

图3-15　“草图设置”对话框

"对象捕捉"：利用它可以打开或关闭自动捕捉实体模式。如果打开此模式，在绘图过程中，AutoCAD 将自动捕捉圆心、端点、中心等几何点。可在"草图设置"对话框的"对象捕捉"选项卡中设定自动捕捉方式。使用对象捕捉可以迅速定位、精确绘图，这是在今后绘图时经常用到的。

"对象追踪"：利用它可以控制是否使用自动追踪功能。在绘图时若选用该项可以极方便地保证投影关系的对应。

"允许/禁止动态UCS"：表示是否允许显示UCS用户坐标。

"动态输入"：利用它可以在十字光标附近显示信息。具有指针输入、标注输入和动态提示等功能。可以通过"草图设置"对话框中"动态输入"选项进行相关的设置。

"线宽"：利用它可以控制是否在图形中显示带宽度的线条。

"模型"：当处于模型空间时，单击此按钮就切换到图纸空间，按钮也变为"图纸"，再次单击它，就进入浮动模型视口。浮动模型视口是指在图纸空间的模拟图纸上创建的可移动视口，通过该视口就可观察到模型空间的图形，并能进行绘图及编辑操作。同时可以改变浮动模型视口的大小，还可将其复制到图纸的其他地方。进入图纸空间后，AutoCAD 将自动创建一个浮动模型视口，若要激活它，可以单击"图纸"按钮。

某些控制按钮的打开或关闭也可通过相应的快捷键来实现，控制按钮及相应的快捷键如表3-1。

表3-1　控制按钮及相应的快捷键

按钮	快捷键	按扭	快捷键
捕捉	F9	极轴	F10
栅格	F7	对象捕捉	F3
正交	F8	对象追踪	F11

提示："正交"和"极轴"按钮是互斥的，若打开其中一个按钮，另一个则自动关闭。

3.2　图形文件管理

管理图形文件一般包括建立新文件、打开已有的图形文件、保存文件、浏览文件、搜索文件、删除文件等，这些都是进行AutoCAD操作最基本的知识，以下分别进行介绍。

3.2.1　建立新图形文件

命令启动方法：

菜单："文件"→"新建"。

启动新建图形命令后，AutoCAD 打开"创建新图形"对话框，如图3-16。此对话框中包括：从草图开始、使用样板、使用向导。可选择样板文件或基于公制、英制测量系统创建新图形。

单击"使用向导"按钮并单击"确定"，可在弹出的"高级设置"对话框中设置相关选项，如图3-17。

提示：创建新图形时，若系统变量STARTUP为1（系统变量用于设置系统环境及命令工作方式，可用其名称来访问它），则AutoCAD 打开"创建新图形"对话框；若该变量为0，

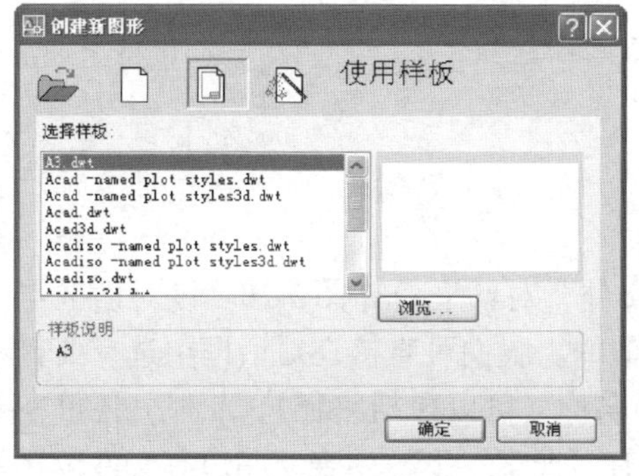

图3-16　“创建新图形”对话框

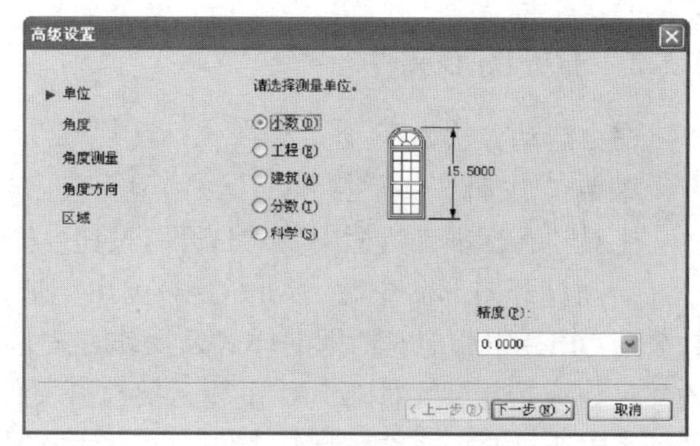

图3-17　“高级设置”对话框

则打开“选择样板”对话框，如图3-18。

在具体的设计工作中，为使图纸统一，许多项目都需要设定为相同标准，如字体、标注样式、图层、标题栏等。建立标准绘图环境的有效方法是使用样板文件，在样板文件中已经保存了各种标准设置，这样每当创建新图形时，就能以此文件为原型文件，将它的设置复制到当前图样中，使新图具有与样板图相同的作图环境。

AutoCAD 中有许多标准的样板文件，它们都保存在AutoCAD 安装目录中的“Template”文件夹中，扩展名是“dwt”。用户也可根据需要建立自己的标准样板。

标准样板可以在“模型”图纸空间绘图，也可以在“布局”图纸空间绘图。“布局”图纸空间虚线框为图纸边界，细实线框为浮动视口，图形绘制应在浮动视口范围内，出图打印内容应在图纸边界范围内。

具体操作为：在标准工具栏中单击“保存”按钮，在“文件名”栏输入需要保存的图样名称，单击“保存”，即弹出“样板选项”对话框。如图3-19。

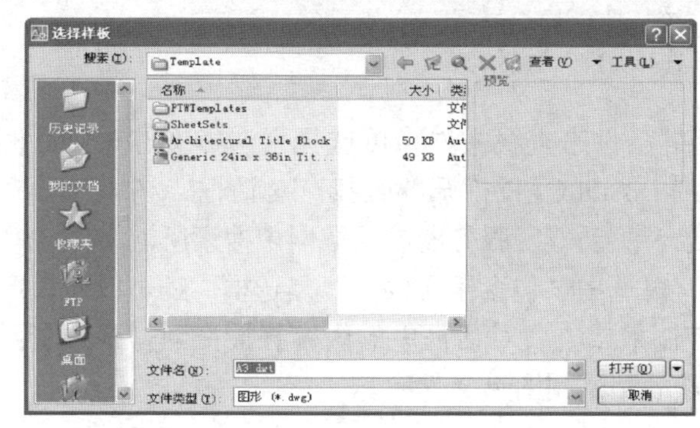

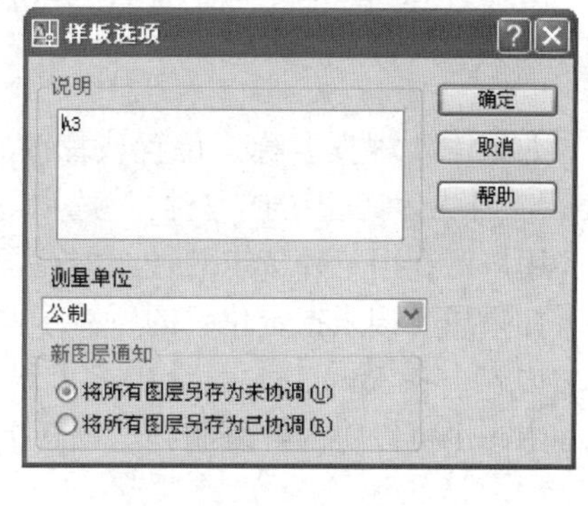

图3-18　“选择样板”对话框　　　　图3-19　“样板选项”对话框

AutoCAD 提供的样板文件分为六大类，分别对应如下制图标准：

ANSI标准；DIN标准；GB标准；ISO标准；JIS标准；公制标准。

在“选择样板”对话框的“打开”按钮旁边有一个▼按钮。单击此按钮，弹出下拉列表，该列表包含下面两个选项。

① 无样板打开——英制：基于英制测量系统创建新图形。AutoCAD 使用内部默认值控制文字、标注、默认线型和填充图案文件等。

② 无样板打开——公制：基于公制测量系统创建新图形。AutoCAD使用内部默认值控制文字、标注、默认线型和填充图案文件等。

3.2.2 打开图形文件

命令启动方法如下：

菜单：“文件”→“打开”。

工具栏：标准工具栏中的“打开”按钮。

启动打开图形命令后，AutoCAD弹出“选择文件”对话框，如图3-20。该对话框与微软公司Office中相应对话框的样式及操作方式是类似的。我们可直接在对话框中选择要打开的文件，或是在“文件名”栏里输入要打开文件的名称（可以包括路径）。此外，还可在文件列表框通过双击文件名打开文件。该对话框顶部有“搜索”下拉列表，左边有文件位置列表，可利用它们确定要打开文件的位置并打开它。

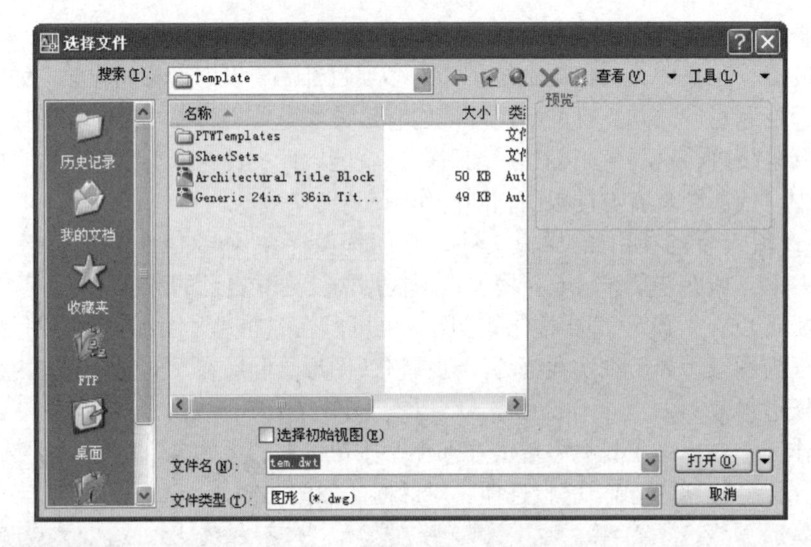

图3-20 “选择文件”对话框

如果需要根据名称、位置或修改日期等条件来查找文件，可选择“选择文件”对话框“工具”下拉列表中的“查找”选项。此时，AutoCAD打开“查找”对话框，在该对话框中，用户可利用某种特定的过滤器在子目录、驱动器、服务器或局域网中搜索所需文件。

如果想要搜索指定位置的所有子文件，可选中“包含子文件夹”复选框。还可以向图形添加内容，在AutoCAD设计中心可以将控制板或查找对话框中的内容直接拖到打开的图形文件中，也可以将内容复制到剪贴板上，然后粘贴到图形文件中。

3.2.3 保存图形文件

保存图形文件时，一般采取两种方式：一种是以当前文件名保存图形，另一种是指定新文件名存储图形。

（1）快速保存

命令启动方法如下：

菜单：“文件”→“保存”。

工具栏：标准工具栏中的“保存”按钮。

发出快速保存命令后，系统将当前图形文件以原文件名直接保存，而不会给操作者任何

提示。若当前图形文件名是缺省名且是第一次存储文件，则AutoCAD弹出“图形另存为”对话框，如图3-21，在此对话框中用户可指定文件存储位置、文件类型及输入新文件名。

图3-21　“图形另存为”对话框

(2) 换名存盘

命令启动方法如下：

菜单：“文件”→“另存为”。

启动换名保存命令后，AutoCAD 弹出“图形另存为”对话框。用户在该对话框的“文件名”栏中输入新文件名，并可在“保存于”及“文件类型”下拉列表中分别设定文件的存储目录和类型。

3.2.4　关闭图形文件

当将图形文件保存后需要关闭提醒文件时，AutoCAD工作界面会弹出“是否将改动保存到Drawing? .dwg?”以及按钮“是（Y）”“否（N）”“取消”。单击“是（Y）”，如果图形文件未保存，则工作界面弹出图3-21所示界面，需进行保存；若在图形文件未保存时，单击“否（N）”，则图形文件丢失；若单击“取消”，则返回上一步的工作界面　。

3.3　常用命令调用方法

AutoCAD一些常用命令（如启动与撤销命令、选择对象、缩放及移动图形等）调用方法的基本操作是应用AutoCAD的基础知识，在正式绘图前应首先掌握。

AutoCAD的操作由命令组成，并通过命令参数的编辑与控制来实现图形的建立及编辑。

3.3.1　启动AutoCAD命令

一般情况下，可以通过键盘或鼠标启动AutoCAD命令。

(1) 使用键盘启动命令

在命令行中输入命令的全称或简称就可以使AutoCAD执行相应的命令。键盘是输入文字对象、坐标值及各种命令参数的唯一工具。例如：绘制直线，则输入“LINE”或“L”，再按回车键或空格键。

（2）利用鼠标启动命令

用鼠标选择一个菜单项或单击工具栏上的按钮，AutoCAD就执行相应的命令。利用AutoCAD绘图时，多数情况下我们是通过鼠标发出命令的。对于初学者来说，利用鼠标调用命令更加直观、快捷、简便。

进入命令之后，应根据命令提示窗口的提示输入相关的命令参数，参数可以是一个数、一个点、一个图形。

例如：对于直线进行缩放。用鼠标单击直线，直线上呈现三个蓝色夹点，如图3-22，当鼠标位于线段的某一端点时，其夹点变成绿色，按下鼠标的左键，则该夹点变成红色，这时拖动鼠标，可将该直线缩短或加长。

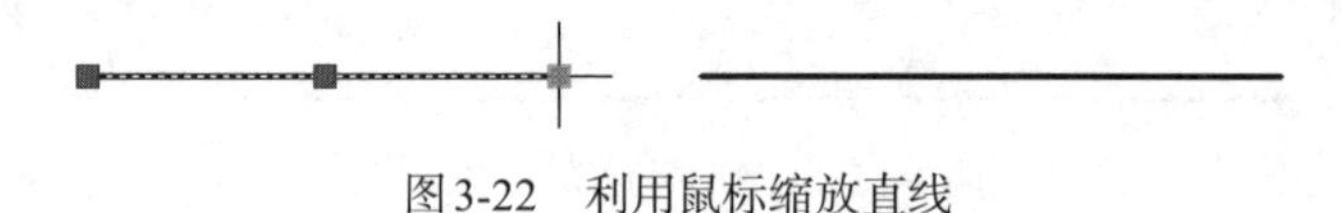

图3-22　利用鼠标缩放直线

（3）鼠标各按键功能

① 左键：拾取键，用于单击工具栏按钮、选取菜单选项以发出命令，也可在绘图过程中指定点、选择图形对象等。

② 右键：一般作为回车键，命令执行完成后，常单击右键来结束命令。

在有些情况下，单击右键将弹出光标菜单，如图3-23（a）。在菜单中单击第一项“重复……”即可继续绘图过程中上一步的操作；若结束操作，可选择菜单中的“放弃……”。若按下“Ctrl”键的同时单击右键，则可弹出状态栏选项菜单，如图3-23（b）。

鼠标右键的功能是可以设定的，单击“工具”→“选项”命令，打开“选项”对话框，如图3-24，在此对话框“用户系统配置”选项卡的“Windows标准”区域中可以自定义鼠标右键的功能。例如，可以设置鼠标右键仅仅相当于回车键。同时，还可以设置其他选项的功能。

提示：当使用某一命令时按“F1”键，AutoCAD 将显示这个命令的帮助信息。

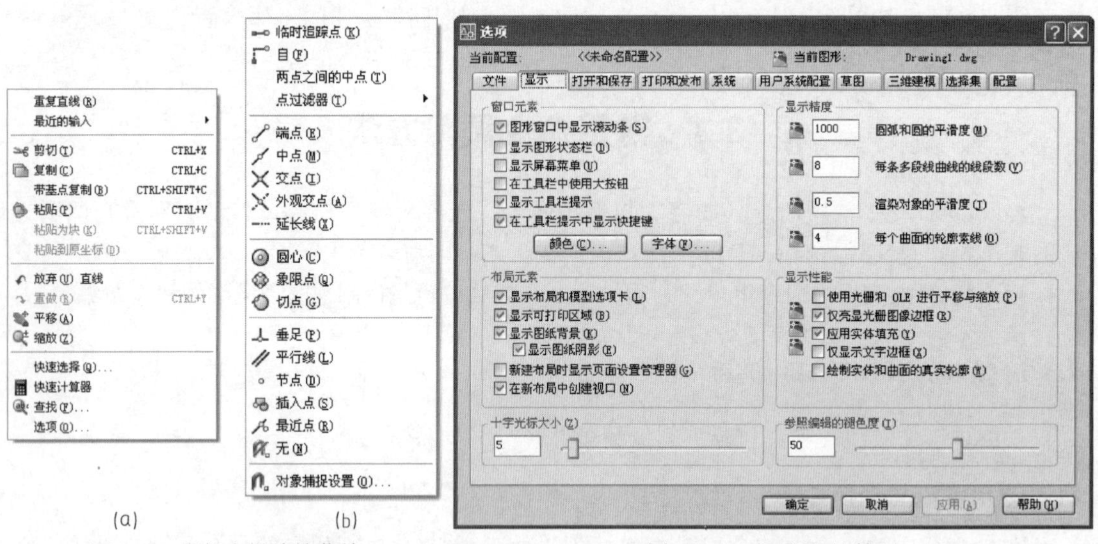

图3-23　鼠标右键快捷菜单　　图3-24　“选项”对话框

③ 中轮：中轮向前滚动，窗口图形将放大；中轮向后滚动，窗口图形将缩小。按实中轮，光标变为一个“小手”，将此放在某一图形的任意位置可以移动图形到目标位置。

如何利用鼠标直接关系和影响着绘图的准确性及绘图速度，只有反复训练，才能更有效、更快捷地利用好它。

3.3.2　逐个选择对象

AutoCAD提供了丰富的编辑命令，使用这些命令时，必须准确地告诉AutoCAD将要对图形中的哪些对象进行操作。最简单的选择方法是利用拾取框选取对象。当启动编辑命令后，AutoCAD 将十字光标变为一个小正方形框——拾取框，将拾取框移动到要选择的对象上，单击左键选择它。此时，被选中的对象高亮显示出来，即构成对象的线条由实线变为虚线，十分醒目地与未被选中的对象区别开来。重复同样的操作，就能逐个选择所有要编辑的对象。若要取消某个已选中的对象，可先按下“Shift”键，然后用鼠标单击该对象即可。

另外也可以在“选项”对话框中单击“选择集”选项卡，然后在“选择集模式”中激活第二项“用Shift键添加到选择集（s)”，再按“确定”即可。有关选择对象的其他方法需在今后的绘图操作中进一步了解和掌握。

3.3.3　终止和重复命令

发出某个命令后，可随时按“Esc”键终止（或结束）该命令，此时，AutoCAD又返回到命令行。

一个经常遇到的情况是：在图形区域内偶然选择了图形对象，该对象上出现了一些高亮的小框，这些小框被称为关键点，可用于编辑对象，要取消这些关键点，按“Esc”键即可。

绘图过程中，经常重复使用某个命令，重复刚使用过的命令的方法是直接按“Enter”键（回车键），或者单击鼠标右键，弹出光标菜单后，选择其中“重复……”选项，这时只能选择刚执行的某一命令。

3.3.4　取消已执行的操作

在使用AutoCAD绘图的过程中，不可避免地会出现各种各样的错误。要修正这些错误可单击标准工具栏上的“放弃”按钮。如果想要取消已执行的多个操作，可反复连续地单击“放弃”按钮。此外，也可打开标准工具栏上的“放弃”下拉列表，然后选择要放弃的几个操作。

当取消一个或多个操作后，若又想恢复原来的效果，可单击标准工具栏上的“重做”按钮。此外，也可打开标准工具栏上的“重做”下拉列表，然后选择要恢复的几个操作。

3.3.5　快速缩放及移动图形

AutoCAD的图形缩放及移动功能是很完备的，使用起来也很方便。绘图时，我们经常通过标准工具栏上的“实时缩放”和“实时平移”按钮来完成这两项功能。

(1) 通过“实时缩放”按钮缩放图形

单击“实时缩放”按钮，AutoCAD进入实时缩放状态，光标变成放大镜形状，此时，按住鼠标左键向上或向左拖动光标，就可以放大视图，向下或向右拖动光标就可以缩小视图。要退出实时缩放状态，可按“Esc”键、“Enter”键或单击鼠标右键打开光标菜单，然后选择“退出”选项来结束当前工作状态。

(2)通过“实时平移”按钮平移图形

单击“实时平移”按钮，AutoCAD进入实时平移状态，光标变成“手”的形状，此时，按住鼠标左键并拖动光标，就可以平移视图。要退出实时平移状态，可按“Esc”键、“Enter”键或单击鼠标右键打开光标菜单，然后选择“退出”选项。

以上主要介绍了AutoCAD的工作界面、图形文件管理及如何发出、撤销命令等基本操作。

3.4 绘图环境的设置

AutoCAD很多功能为我们创建绘图文件、设计数据、管理图形文件等开拓了一个更加广阔、更加快捷、更加方便共享的绘图空间。

3.4.1 图形单位的设置

图形单位设置的内容包括长度单位、角度单位的显示格式和精度。单击“格式”命令，并在其下拉菜单中选择“单位”命令，将弹出“图形单位”对话框，如图3-25。

图3-25 “图形单位”对话框

在“长度”的“类型”栏下选择“小数”，在“精度”栏下选择“0”设置。这里设置的仅为屏幕显示精度，不影响计算机系统中的计算精度。同样在“角度”的“类型”栏下选择“十进制度数”，在“精度”栏下仍选择“0”。绘制建筑工程图样以上两项取整数即可。对于“顺时针”复选框，未选择时表示角度显示以逆时针为正。

3.4.2 绘图界限的设置

绘图界限是指绘图范围的大小。单击“格式”命令，并在其下拉菜单中选择“图形界限”命令或在命令行输入“Limits”，即可进行图幅的设置与修改。该命令包括两个选项：ON——打开绘图界限检查，不允许在图幅以外绘图；OFF——关闭绘图界限检查，可在设置的图幅以外绘图。

3.5 绘图功能及特点

(1)对文件格式进行了优化

AutoCAD中的文件存储多为“*.dwg”格式，AutoCAD对此进行了优化，比其他绘图软件创建文件更方便，存储信息量更大，使得在通过电子邮件发送以及上传或下载图形文件时大大缩短了时间。

(2)增加并更新了部分新工具

AutoCAD绘图软件具有通用性、易用性，适用于各类用户。此外，从AutoCAD 2000开

始，该系统又增添了许多强大的功能，如AutoCAD设计中心（ADC）、多文档设计环境（MDE）、Internet驱动、新的对象捕捉功能、增强的标注功能以及局部打开和局部加载的功能，从而使AutoCAD系统更加完善。新的工具在清理屏幕和提高绘图效率方面发挥了重要的作用。例如：可从工具栏选项中将已创建的图块直接选择“插入块”，即将某一图块拖入图内，减少原有的操作步骤。又如：运用更新的“重做”功能，可以跟踪修改工作历史，恢复多次“撤销”操作。

（3）更快地创建设计数据

AutoCAD具有更快、更有效地打开、发送、编辑、制作和访问所需的工具的作用，并具有较好的交换信息、共享设计数据的功能。同时它可以通过更新密码达到保护图形文件的目的。它还有增强的dwf文件格式，具有查看和出图的锁定轻型格式，可以利用其通过因特网根据所需查看和出图。并且dwf格式文件可以具有与dwg格式文件相同比例的视觉保真度，还可以将多幅图形发布为单一dwf文件。

（4）新的演示功能

AutoCAD 2007及以后的版本具有制作高质量演示图形的应用程序和功能，不需额外选用其他的软件。可以在两种颜色或同一颜色之间指定梯度填充。它具有1600多万种可供选择的24位真色彩，包括Pantone、RAL Classic和RAL Design颜色系统库，作图时可以在其中选择自己所需的颜色，并进行编辑和调整。

（5）丰富的三维功能

AutoCAD具有更丰富的增强三维功能，在光源、材质、渲染等操作方面融入了3ds Max的操作风格，利用三维建模界面使其在三维工作环境和三维显示方面达到了旧版本无可媲美的效果，同时也为三维立体的观察和编辑带来了极大的方便。

3.6　绘图坐标系统

3.6.1　世界坐标系

AutoCAD默认的坐标系就是世界坐标系（WCS），在“AutoCAD经典”二维绘图界面中包含*X*、*Y*轴，而在“三维建模”绘图界面中包含*X*、*Y*、*Z*轴。若在“正交”状态下绘图，则自动沿轴绘制图线，并且起始点均在坐标系的原点。

3.6.2　用户坐标系

根据绘图需要单独创建的坐标系即为用户坐标系（UCS），可以改变原点位置与坐标轴方向。

3.6.3　输入坐标方式

AutoCAD输入坐标的方式有两种：绝对坐标和相对坐标。

（1）绝对坐标

绝对坐标的原点即为绘图环境下的默认坐标原点，包括绝对直角坐标和绝对极坐标。绝

对直角坐标输入方式为“*X*，*Y*”，再按“Enter”键。例如：单击绘图工具栏中“矩形”命令，输入“0，0”并按“Enter”键，再输入“420，297”并按“Enter”键。如图3-26（a），即得到A3图幅边线框。绝对极坐标输入方式为“长度<角度”，再按“Enter”键。例如：绘制一条长55mm（默认情况下单位均为mm，若无特殊情况不再说明）、倾斜30°的直线，可单击绘图工具栏中“直线”命令，输入“55<30”并按“Enter”键。如图3-26（b），即为相对于坐标原点的、逆时针方向与水平线呈30°、长55mm的直线。

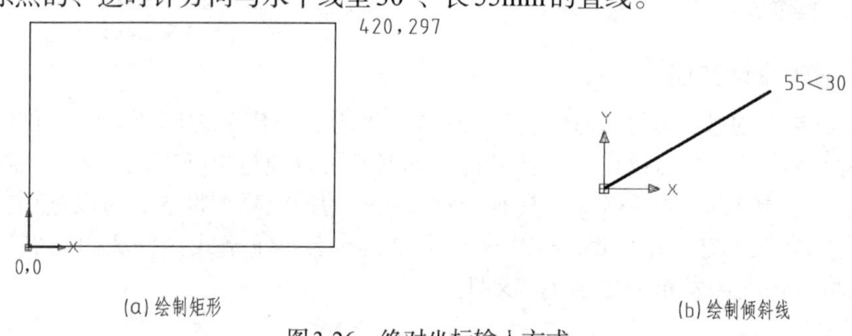

(a)绘制矩形　　(b)绘制倾斜线

图3-26　绝对坐标输入方式

（2）相对坐标

相对坐标的原点即为某一点，而新的一点是指相对于这一点的坐标，包括相对直角坐标和相对极坐标。相对直角坐标输入方式为输入“@*X*，*Y*”，再按“Enter”键。例如：如图3-27（a），单击“矩形”命令，相对于原图形中右上角点，按住“Shift”键输入“@”，再输入“50，35”并按回车键，即为相对于原图形右上角这一点绘制一个向右上方定位的长50、宽35的矩形。相对极坐标输入方式为输入“@长度<角度”，再按“Enter”键。例如：如图3-27（b），相对于圆中的圆心点，绘制一条长100向右下方倾斜的直线，单击“直线”的命令，指定图中的圆心点，输入“@100<–60”并按“Enter”键，即为相对于此圆心点绘制的长100、向右下方倾斜（沿水平方向顺时针旋转60°）的直线。

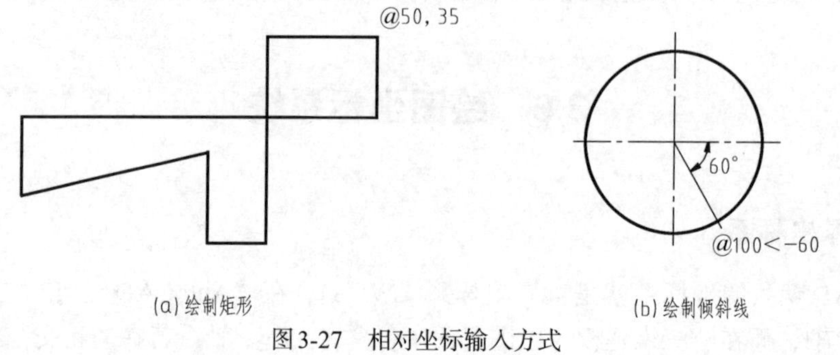

(a)绘制矩形　　(b)绘制倾斜线

图3-27　相对坐标输入方式

3.7　打印与输出

精心设计、准确绘制完成的一系列图样需要打印、输出，一是按照技术文件的相关规定必须存档保留纸质图样，二是打印成硫酸图可为形成施工工程用蓝图制版。

3.7.1　打印样式

（1）创建打印样式

单击标准工具栏中的“打印”（第4项），弹出“打印-模型”对话框。

快捷键：Ctrl+P。

命令：PLOT。

为了打印出符合要求的图样，首先要创建打印样式，如图3-28。

图3-28　“打印-模型”对话框

如果“打印-模型”对话框中各项不能满足打印需要，则在“打印样式表”选项中选择“新建”，连续单击“下一步”，即可重新建立一个新的打印样式，直至完成。

（2）设置打印样式

为满足打印要求，需在“打印-模型”对话框中进行以下设置：

①“页面设置”名称：可选择“上一次打印”或“无”。

②“打印机/绘图仪”名称：选择与计算机匹配的打印机型号。

③“图纸尺寸”：选择打印的图幅规格，例如A3图纸尺寸。

④“打印区域”：选择“窗口”，用于选择打印范围。

⑤“打印比例”：勾选“布满图纸”；设置比例，单位选择“毫米”。

⑥“打印偏移”：勾选“居中打印”或设置指定打印原点在X、Y轴方向的偏移量。

⑦“打印选项”：勾选“按样式打印”。

⑧“图纸方向”：根据图样内容而选择“横向”或“纵向”。

设置完毕之后，单击“窗口”，返回绘图界面选择需要打印的图样，再单击“确定”。必要时，可以在单击“确定”之前，先单击该对话框左下角的“预览”，即可以检查即将打印的图样内容、位置是否完整、正确。

3.7.2　打印设置的保存与调用

（1）保存打印设置

打印设置调好之后，如图3-28，在“页面设置”区域中单击右侧“添加（C）”按钮。如图3-29，在“新页面设置名”下输入欲保存文件的名称，再单击“确定”。

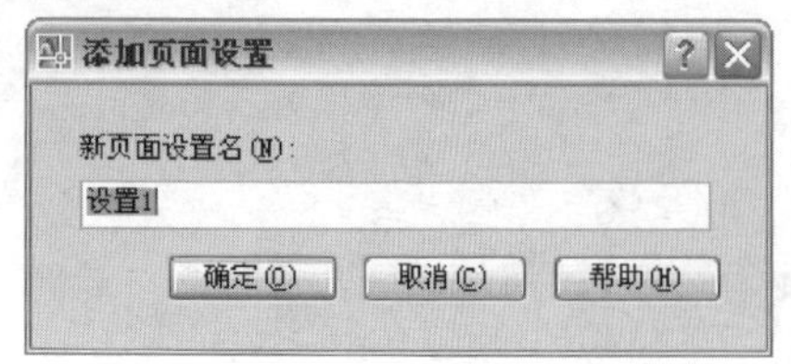

图3-29 “添加页面设置”对话框

以上操作完成后，保存图样文件时，所设置的各打印参数也一同保存。

(2) 调用打印设置

当再次需要打印时，打开“打印-模型”对话框，并在“页面设置”的名称栏下选择“输入”，这时，就会弹出“从文件选择页面设置”对话框，如图3-30。再选择已经保存的打印设置文件的名称，并单击“打开”。

图3-30 “从文件选择页面设置”对话框

3.8 实训练习

(1) 填空

① 单击“对象捕捉”→“设置”命令后应弹出（　　）对话框。

② AutoCAD存储文件的格式为（　　）。

③ 在菜单栏中选择“工具”→“选项”可以弹出（　　）对话框，应用其中的（　　）可以改变绘图屏幕的颜色。

④ 绘图过程执行某一命令需要返回上一步作图时最快捷的操作是（　　）。

⑤ 关闭图形文件时界面会弹出（　　），若要保存以上的操作，则一定要选择（　　）。

(2) 简答

① 绝对坐标与相对坐标在输入方式上有什么区别？

② 修改工具栏的主要功能是什么？请选择一至两项说明其操作步骤。

③“正交”被激活时的主要作用是什么？未被激活时又有什么作用？

④ 简单回答图样打印时需要设置哪些参数。

第4章 基本绘图命令

任何图形都是由点、直线、圆等最基本的图素构成的，因此要想快速、准确地绘图，必须掌握基本绘图命令的使用方法。所谓基本绘图命令就是指向计算机发出的绘制各种图形的指令，做到人机交互。基本绘图命令已存在于AutoCAD 2008系统的内部，绘图时随时调用即可。所有的绘图命令调用的方法基本相同，通常有三种：

① 在绘图工具栏中单击各命令按钮，调用各种绘图命令。

② 在“绘图”菜单中选择各种绘图命令。

③ 在“命令:”提示栏内输入绘图命令，然后按“Enter”键。

本章学习如何运用绘图命令，掌握其基本操作要领，才能绘制比较简单的二维图形。

4.1 点

AutoCAD 对点的内容分为点的绘制及点样式的设置两部分。点作为实体，具有属性，可以对其进行创建、编辑以及修改。

4.1.1 绘制点

功能：POINT是绘制点的执行命令。用POINT命令可以在屏幕（或称图纸）上指定的位置绘制点。

菜单：“绘图”→“点”或 · ，绘图工具栏的第14项。

命令：点，POINT（PO）。

当前点模式：PDMODE=0　PDSIZE=0.0000

指定点：

选项说明：

“当前点模式：PDMODE=0　PDSIZE=0.0000”：显示当前绘制的点的样式和大小，此模式为默认值（这时在绘图窗口绘制的点很小）。系统变量PDMODE确定点的样式，PDSIZE确定点的尺寸大小。

"指定点"：显示输入的位置。

说明： 点样式和大小可以改变。

提示： 调用"点"命令绘制点时，单击鼠标左键会重复该命令，此时可以通过按"Esc"键来终止命令。

4.1.2 点样式设置

功能：AutoCAD提供了20种点的样式及点的大小控制选项，可根据需要通过"点样式"对话框选择。输入点可以用鼠标拾取或键盘输入。

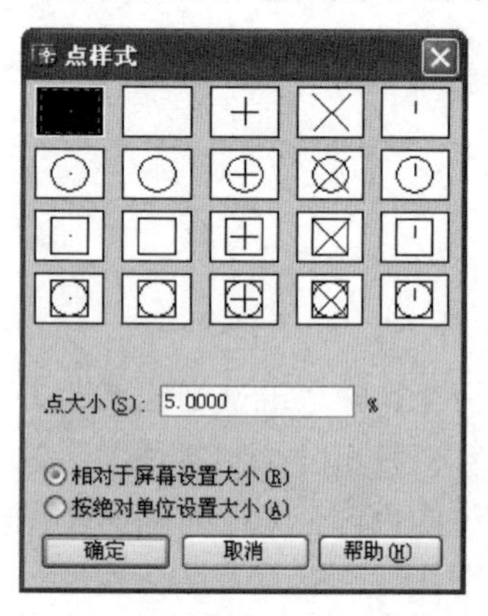

图4-1 点样式设置对话框

点的设置可按需操作，此外，点还具有单点和多点、定数等分及定距等分等功能，即在指定实体（图形）中按要求绘制等分点或创建块，再按所需在等分点处插入块。

菜单："格式"→"点样式"。

对话框：出现"点样式"对话框，如图4-1。

对话框说明：对话框中包含点样式和点大小两项内容。选择点的一种样式并调整点的大小，即可绘出所需要的点。

点的大小有以下两种选项。

"相对于屏幕设置大小"：点大小为点符号占屏幕面积的比例。图形缩放或变比时，点的大小相对于屏幕保持不变。

"按绝对单位设置大小"：点大小为点符号绝对尺寸。例如，"点大小"设为"5.0000"，表示长和宽（或直径）均为5单位长度的点。单位可设置成公制或英制。

4.2 直线类绘图命令

4.2.1 直线

功能：直线（LINE）命令可以绘制一条或多条首尾相连的直线段。

菜单："绘图"→"直线"或 ，绘图工具栏的第1项。

命令：直线，LINE（L）。

指定第一点：

指定下一点或［放弃（U）］：

指定下一点或［闭合（C）/放弃（U）］：

选项说明：

"指定第一点"：输入第一点的位置，可以用坐标赋值（方法后叙）。

"指定下一点"：输入下一点的位置（同上）。

"闭合（C）"：将终点与起始点连接并自动封闭。

"放弃（U）"：删除所绘制的直线中最后绘制的直线段。连续输入"U"，则会删除多余相应的直线段，这样可及时纠正绘图过程中出现的错误。

按回车键或空格键则结束命令。若按“Esc”键，则中断命令。

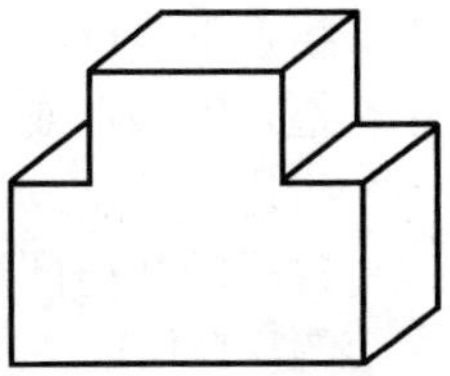

【例1】 用LINE命令绘制图4-2示出的轴测图。

图4-2　绘制轴测图

作图：

在不要求绘图精度的情况下，可先设置捕捉（SNAP）网点和栅格点（GRID），然后用直线命令绘制各条直线。

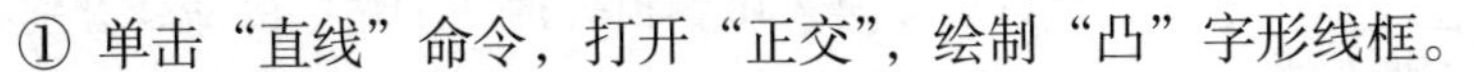

① 单击“直线”命令，打开“正交”，绘制“凸”字形线框。

② 打开“极轴”模式， 单击“直线”命令，捕捉（单击）图4-2中下方水平直线右侧端点，命令行提示“指定下一点或［放弃（U）]:”输入“@20<45”（20为长度）并回车。

③ 选择图形中不同的角点并重复②的操作。

④ 再选择“直线”命令，依次捕捉各点，完成全图。

如果要求精确绘图，则必须赋坐标值绘制，其方法有：

① 用鼠标控制直线的方向（水平或垂直），赋值后，再按“Enter”键；再改变直线的方向，再赋值（赋单值），再按“Enter”键；以此类推。需要绘制倾斜直线时可用极轴模式。

② 输入各端点的绝对坐标绘制，即按“*X*，*Y*”格式输入，再按“Enter”键，可以绘制任意位置的直线，绝对坐标各点相对于坐标原点（绘图窗口内的坐标原点）定位。

③ 输入各端点的相对坐标绘制，即按“@*X*，*Y*”格式输入，再按“Enter”键，可以绘制任意位置的直线，相对坐标各点相对于前一点的坐标定位。

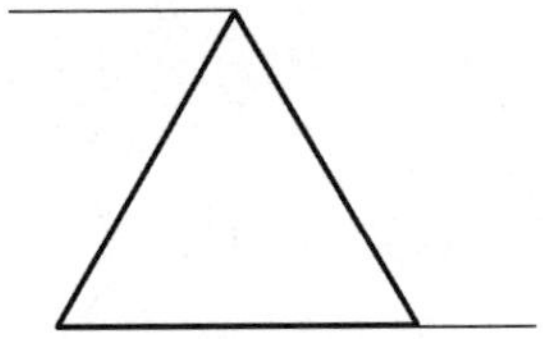

图4-3　绘制等边三角形

【例2】 如图4-3，用直线命令通过绝对坐标和相对坐标绘制等边三角形。

作图：

命令：直线。

① 单击“直线”命令，提示“指定第一点：”从左至右画水平线，输入“100”回车。

② 连续选择“直线”命令，提示“指定下一点或［放弃（U）]:”输入“@100<120”回车。

③ 再捕捉水平线的左端点，完成等边三角形。

④ 若绘制水平线后，捕捉直线的左端点，则提示“指定下一点或［放弃（U）]:”输入“@100<−120”回车，再连续绘制直线，并捕捉水平线的右端点，完成作图。

注意：也可以用下面4.2.3介绍的采用正多边形的命令绘制。

【例3】 如图4-4，用绝对坐标绘制八边形。

图4-4　绘制八边形

作图：

命令：直线。

指定第一点：0，0 ↙

指定下一点或［放弃（U）］：0，30 ↙

指定下一点或［放弃（U）］：10，40 ↙

指定下一点或［放弃（U）］：60，40 ↙

指定下一点或［放弃（U）］：70，30 ↙

指定下一点或［放弃（U）］：70，0 ↙

指定下一点或［放弃（U）］：60，−10 ↙

指定下一点或［放弃（U）］：10，-10 ↙

指定下一点或［放弃（U）］：0，0 ↙

指定下一点或［闭合（C）/放弃（U）］：↙

这样的几何图形还可以利用“直线”命令和“极轴”模式绘制，即单击“直线”命令，在绘图窗口任选一点作为起点，然后用鼠标确定各直线的方向，用键盘输入各直线的长度。

另外，也可以单击“直线”命令绘制矩形后，再采用编辑等边“倒角”的命令分别将矩形绘制为八边形（在第5章讲述）。

如果为正八边形，还可以单击“正多边形”命令来绘制（在4.2.3中讲述）。

4.2.2 多段线

应用“多段线”命令绘制直线的方法与应用“直线”命令绘制直线相似。只是在需要选择线条对象时应用多段线优于直线，如图4-5，应用“直线”命令绘制的三角形，单击左键一次只能选择某一条线段，而应用“多段线”命令绘制的三角形，只要任意选择某一线段单击左键，则三角形一次性被选中。这样，在编辑和绘制图样时可以更加便捷。

功能：多段线（PLINE）命令可以绘制圆弧、直线、变宽线等。

菜单：“绘图”→“多段线”或，绘图工具栏第3项。

命令：多段线，PLINE（PL）。

指定第一点：

指定下一点或［圆弧（A）/闭合（C）/半宽（H）/长度（L）/放弃（U）/宽度（W）］：

选项说明：

“指定第一点”：输入第一点的位置，也可以用坐标赋值。

“指定下一点”：若绘制直线，则与“直线”操作相同。

“圆弧（A）”：输入“A”，回车；再绘制圆弧，且圆弧与直线相切。

“闭合（C）”：将终点与起始点连接并自动封闭。

“半宽（H）”：指定线宽的一半。

“长度（L）”：指定直线长度。

“放弃（U）”：删除所绘制的直线中最后绘制的直线段。连续输入“U”，则会删除多余相应的直线段，这样可及时纠正绘图过程中出现的错误。

“宽度（W）”：指定起点宽度和端点宽度绘制变宽线。

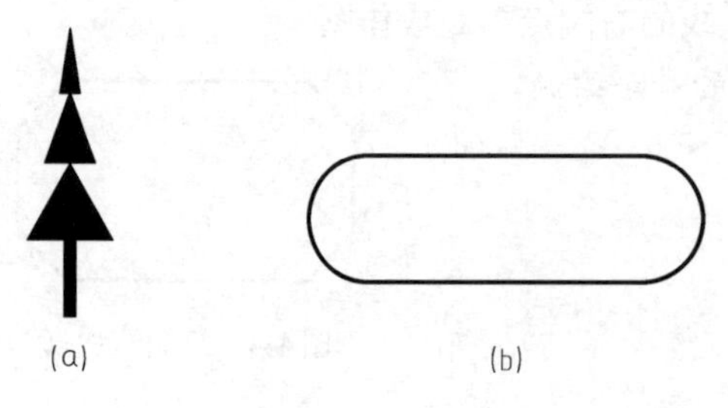

图4-5 利用多段线绘制图样

【例4】 如图4-5，绘制已知图样。

作图：

（1）作图4-5（a）

① 单击“多段线”命令，指定起点：在绘图区指定一点。

② 设置宽度（W）：输入“W”↙；输入“0”↙；输入“5”↙。

③ 重复输入“W”↙；输入“0”↙；输入“15”↙。

④ 再重复输入“W”↙；输入“0”↙；输入“25”↙。

⑤ 设置半宽：输入“H”↙；输入“1”↙。

⑥ 闭合：输入“C”↙。

（2）作图4-5（b）

① 单击“多段线”命令，指定起点：在绘图区指定一点。

② 输入长度“L”↙；输入“50”↙。

③ 输入圆弧“A”↙；输入“18”↙。

④ 再重复输入“L”↙、“W”↙，分别输入“50”“18”。

4.2.3　正多边形

功能：正多边形（POLYGON） 命令可以绘制出边数为3~1024的等边多边形。

菜单：“绘图”→“正多边形”或 ，绘图工具栏第4项。

命令：正多边形，POLYGON（POL）。

输入边的数目<4>：

指定多边形的中心点或［边（E）］：

输入选项 ［内接于圆（I）/外切于圆（C）］<I>：

指定圆的半径：

选项说明：

“边的数目<4>”：输入多边形的边数。最少为3条，最多为1024条，默认边数为4条。

“中心点”：指定多边形中心点的位置后绘出正多边形。

“边（E）”：指定多边形的一条边后绘出正多边形。

“内接于圆（I）”：所绘制的正多边形是圆的内接多边形。

“外切于圆（C）”：所绘制的正多边形是圆的外切多边形。

“圆的半径”：此半径是指上述内接圆或外切圆的半径。

【例5】 试作正五角星（正五边形）和正六边形，如图4-6。

作图：

命令：正多边形。

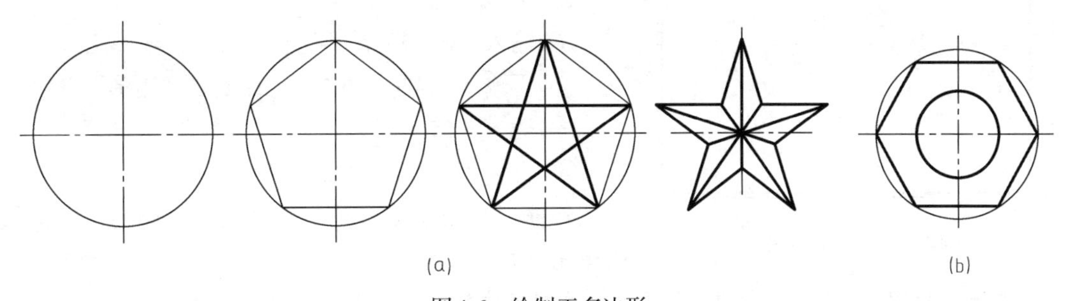

图4-6　绘制正多边形

① 选择单点长画线（参照第5章），绘制垂直相交的定位线，并绘制圆。

② 单击“正多边形”命令。

③ 输入边数“5”↙。

④ 指定正多边形的中心点。

⑤ 光标由中心点拖放至圆周最高点，即得到正五边形。

⑥ 最后，隔点相连绘制五角星，整理必要的需要保留的图线，删除或修剪多余的图线，完成全图，如图4-6（a）。

⑦ 用上述绘制方法与步骤绘制正六边形，如图4-6（b），并在其内绘制尺寸较小的圆。

4.2.4 矩形

功能：可以绘制给定两个对角顶点的矩形（RECTANG）。

菜单："绘图"→"矩形"或 ，绘图工具栏第5项。

命令：矩形，RECTANG（REC）。

指定第一个角点或［倒角（C）/标高（E）/圆角（F）/厚度（T）/宽度（W）］：

指定另一个角点：（不精确作图时）

选项说明：

"指定第一个角点"：输入矩形的第一个角点的坐标，或用鼠标在屏幕上选取一点。

"指定另一个角点"：用相对坐标或绝对坐标输入矩形的另一角点的坐标，或用鼠标在屏幕上拖动边框取另一点。

"倒角（C）"：设置矩形四个角的倒角尺寸，后续提示如下。

指定矩形的第一个倒角距离〈0.0000〉：

指定矩形的第二个倒角距离〈0.0000〉：

"标高（E）"：输入矩形高度方向上的坐标。此选项可绘制带高度的矩形。

"圆角（F）"：设置矩形四个角的倒圆角尺寸。

提示： 如果矩形短边长度小于圆角半径的2倍，将无法倒圆角。

"厚度（T）"：输入矩形高度方向上的厚度值。此选项可绘制带厚度的矩形。

"宽度（W）"：输入矩形的线宽值。

【例6】 如图4-7，绘制A3图幅（长420mm，宽297mm，左边留25mm，其余三边留5mm）。

图4-7 绘制A3图幅

作图：

命令：矩形。

① 输入"0，0"↙。

② 再输入"420，297"↙；重复"矩形"命令。

③ 输入"25，5"↙。

④ 再输入"415，292"↙。

外框（相当于纸边线）选择线宽0.3mm，图框线选择线宽1.0mm。

提示： 此图幅也可以用4.2.1中学习的绘制直线的方法绘制，请自行试画。

在图框内的下方绘制标题栏，如图4-8。根据图示尺寸，应用"直线"绘制标题栏，内分格的数量和具体内容可根据需要再拟定，栏中的文字注写与编辑请参阅第8章。

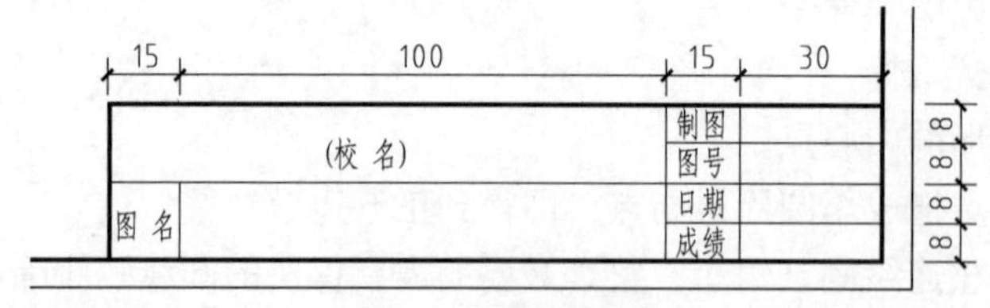

图4-8 绘制标题栏

4.3　曲线类绘图命令

4.3.1　圆弧

功能：圆弧（ARC）命令可以绘制圆弧，并且有11种绘制圆弧的方法。

菜单："绘图"→"圆弧"或，绘图工具栏第6项。

命令：圆弧，ARC（A）。

指定圆弧的起点或［圆心（CE）］：

指定圆弧的第二点或［圆心（CE）/端点（EN）］：

指定圆弧的端点：

选项说明：

"起点"：输入所绘的圆弧起始点。若以空回车响应，则将取前一命令对象（LINE、ARC、PLINE）的终点作为该圆弧的起点。

"第二点"：输入所绘圆弧上的第二点。

"圆心（CE）"：输入所绘圆弧的圆心。

"端点（EN）"：输入所绘圆弧的终止点。

此外，也可选择主菜单中的"绘图"→"圆弧"命令，其嵌套型子菜单共11项。各项中与上述相同的命令不再重复，而各项中不同的命令再进一步说明如下。

"方向（D）"：指定与圆弧起点相切的方向。

"长度（L）"：输入圆弧的弦长。正值绘制的圆弧小于180°，负值绘制的圆弧大于180°。

"角度（A）"：输入圆弧所包含的角度。默认状态下顺时针为负，逆时针为正。

"半径（R）"：输入所绘圆弧的半径。

"继续"：连续绘制圆弧，后绘制的圆弧起点是已绘圆弧的终点，且两圆弧相切。

下面介绍几种常用的绘制圆弧的方法。

（1）用起点、圆心、端点绘制圆弧

如图4-9（a），当已知圆弧的起点、圆心、端点时，就已知了圆弧的半径，即圆心到起点的距离。（这种画法无法准确地确定弧长。）

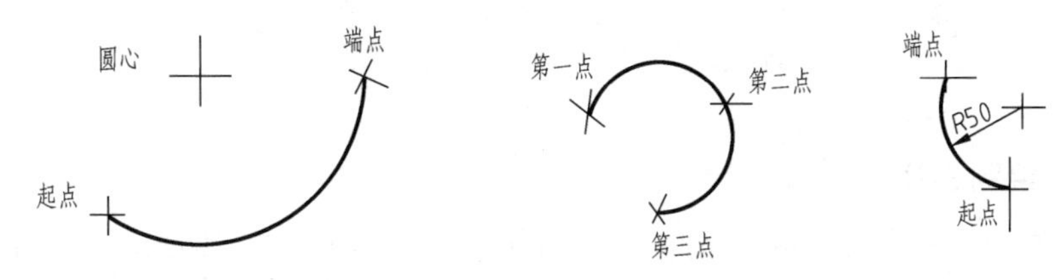

图4-9　圆弧的不同绘制方法

① 单击"绘图"→"圆弧"→"起点、圆心、端点"子命令。

② 在"指定圆弧的起点或［圆心（C）］："的提示下，指定起点。

③ 在"指定圆弧的第二点或［圆心（C）/端点（E）］："的提示下，指定圆心。

④ 在“指定圆弧的端点或［角度（A)/弦长（L）］:”的提示下，指定端点。

（2）用三点绘制圆弧

单击“绘图”→“圆弧”→“三点”子命令，即可绘制圆弧，如图4-9（b)。(这种画法无法确定半径及弧长。)

（3）用起点、端点、半径绘制圆弧

此方法只能沿逆时针绘制圆弧，如图4-9（c)。(这种画法可以准确定位，但作圆弧连接时无法确定起点到端点的距离。)

① 单击“绘图”→“圆弧”→“起点、端点、半径”子命令。

② 在“指定圆弧的起点或［圆心（C）］:”的提示下，指定起点。

③ 在“指定圆弧的端点:”的提示下，指定圆弧的端点。

④ 在“指定圆弧半径:”的提示下，输入半径值。

提示：若半径值为正，则得到起点至端点之间的短弧；反之，得到长弧。另外，输入的半径值必须大于起点到端点距离的一半，否则输入的半径值无效。

（4）用圆心、起点、端点绘制圆弧

已知圆心，输入半径，由鼠标拖动绘制圆弧。(这种方法只能逆时针绘制圆弧，且无法确定弧长。)

① 单击“绘图”→“圆弧”→“圆心、起点、端点”子命令。

② 在“指定圆弧的起点或［圆心（C)］:”的提示下，指定圆心。

③ 在“指定圆弧的起点:”的提示下，输入半径“50”，如图4-10（a)。

④ 在“指定圆弧的端点:”的提示下，指定圆弧的终点。

注：这种方法很适用于作圆弧连接。

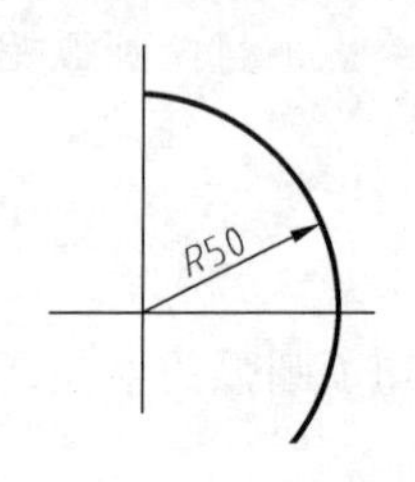

(a) 圆心、起点、端点绘制圆弧

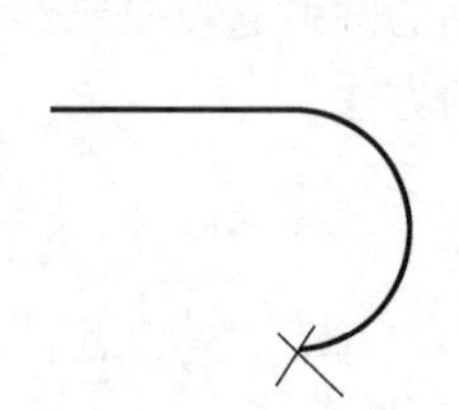

(b) 继续方式绘制圆弧

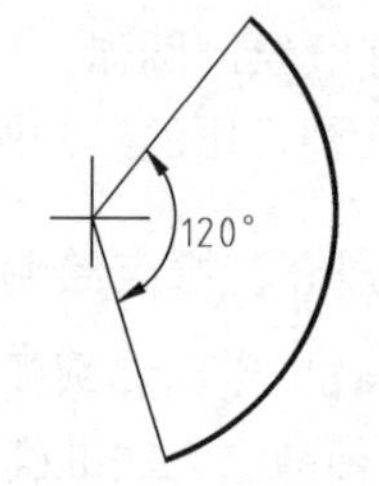

(c) 圆心、起点、角度绘制圆弧

图4-10　不同方法绘制圆弧

（5）用继续方式绘制圆弧

如果首先绘制圆弧或直线，可以用此方式绘制圆弧与其相切。(这种画法作相切准确。)

① 单击“绘图”→“圆弧”→“继续”子命令。

② 提示指定圆弧的起点，如图4-10（b)，指定直线的右端点作为圆弧的起点。

③ 在“指定圆弧的端点:”的提示下，指定端点，便结束命令。

（6）用圆心、起点、角度画弧

① 单击“绘图”→“圆弧”→“圆心、起点、角度”子命令。

② 在“指定圆弧的起点或［圆心（C）］:”的提示下，指定圆心，如图4-10（c）。

③ 在“指定圆弧的起点:”的提示下，指定起点。

④ 在“指定圆弧的端点或［角度（A）/弦长（L）］:”的提示下，指定包含角，输入角度“120”。

4.3.2 圆

功能：圆（CIRCLE）命令可以绘制圆，并且有6种绘圆的方法。

菜单：“绘图”→“圆”或 ，绘图工具栏第7项。

命令：圆，CIRCLE（C）

指定圆的圆心或［三点（3P）/两点（2P）/相切、相切、半径（T）］:

指定圆的半径或［直径（D）］:

选项说明：

“圆心”：输入所绘圆的圆心。

“半径”：输入所绘圆的半径。

“直径（D）”：输入所绘圆的直径。

“三点（3P）”：输入圆所通过的三个点。

“两点（2P）”：输入圆所通过的两个点，且两点的连线是圆的直径。

“相切、相切、半径（T）”：通过输入与所绘圆相切的两个切点和圆的半径来绘制圆，但所输入的半径值要大于两切点之间的距离。当选择切点时，屏幕上会出现相切的图标，用此图标选取欲相切的元素，则系统内部会自动找到切点。

此外，也可选择主菜单中的“绘图”→“圆”命令，其嵌套型子菜单共6项。前5项上述已说明，而第6项中“相切、相切、相切（A）”子命令说明如下。

“相切、相切、相切（A）”：通过输入与所绘圆相切的三个切点来绘制圆。当选择切点时，屏幕上会出现相切的图标，用此图标选取欲相切的元素，则系统内部会自动找到切点。此项绘圆的方式需从菜单下调用，如用输入命令的方式，则选择三点绘圆选项，同时打开“对象捕捉设置”，并选取其中的“切点”选项卡，设置对象捕捉为“开”的状态。

练习：自行选择不同方式练习绘制圆。

4.3.3 椭圆及椭圆弧

功能：椭圆或椭圆弧（ELLIPSE） 命令可以采取不同方式绘制椭圆及椭圆弧。

菜单：“绘图”→“椭圆（E）”或 ，绘图工具栏第10、11项。

命令：椭圆或椭圆弧，ELLIPSE（EL）

指定椭圆的轴端点［圆弧（A）/中心点（C）］:

用ELLIPSE命令绘制椭圆的方式不同，但都必须用到绘制椭圆的3个要素，即中心点、长轴、短轴。

（1）根据长轴、短轴绘制椭圆

① 单击“绘图”→“椭圆”命令。

② 在“指定椭圆的轴端点或［中心点（C）］:”的提示下，确定椭圆的第一根轴的第一

个端点。

③ 在“指定轴的另一个端点:”提示下，确定该轴的第二个端点。

④ 在“指定另一个半轴长度或［旋转（R）］:”提示下，在图形中指定一点，或键入一个长度，并按“Enter”键，即结束命令。结果如图4-11（a）。

提示：输入另一个半轴时，必须选择第一根轴的中心点。

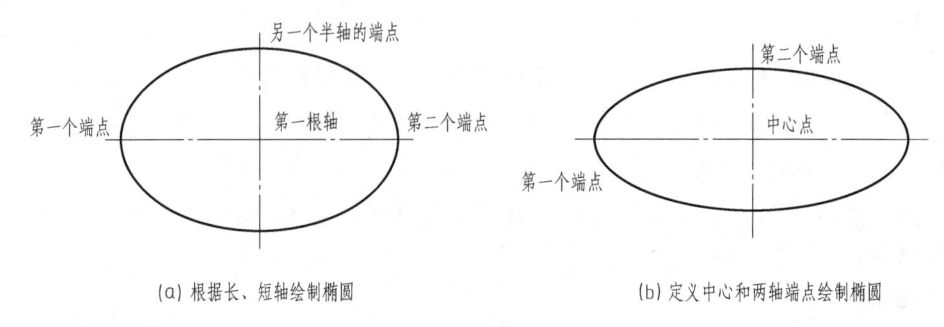

图4-11　椭圆的画法

（2）通过定义中心和两轴端点绘制椭圆

① 单击“绘图”→“椭圆”→“中心点”子命令。

② 在“指定椭圆的中心点:”提示下，确定椭圆的中心点，如图4-11（b）。

③ 在“指定轴的端点:”提示下，确定第一根轴的端点。

④ 在“指定另一个半轴长度或［旋转（R）］:”提示下，确定第二根轴的端点。

提示：指定第一根轴的端点后，还可以通过旋转方式来指定第二根轴。

（3）绘制椭圆弧

椭圆弧是椭圆的一部分，AutoCAD可以快捷地绘制椭圆弧。绘制椭圆弧的方法与绘制椭圆相似。首先绘制一个椭圆，然后根据命令行的提示，可以确定椭圆弧的起点和终点。如图4-12。

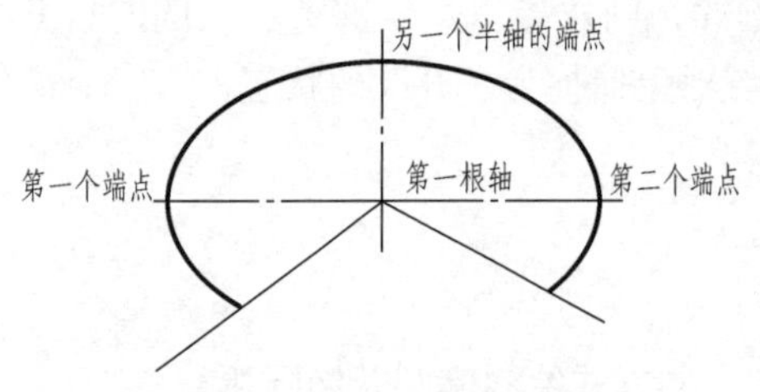

图4-12　椭圆弧的绘制方法

① 单击“绘图”→“椭圆”→“椭圆弧”子命令。

② 绘制一个椭圆。

③ 在“指定起始角度或［参数（P）］:”的提示下，通过指定一个角度或选择一个点可以指定椭圆弧的起始角度。此时曲线将从椭圆的中心处延伸到光标所在的位置，同时可以看到一个从起始角度的定义点延伸的椭圆弧。

④ 在“指定终止角度或［参数（P）/包含角度（I）］:”的提示下，指定椭圆弧的终止角度。

提示：椭圆弧的起始角度是沿椭圆长轴角度的逆时针方向确定的。

除上述各命令之外，还有其他命令，如：构造线，绘图工具栏第2项；修订云线，绘图工具栏第8项。这两项在绘图时不常用。样条曲线位于绘图工具栏第9项，用来绘制波浪线，在后续作图需要时再详细介绍。绘图工具栏的其他各项包括：图案填充和渐

变色，绘图工具栏第15、16项；面域，绘图工具栏第17项；表格，绘图工具栏第18项；多行文字A，绘图工具栏第19项等。在后续章节中会详细介绍这些命令。

4.4　实 训 练 习

(1) 填空

① 单击“绘图”→“圆弧”命令后弹出（　　）绘制圆弧的子命令，你熟练的是（　　）。
② 绘制椭圆应选择椭圆（　　）的两个对称点，再选择其（　　）的一个点。
③ 绘图命令的选择有（　　）种方式，其分别为（　　）。
④ 绘制正多边形时其操作主要有（　　）和（　　）两项必须选择。
⑤ 绘制矩形应输入（　　）坐标值，输入方式应为（　　）。

(2) 简答

① 写出绘制A3图幅的操作步骤。
② 绘图工具栏的主要功能是什么？请选择一至两项说明其操作步骤。

(3) 训练图样

① 如题图4-1，图中未注尺寸可参考图样自行确定。

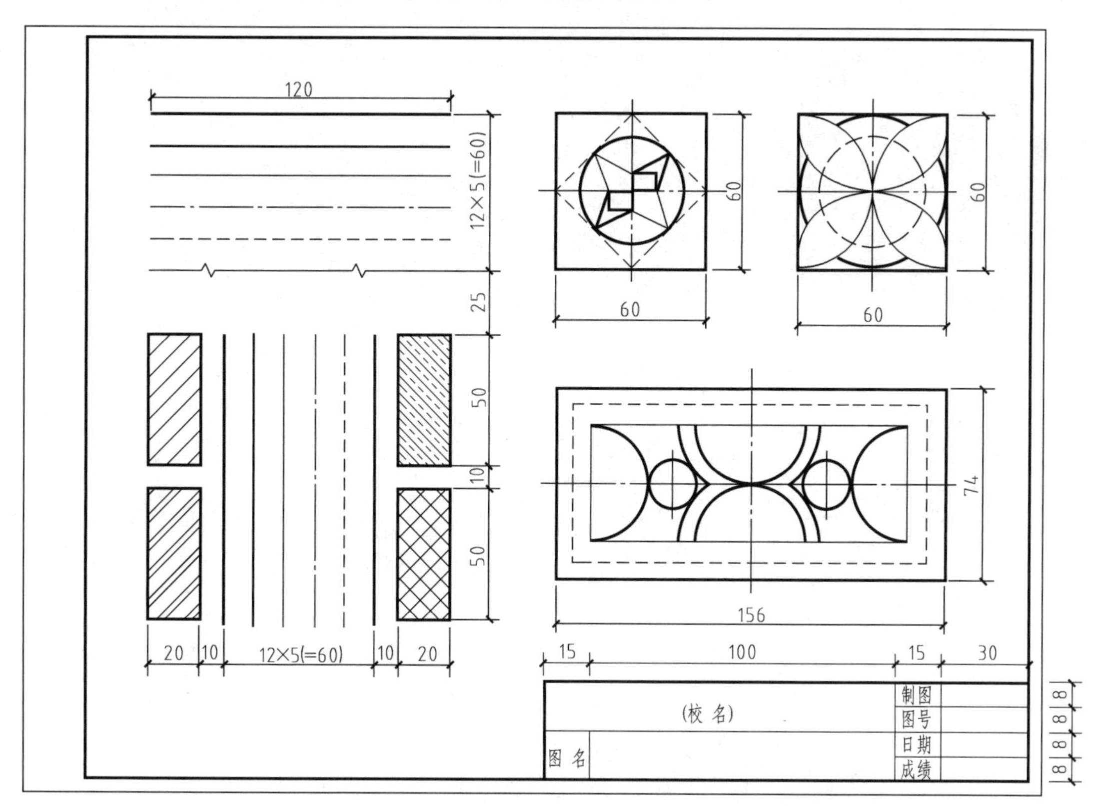

题图4-1　训练图样（一）

② 自定尺寸绘制下列图形，如题图4-2。

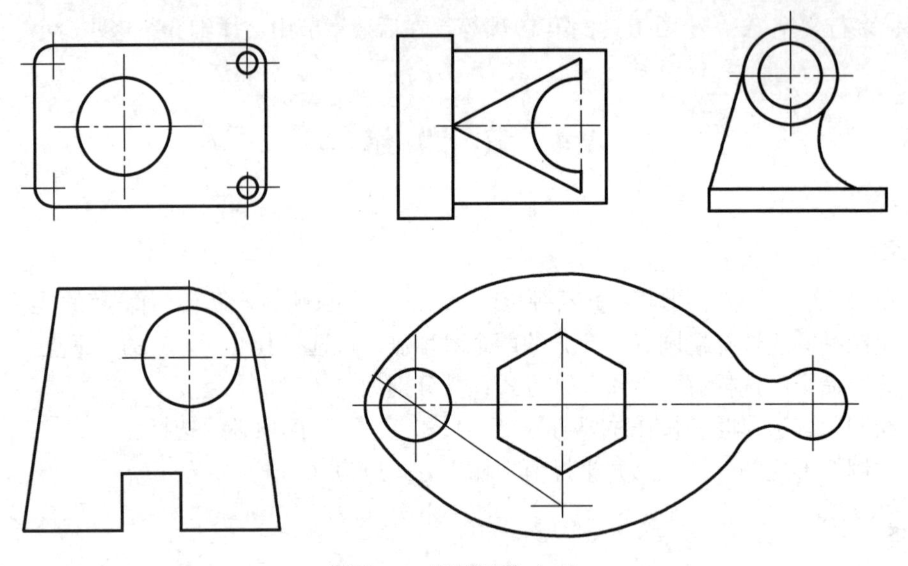

题图4-2　训练图样（二）

第5章　基本编辑命令

在用AutoCAD进行实际绘图过程中，仅通过绘图命令，很难快速有效地完成最终所需的图形。AutoCAD提供了诸多实用而有效的编辑命令。利用这些编辑命令，我们可以对图形进行编辑，得到自己所需的图形。更为有意义的是，通过编辑功能中的复制、偏移、阵列、镜像等命令，可以迅速构造相同或相近的图形，大大提高绘图效率，充分发挥计算机绘图的优势。

本章将介绍AutoCAD的基本编辑命令，较好地掌握各命令的基本操作可以准确、快速地绘制图样。

5.1　常用的编辑命令

本节将详细介绍“修改”下拉菜单中的一些常用编辑命令。所谓编辑就是对实体进行各种修改，以便有效地提高绘图质量和效率。

5.1.1　删除（ERASE）

功能：删除图形中选中的对象。

菜单：“修改”→“删除”或，修改工具栏的第1项（工具栏见第3章图3-10）。

命令：删除，ERASE（E）。

选择对象：

提示：拾取框若从左上方拖取，只有完全在拾取框内的对象才可删除；拾取框若从右上方拖取，凡是被拾取框包含的对象（可部分包含）都可删除。

删除的方法有：

① 先用鼠标一次（或依次）选择对象，再按“删除”按钮。

② 先按“删除”按钮，再按上述“提示”确定选择对象的方式，并按“Enter”键。

如图5-1（a），若选择一条直线后，再单击“删除”按钮，则该直线被删除。如图5-1（b），若选择全部欲删除的对象，再单击“删除”按钮，则所有选择对象被删除。

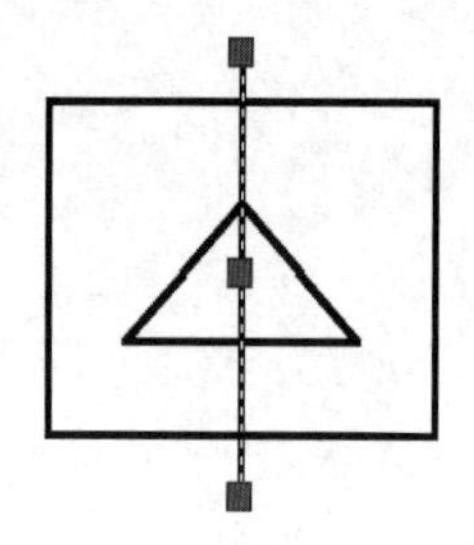

(a) 选择一个删除对象

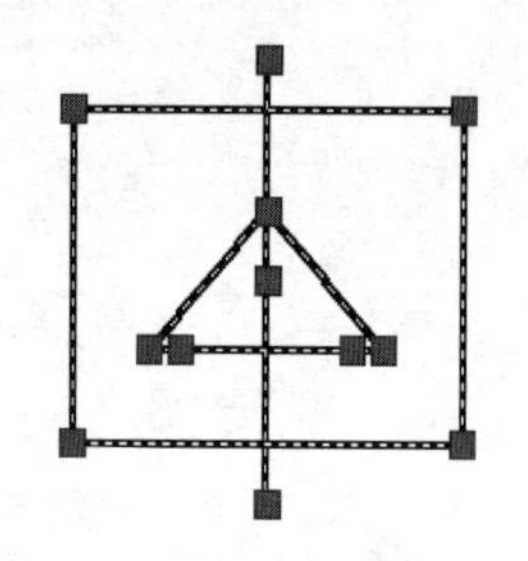

(b) 选择全部删除对象

图5-1　删除示例

5.1.2　复制（COPY）

功能：对图形中选中的对象，不论其复杂程度如何，可以通过“复制”命令在任何位置产生一个或多个与其相同的图形，如图5-2。

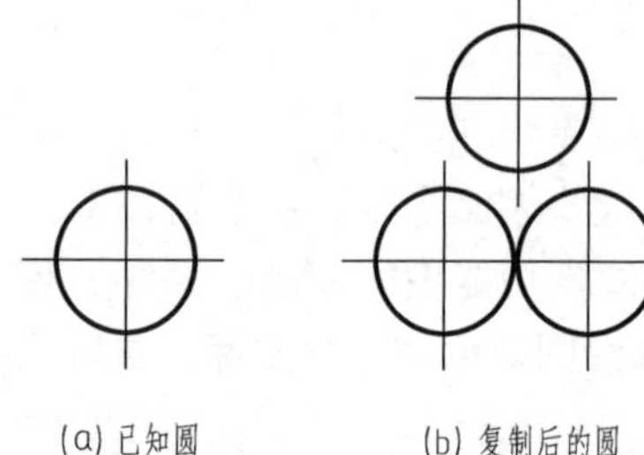

(a) 已知圆　　(b) 复制后的圆

图5-2　复制示例

菜单：“修改”→“复制”或 ，修改工具栏的第2项。

命令：复制，COPY（C）。

选择对象：

指定基点或位移，或者［重复（M）］：

指定位移的第二点或 <用第一点作位移>：

选项说明：

“选择对象”：选取需要复制的对象。

“基点”：复制对象的参考点。

“位移”：源对象和目标对象之间的位移。

“重复（M）”：将源对象以同样的基点为参考点，在多处进行重复复制。

“指定位移的第二点”：以基点为第一点，通过指定第二点来确定位移。

“用第一点作位移”：在提示输入第二点时回车，则以第一点的坐标作为位移。

提示：确定基点、位移时，应充分利用诸如对象捕捉和对象追踪等比较精确绘图的辅助工具，以便将新复制产生的对象拖放到一个准确的位置，或者赋值（也可位移）确定复制位置。

5.1.3　镜像（MIRROR）

功能：镜像命令可以使图形镜像，原图可以删除，也可以保留。对于复杂的对称图形，使用该命令进行编辑，非常快捷有效。

菜单：“修改”→“镜像”或 ，修改工具栏的第3项。

命令：镜像，MIRROR（MI）。

选择对象：（选择需要镜像的对象）

指定镜像线的第一点：（确定镜像轴线的第一点）

指定镜像线的第二点：（确定镜像轴线的第二点）

是否删除源对象？［是（Y）/否（N）］：（Y删除源对象，N或回车均保留源对象）。

【例1】　将图5-3（a）的图形相对于对称轴AB镜像。

作图：

命令：镜像。

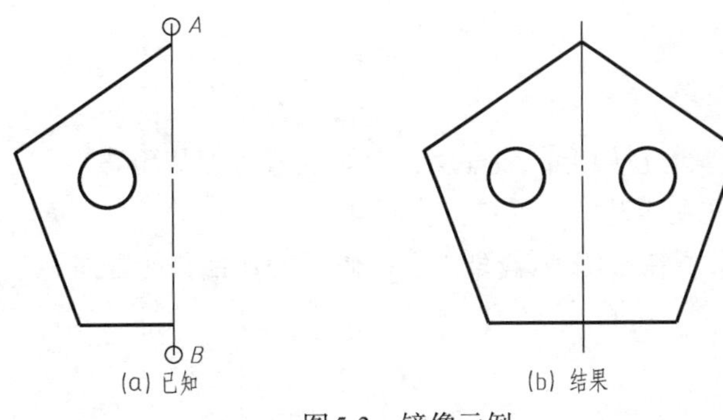

图5-3 镜像示例

首先绘制图形对称的左半部分，并通过窗口方式选择需要镜像的全部图形（即左侧4个对象：椭圆和三条直线）。

指定镜像线的第一点：(通过对象捕捉选取交点A)

指定镜像线的第二点：(选取垂直对称线的另一个交点B)

是否删除源对象？[是（Y)/否（N)]：(回车保留源对象)

5.1.4 偏移（OFFSET）

功能：偏移命令用以画与源对象相平行的线（等距线)，如等距偏移弧线、圆、直线以及二维多段线。偏移时根据偏移距离会重新计算其大小和位置。

菜单："修改"→"偏移"或 ，修改工具栏的第4项。

命令：偏移，OFFSET（O)。

指定偏移距离或［通过（T)］<当前值>：

选择要偏移的对象或 <退出>：

指定点以确定偏移所在一侧：

选项说明：

"指定偏移距离或［通过（T)］<当前值>"：输入平行线间的距离，该距离可以通过键盘键入，也可以通过选取两个点来定义。

"通过（T)"：此方式指偏移生成的对象将通过随后选取的点。

"选择要偏移的对象或 <退出>"：选择对象，指定偏移的位置，回车则退出偏移命令。

"指定点以确定偏移所在一侧"：通过指定点来确定偏移向源对象的哪一侧。

【例2】 如图5-4，偏移下列图形到指定位置。

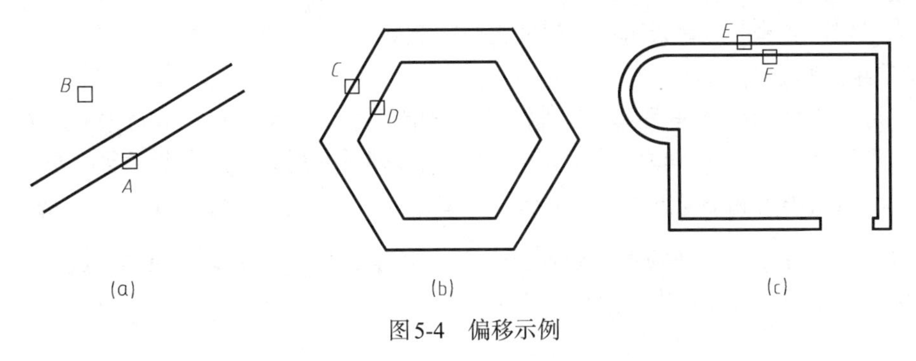

图5-4 偏移示例

作图：

（1）作图如图5-4（a）

命令：偏移。

指定偏移距离或［通过（T）］<通过>：8 ↙（输入偏移距离）

选择要偏移的对象或 <退出>：（单击直线*A*）

指定点以确定偏移所在一侧：（选取*B*点一侧，确定偏移的方向）

（2）作图如图5-4（b）

命令：偏移。

指定偏移距离或［通过（T）］<8.0000>：8↙（默认为上一次的偏移距离8）

选择要偏移的对象或 <退出>：（单击线*C*，作为欲偏移的对象）

指定通过点：（选取*D*点）（偏移出中间的多段线）

（3）作图如图5-4（c）

命令：偏移。

指定偏移距离或［通过（T）］<通过>：4↙（输入偏移距离）

指定偏移的对象域 <退出>：（单击线*E*）

指定通过点：（选取*F*点）（在经过*F*点处偏移了该多段线）

说明：

①“偏移”命令只允许用直接选取方式选择对象。

② 相关系统变量为Offset Distance将控制缺省偏移距离。

5.1.5 阵列（ARRAY）

功能：对于按矩形或环形规则分布的图形，可以通过“阵列”命令进行多重复制。

菜单：“修改”→“阵列”或 ，修改工具栏的第5项。

命令：阵列，ARRAY（AR）。

阵列形式分为矩形阵列和环形阵列，由于命令格式差异较大，下面分别说明。

（1）矩形阵列

如图5-5，即为设置矩形阵列的对话框。

选项说明：

“行”“列”文本框：输入矩形阵列的行数、列数。

“偏移距离和方向”区：

①“行偏移”：指定行间距数值。值为负，则阵列后的行会添加在源对象的下方。

②“列偏移”：指定列间距数值。值为负，则阵列后的列会添加在源对象的左边。

也可通过单击右侧的 “拾取两个偏移”按钮，使用鼠标在屏幕上指定某个单元矩形的相对角点，从而确定行和列的水平和垂直间距。也可单击 “拾取行偏移”或 “拾取列偏移”按钮，使用定点设备指定水平和垂直间距。

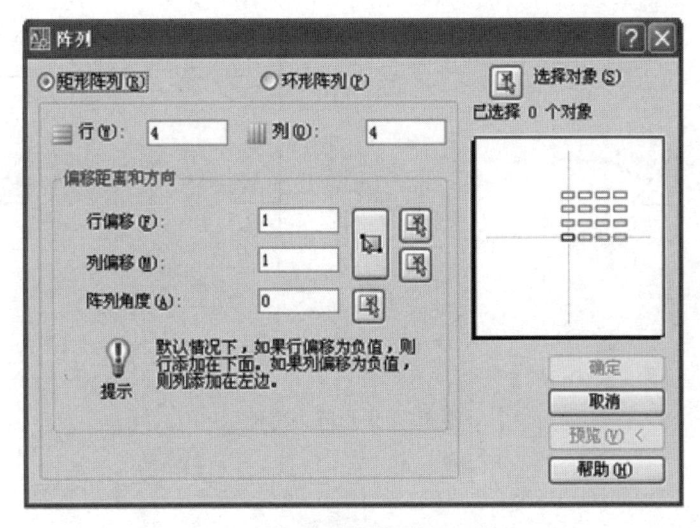

图5-5　设置矩形阵列的对话框

③“阵列角度”：指定整个阵列的旋转角度。也可以单击右侧相应的按钮，在绘图屏幕上拾取。也可单击右侧的“拾取阵列的角度”按钮，使用鼠标在屏幕上指定一条直线来确定整个阵列的旋转角度。

“选择对象”按钮：选择要阵列的对象。

“预览”按钮：预览阵列的效果。

【例3】 将图5-6中的图形符号进行矩形阵列成2行3列，共6个。

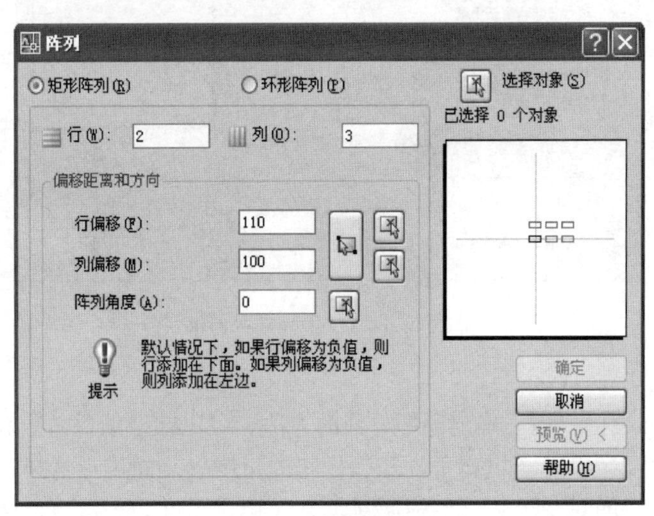

图5-6　设置矩形阵列

作图：

命令：阵列。

① 在“阵列”对话框中设置相关内容，如图5-6。注意对话框中的预览窗口。

② 首先绘制要阵列的对象元素，如图5-7（a）。

③ 在如图5-6所示对话框中单击右上角“选择对象”按钮，选择要阵列的对象元素（一个小三角旗）。

④ 按“Enter”键，在“阵列”对话框中单击右下角的“确定”，结果如图5-7（b）。

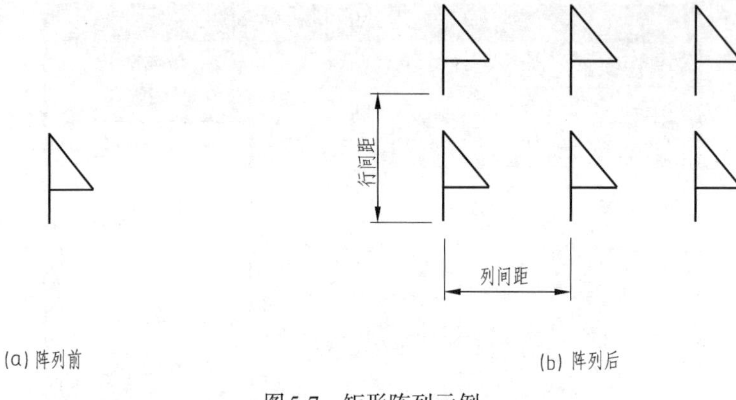

图 5-7　矩形阵列示例

（2）环形阵列

如图 5-8，即为设置环形阵列的对话框。

选项说明：

①“中心点”文本框：用于确定环形阵列的阵列中心位置。

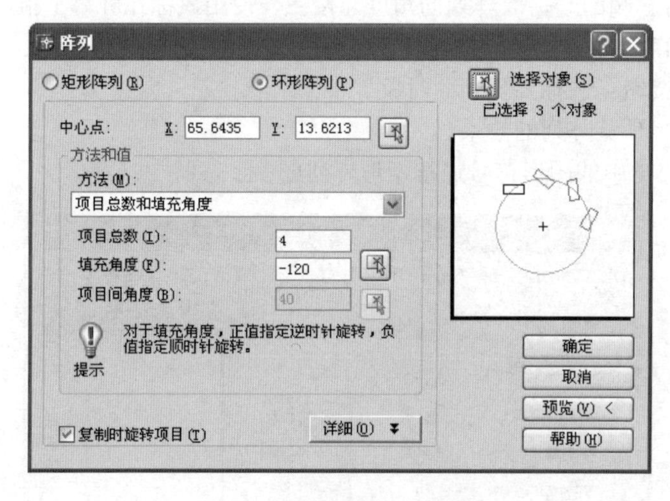

图 5-8　设置环形阵列对话框

②“方法和值”选项区：

“方法”下拉列表框：用于确定环形阵列的方法。可以在“项目总数和填充角度”“项目总数和项目间的角度”以及“填充角度和项目间的角度”之间进行选择。其中“项目总数”表示设置环形阵列后的对象个数（包括源对象）；“填充角度”表示对象所占据的填充角度；“项目间的角度”表示设置环形阵列后两相邻对象间的角度。

“项目总数”“填充角度”“项目间角度”文本框：根据所选择的阵列设置方法，分别设置阵列的项目总数、填充角度、项目间的角度。对于填充角度，默认情况下，正值将沿逆时针方向设置环形阵列，负值将沿顺时针方向设置环形阵列。

“复制时旋转项目”选项：确定设置环形阵列时对象本身是否以基点为中心旋转。

③ 对象基点选项区：用于确定对象本身的基点位置。

【例 4】 将图 5-9（a）的图形符号进行环形阵列。

作图：

命令：阵列。

① 绘制小三角旗图形，并沿小旗杆下端点作一定位直线（任意长度，–30°）。

② 在“阵列”对话框中设置相关内容：项目总数为“4”，填充角度为“–120”。

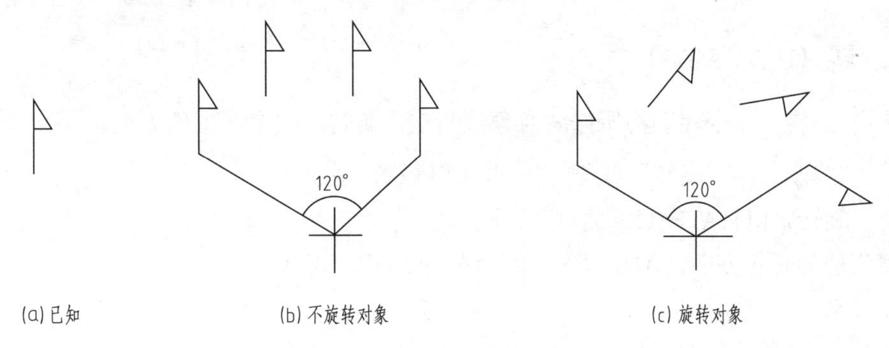

图5-9 环形阵列示例

③ 单击“中心点”一行右端的按钮，并在绘图窗口单击定位直线右下方的点。

④ 单击“选择对象”左端按钮，选择小三角旗（3条边线），并按“Enter”键。

⑤ 返回“阵列”对话框，按“确定”按钮，即完成作图，结果如图5-9（b）。

图5-9（c）的作图方法与上述相似，当选中“复制时旋转项目”选项时，则结果如图5-9（c）。

5.1.6 移动（MOVE）

功能：“移动”命令可以将一组或一个对象从一个位置移动到另一个位置。

菜单：“修改”→“移动”或 ，修改工具栏第6项。

命令：移动，MOVE（M）。

选择对象：

选择要移动的对象：

指定基点或位移：

指定移动的基点或直接输入位移：

指定位移的第二点或 <用第一点作位移>：

提示：移动图形对象也可用标准工具栏中的“实时平移” 。

【例5】 将图5-10（a）图形从A点移到B点。

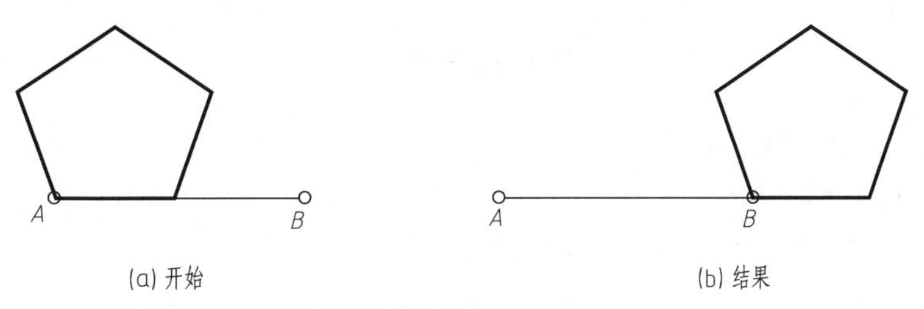

图5-10 移动示例

作图：

命令：移动。

选择对象：（选取五边形作为图形对象）

指定基点或位移：（单击点*A*）（借助于“对象捕捉”）

指定位移的第二点或 <用第一点作位移>：（单击点*B*）

结果如图5-10（b）。

5.1.7 旋转（ROTATE）

功能：“旋转”命令用于将所选的对象绕指定点旋转，改变图形的方位。

菜单：“修改”→“旋转”或，修改工具栏第7项。

命令：旋转，ROTATE（RO）。

UCS当前的正角方向：ANGDIR=逆时针　ANGBASE=0

选择对象：

指定基点：（选取基准点）

指定旋转角度或［参照（R）］：（输入要旋转的角度）

选项说明：

“指定基点”：指定旋转的基点。

“指定旋转角度或［参照（R）］”：指定旋转的角度。输入“R”时采用参照方式旋转对象，参考角（起始角）和新角度（终止角）的差值就是旋转角。

屏幕提示：

指定参考角<O>：（输入角度或以指定的两点的方向角作为参考角）

指定新角度：（输入终止角度）

【例6】 通过指定角度旋转图形，如图5-11。

作图：

命令：旋转。

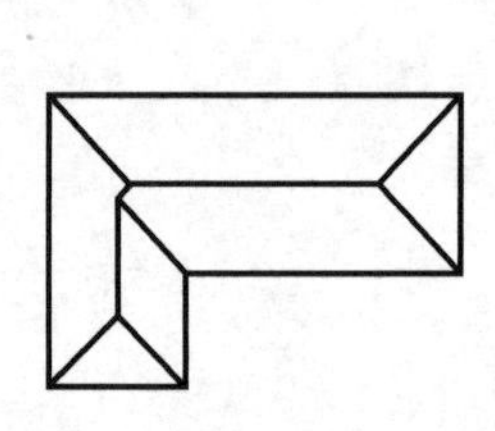

(a) 开始

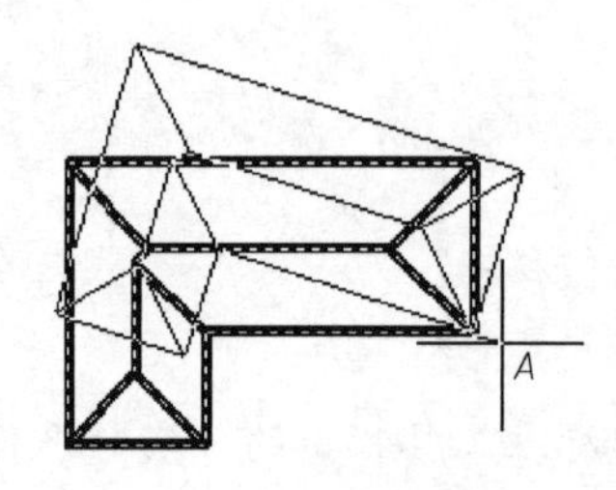

(b) 指定基点和角度

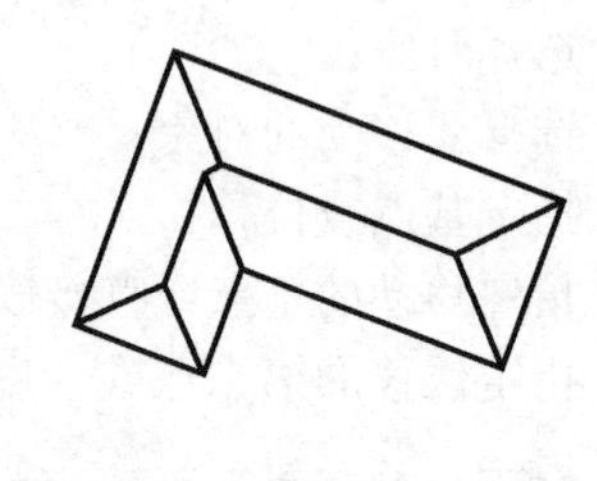

(c) 结果

图5-11　旋转示例

绘制图形，并确定基点*A*。

选择要旋转的全部图形。

指定基点：（单击图形中某一点，如右前角点）

指定旋转角度或［参照（R）］：–30↙（指定旋转角度，负值表示顺时针旋转）

结果如图5-11（c）。

5.1.8　缩放（SCALE）

功能：“缩放”命令用于改变对象的实际大小，但不改变它的宽高比，即*X*、*Y*、*Z*方向的缩放比例是一致的。

菜单：“修改”→“缩放”或，修改工具栏第8项。

命令：缩放，SCALE（SC）。

选择对象：(选择要比例缩放的对象)

指定基点：(指定比例缩放的基点)

指定比例因子或［参照（R）］：

选项说明：

“指定比例因子”：该选项为缺省项。比例因子大于1时，放大图形；比例因子取0～1时，则缩小图形。

“参照（R）”：参照方式。以某一长度作为参照长度，然后指定变化后新的长度，以两长度的比值决定图形的缩放比例。输入“R”后屏幕提示：

指定参考长度<1>：(指定参考长度，缺省值为1)

指定新长度：(指定新的长度)

【例7】 将图5-12已知的正五边形以*A*点为基点缩小一半。

作图：

命令：缩放。

绘制正五边形，并选择其各边。

指定基点：(单击点*A*)(确定比例缩放的基点)

指定比例因子或［参照（R）］：0.5↙（缩小一半）

结果如图5-12（c）。

提示： 注意与视图显示缩放命令ZOOM的区别。ZOOM命令仅仅改变对象在屏幕上的显示大小，图形本身的尺寸无任何大小变化。

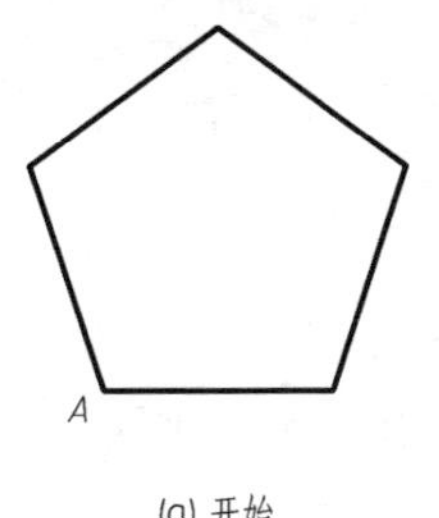

(a) 开始

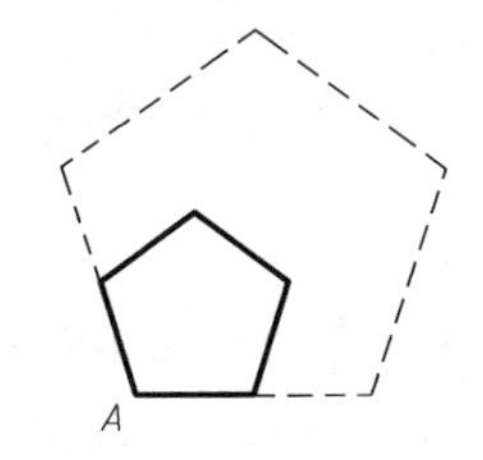

(b) 基点和比例因子为0.5

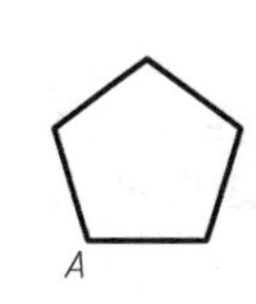

(c) 结果

图5-12　缩放示例

5.1.9　拉伸（SMTCH）

功能：“拉伸”命令用于将图形的一部分进行拉伸、移动或变形。

菜单：“修改”→“拉伸”或，修改工具栏第9项。

命令：拉伸，SMTCH（S）。

以交叉窗口或交叉多边形选择要拉伸的对象…

按命令行依次提示："选择对象:""指定对角点:""指定基点或［位移（D）<位移>]:""指定第二个点或<使用第一个点作为位移>"。

选项说明：

"选择对象"：只能以交叉窗口或交叉多边形选择要拉伸的对象。

"指定对角点"：选择对象的第一点和对角方向的第二点。

"指定基点或位移"： 定义位移或指定拉伸基点。

"指定位移的第二点"：定义第二点来确定位移。

【例8】 如图5-13，拉伸*AB*之间的距离。

作图：

命令：拉伸。

绘制图形。

以交叉窗口或交叉多边形选择要拉伸的对象，提示选择对象的方式。

选择对象：（单击点1，选取交叉窗口或交叉多边形的第一个顶点）

指定对角点：（单击点2，指定交叉窗口的另一个顶点）

选择对象：↙（回车结束对象选择）

指定基点或位移：（单击点*A*）

指定位移的第二点：（单击点*B*）

结果如图5-13（c）。

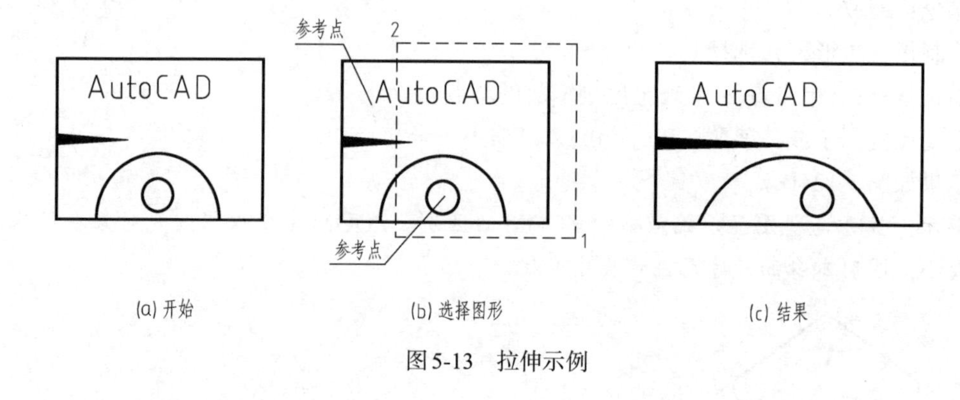

(a) 开始　　(b) 选择图形　　(c) 结果

图5-13　拉伸示例

提示：

① 上面的点*A*与点*B*实际上给出了拉伸移动矢量，方向可任意。

② 拉伸的规则是在窗口外的端点不动，在窗口内的端点被拉伸。当全部实体在窗口内时，将整体移动。

③ 圆、文本、块和点不能拉伸，当这些实体的参考点在窗口内时可以移动这些实体，当参考点在窗口外时这些实体不动。参考点是指圆的圆心、文本和块的插入点。

5.1.10　修剪（TRIM）

功能："修剪"命令是以指定的对象为边界，将多余部分进行修剪，以使图形精确相交。

菜单："修改"→"修剪"或 -/-- ，修改工具栏第10项。

命令：修剪，TRIM（TR）。

当前设置：投影=UCS　　边=无

选择剪切边：↙

选择要修剪的对象或［投影（P)/边（E)］/放弃（U)］：

选项说明：

①“选择要修剪的对象”：拾取要修剪的对象。

②“投影（P)”：按投影模式剪切。选择该项后出现“输入投影选项”的提示：

输入投影选项［无（N)/UCS（U)/视图（V)］<无>：

“无（N)”：指定修剪时没有投影，对象与边必须相交。

“UCS（U)”：将对象和边投影到当前的*XY*平面上，对象在三维空间中无须与切割边相交。

“视图（V)”：指定把对象沿当前视线方向投影到视口平面上，对象在三维空间中无须与切割边相交。

③“边（E)”：按边的模式剪切。选择该项后出现提示如下。

输入隐含边延伸模式［延伸（E)/不延伸（N)］<不延伸>：

“输入隐含边延伸模式”：定义隐含边延伸模式。如果选择“不延伸”选项，则剪切边界和修剪的对象必须相交才能剪切。如选择“延伸”选项，则剪切边界和要修剪的对象在延伸后有交点就可剪切。

④“放弃（U)”：放弃最后进行的一次剪切。

【例9】 将图5-14（a）中五角星中间的线段修剪掉。

作图：

命令：修剪。

绘制正五角星。

选择要修剪的对象或［投影（P)/边（E)/放弃（U)］：(依次选择要修剪的对象)

结果如图5-14（b)。

注：采用“修剪”命令，也可以首先单击“修剪”命令，再选择要修剪对象的边界，然后回车，最后修剪相应的线段。

(a) 开始

(b) 结果

图5-14　修剪示例

5.1.11　延伸（EXTEND）

功能：“延伸”命令可以指定的对象为边界，精确地延伸某对象至所定义的边界上，也可以将对象延伸到它们将要相交的某个边界上。

菜单：“修改”→“延伸”或--/，修改工具栏第11项。

命令：延伸，EXTEND（EX)。

当前设置：投影=无　　边=延伸

选择边界的边：↙

选择要延伸的对象或［投影（P）/边（E)］/放弃（U)］：

选项说明：

①“选择要延伸的对象”：选择要延伸的对象。

②“投影（P）”：按投影模式延伸，选择该项后提示“输入投影选项”如下。

输入投影选项［无（N)/UCS（U)/视图（V)］<无>：

“无（N)”：指定延伸时没有投影，对象必须与边相交。

“UCS（U)”：将对象和边投影到当前UCS的*XY*平面上，投影对象在三维空间中无须与延伸边相交。

“视图（V)”：把对象沿当前视线方向投影到视口平面上，投影对象在三维空间中无须与延伸边相交。

③“边（E)”：按边的模式延伸，选择该项后提示如下。

输入隐含边延伸模式［延伸（E)/不延伸（N)］<不延伸>：

如果选择了“延伸”选项，则当该边界和要延伸的对象没有显式交点时，同样可以延伸到隐含的交点处。如果选择了“不延伸”选项，则当该边界和要延伸的对象没有显式的交点时，无法延伸。

④“放弃（U)”：输入“U”则放弃最后一次延伸操作。

【例10】 将图5-15的一组水平线*B*、*C*、*D*延伸到直线*A*处。

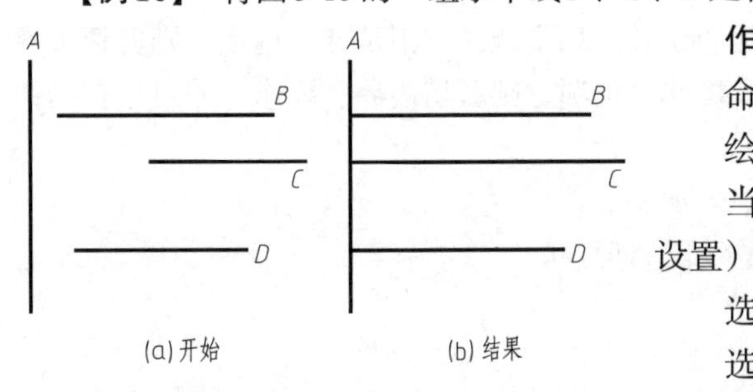

图5-15 延伸示例

作图：

命令：延伸。

绘制各直线。

当前设置：投影=无；边=延伸（提示当前设置）

选择边界的边：↙（提示以下为选择边界）

选择对象：（选择直线*A*）↙

选择要延伸的对象或［投影（P)/边（E)/放弃（U)］：（单击直线*B*、*C*、*D*的左侧）

说明： 选择要延伸的对象时拾取点的位置决定了延伸的方向，延伸发生在拾取点（线）的一侧。

5.1.12 打断（BREAK）

功能：“打断”命令用于删除直线、圆弧、圆或多段线的一部分，或者将它们一分为二。

菜单：“修改”→“打断”或，修改工具栏第12、13项。

命令：打断（包括打断于点），BREAK（BR)。

选择对象：

指定第二个打断点或［第一点（F)］：

选项说明：

“指定第二个打断点”：拾取打断的第二点，拾取对象的点为打断的第一点。

“第一点（F)”：输入“F”重新定义第一个打断点。

【例11】 将图5-16中的直线打断。

作图：

命令：打断。

绘制两条直线。

选择对象：（单击直线上的第一个打断点）

指定第二个打断点：（单击第二个打断点）

结果如图5-16（b）。

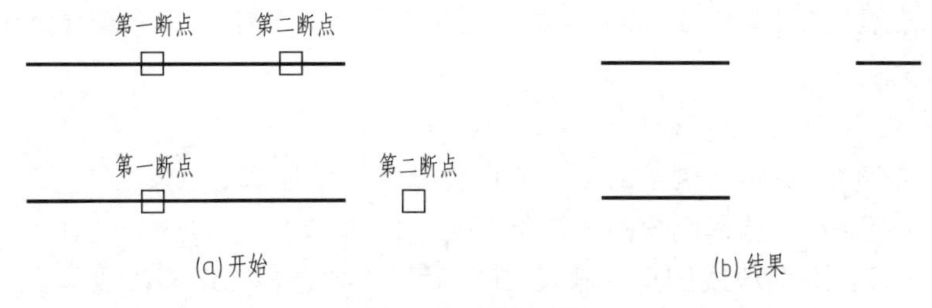

图5-16 打断示例

提示：

① 指定第二个打断点时，如果输入“@”表示第二个打断点和第一个打断点相同，即将对象分成两段。

② 打断圆时注意两个拾取点的顺序，顺序不同对圆的取舍不同，因打断总是沿逆时针方向。

5.1.13 合并（JOIN）

功能：将多个相似的图形对象合并为一个对象。可以合并的对象有：直线、圆弧、椭圆弧、多段线、样条曲线等。

菜单：“修改”→“合并”或 ，修改工具栏第14项。

命令：合并，JOIN（J）。

操作如图5-17。

提示“选择源对象”（已绘制的各段直线）时选择线段1回车，提示“选择要合并的对象:”时选择线段2、3回车，如图5-17（a）。

提示“选择源对象”（已绘制的各段圆弧）时先选择圆弧1，再选择圆弧2回车，则合并后为图5-17（b）的中间的图；如果选择要合并的对象时，先选择圆弧2，再选择圆弧1，回车，则合并结果为图5-17（b）的右面的图。

注：应用合并命令，对于分段直线，要求各段直线必须位于同一直线的位置；对于分段圆弧，要求各段圆弧同半径。

图5-17 合并示例

5.1.14 倒角（CHAMFER）

功能：“倒角”命令可以对两条相交直线或多段线进行倒角处理。倒角可以是等边倒角，也可以是异边倒角。倒角结构常见于机械零件上。

菜单："修改"→"倒角"或，修改工具栏第15项。

命令：倒角，CHAMFER（CHA）。

［"修剪"模式］ 当前倒角距离1=10.0000，距离2=10.0000

选择第一条直线或［多段线（P）/距离（D）/角度（A）/修剪（T）/多个（M）］：

选择第二条直线：

选项说明：

"选择第一条直线"：选择倒角的第一条直线。

"选择第二条直线"：选择倒角的第二条直线。

"多段线（P）"：对多段线倒角。输入"P"后提示"选择二维多段线"。

"距离（D）"：设置倒角距离。输入"D"后提示如下。

指定第一个倒角距离 < >：

指定第二个倒角距离 < >：

"角度（A）"：通过距离和角度来设置倒角大小。输入"A"后提示如下。

指定第一条直线的倒角长度 < >：

指定第一条直线的倒角角度 < >：

"修剪（T）"：设定修剪模式。输入"T"后提示如下。

输入修剪模式选项［修剪（T）/不修剪（N）］< >：

选择"修剪"或"不修剪"。如果为"修剪"方式，则倒角时自动将不足的补齐，超出的剪掉。如果为"不修剪"方式，则仅增加一倒角，原有图线不变。

"多个（M）"：一次性执行多次倒角操作。

【例12】 用第一距离为15mm、第二距离为15mm的倒角将直线*A*和*B*连接起来，如图5-18。

作图：

命令：倒角。

① 绘制已知图形如图5-18（a）。

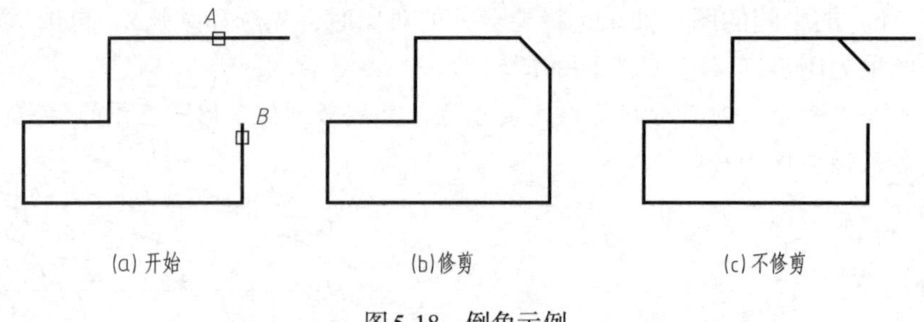

图5-18 倒角示例

② 输入命令：倒角。命令行提示：

［"修剪"模式］当前倒角距离1=15.0000，距离2=15.0000

选择第一条直线或［多段线（P）/距离（D）/角度（A）/修剪（T）/多个（M）］：（在点*A*处单击直线）

选择第二条直线：（单击直线*B*）

结果为图5-18（b）。如果为"不修剪"模式，结果为图5-18（c）。

【例13】 将图5-19中的多段线倒角。

作图：

命令：倒角。

应用“多段线”绘制图形，如图5-19（a）。

［“修剪”模式］当前倒角距离1=10.0000，距离2=10.0000

选择第一条直线或［多段线（P)/距离(D)/角度（A)/修剪（T)/多个（M)］：D↙（修改倒角距离）

指定第一个倒角距离< >：15↙

指定第二个倒角距离< >：15↙

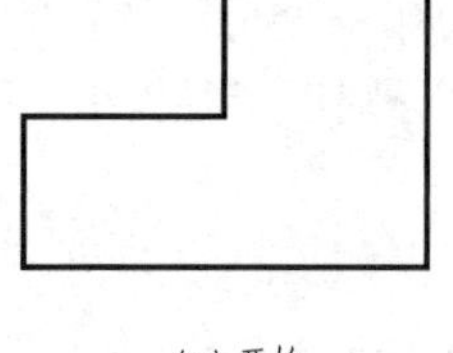

(a) 开始

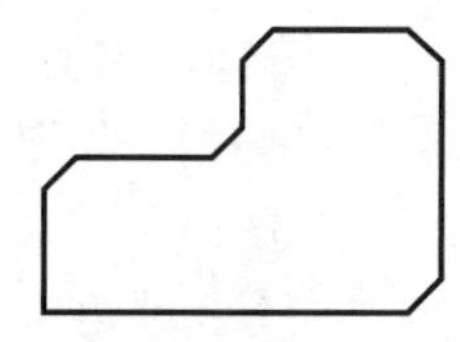

(b)结果

图5-19　多段线倒角示例

分别单击图中某一角的两条直角边，依次重复以上的操作，即可得到各个位置的相同值的倒角，结果为图5-19（b）。

提示：

① 如果设定两距离为0和“修剪”模式，可以通过“倒角”命令修剪两直线成角，而不论这两条不平行直线是否相交或需要延伸才能相交。

② 选择直线时的拾取点对修剪的位置有影响，一般保留拾取点所选范围的封闭线段，而超过倒角的线段自动被修剪。

③ 对于选择关联填充（其边界是通过直线段定义的）图形进行倒角操作时会消除其填充的关联性。如果边界通过多段线定义，则关联性将保留。

④ 与“倒角”命令相关的系统变量为倒角的距离的缺省值。

⑤ 一般常用“距离”来定位倒角，也可以利用倒角“角度”来定位倒角。

5.1.15　圆角（FILLET）

功能：圆角和倒角一样，可以直接通过“圆角”命令产生。

菜单：“修改”→“圆角”或，修改工具栏第16项。

命令：圆角，FILLET（F)。

当前模式：模式=修剪，半径=10.0000

选择第一个对象或［多段线（P)/半径（R)/修剪（T)］：

选择第二个对象：

选项说明：

“选择第一个对象”：选择倒圆角的第一个对象。

“选择第二个对象”：选择倒圆角的第二个对象。

“多段线（P)”：对多段线进行倒圆角。输入“P”后屏幕提示如下。

选择二维多段线：

“半径（R)”：设定圆角半径。输入“R”后屏幕提示如下。

指定圆角半径 < >：

“修剪（T)”：设定修剪模式。输入“T”后屏幕提示如下。

输入修剪模式选项［ 修剪（T)/不修剪（N)］<修剪>：

修剪（T)：不论两个对象是否相交，均自动进行修剪。

不修剪（N）：仅仅增加一个指定半径的圆弧。

【例14】 如图5-20，分别以半径*R*20、*R*10作矩形的圆角。

作图：

命令：圆角。

绘制矩形，如图5-20（a）。

当前模式：模式=修剪，半径=10.0000

选择第一个对象或［多段线（P）/半径（R）/修剪（T）］：R ↙（重新设定圆角半径）

指定圆角半径<10.0000>：20 ↙

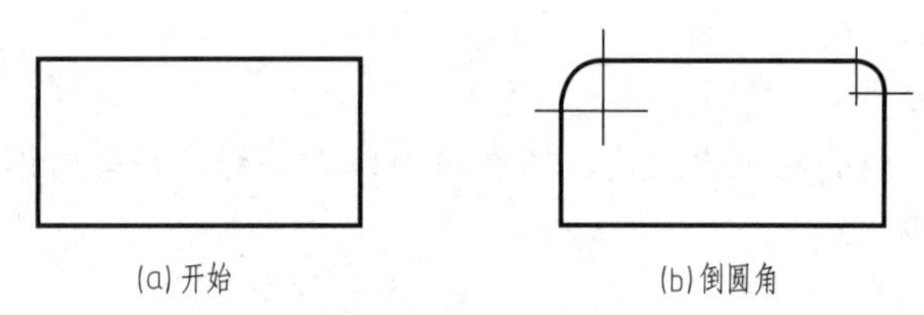

图5-20　绘制圆角示例

重复命令：圆角。

选择第一个对象或［多段线（P）/半径（R）/修剪（T）］：（分别单击直角处两条直线）

重复以上操作步骤，只是改变圆角半径为10，结果如图5-20（b）。

提示：

① 利用“圆角”命令可以使两条直线相交，只要将圆角半径设定成0，则在“修剪”模式下，不论不平行的两条直线情况如何，都将会自动准确相交。

② 如果多段线的两条直线段中间被圆弧线隔开，而且两条直线段向圆弧逼近而不发散，则以圆角代替中间的弧。

③ 对圆作圆弧连接时圆不会被修剪，仍保持完整。

5.1.16　分解（EXPLODE）

功能：多段线、矩形、正多边形、块、尺寸、填充图案等为一个整体。“分解”命令用于将这些整体的对象分解，使之变成单独的对象，便于对其进行编辑、修改。

菜单：“修改”→“分解”或 ，修改工具栏第17项。

命令：分解，EXPLODE（X）。

选择对象：

提示：对于某些对象：如文字、外部参照以及有的图块，则不能分解。多数条件下，分解一个对象通常对图形没有明显影响，但有以下例外。

① 如果原始多段线具有宽度，分解后，线宽消失，图线的形状并不改变。

② 如果分解剖面线，则填充图案转变成直线段，层、颜色、线型仍不改变。

5.2　特性编辑

AutoCAD为每个对象在创建过程中赋予了一系列特性，如颜色、图层、线型、线宽、

样式、大小、位置、视图、打印样式等。这些特性有些是共有的，有些是某些对象专有的，都可以编辑修改。特性编辑内容主要有：特性、特性匹配、特性修改等。下面介绍通过命令修改特性的方法。

5.2.1　特性

特性包括颜色控制、线型控制、线宽控制。

通过特性工具栏可以方便地设置对象颜色、线型及线宽等信息。缺省情况下，该工具栏的“颜色控制”“线型控制”“线宽控制”三个下拉列表中显示“随层（BYLAYER）”。“随层”的意思是所绘对象的颜色、线型、线宽等属性与当前层所设定的完全相同。本小节将探讨怎样临时设置即将创建的图形对象的这些特性及如何修改已有对象的这些特性。

（1）颜色控制

在特性工具栏中的“颜色控制”选项处单击右侧的小黑三角，在下拉列表中单击最下方的“选择颜色”，则弹出“选择颜色”对话框，如图5-21，在其内可以选择任一颜色。

图5-21　“选择颜色”对话框

可以通过特性工具栏的“颜色控制”下拉列表改变已有图形中对象的颜色，方法如下：

① 选择要改变颜色的图形对象。

② 在特性工具栏上打开“颜色控制”下拉列表，然后从列表中选择所需颜色。

③ 如果“颜色控制”下拉列表中的颜色不够选择，则可在“选择颜色”对话框中选择更多种类的颜色。选择后，单击“确定”按钮。

（2）线型控制

根据国家标准的规定，在绘图中通常会用到不同的线型，从系统线型库中用户可以加载所需的线型，也可以创建、保存新线型。加载所需的线型应从线型管理器中设置。

具体操作如下：

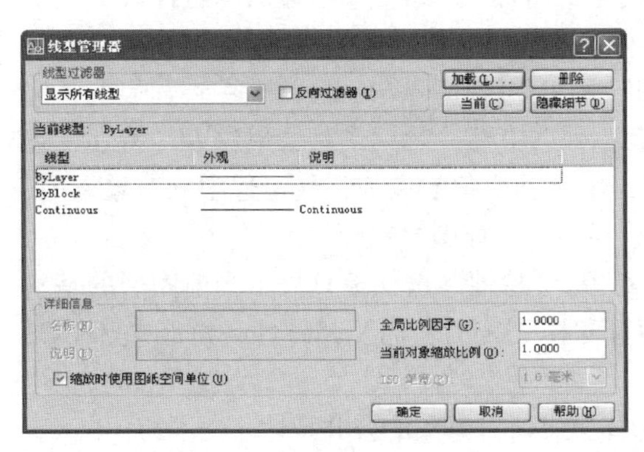

图5-22　“线型管理器”对话框

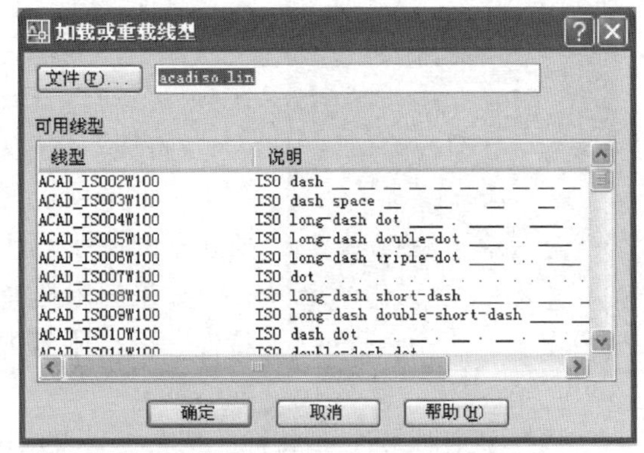

图5-23　“加载或重载线型”对话框

① 在特性工具栏中的“线型控制”选项处单击右侧的小黑三角按钮，再点击下拉列表中的“其他”，打开“线型管理器”对话框，如图5-22。

② 在“线型管理器”对话框中选择“加载”，则打开“加载或重载线型”对话框，如图5-23。在此对话框中选择所需的线型后，单击“确定”按钮，返回到“线型管理器”对话框，再次选择该线型，并单击“确定”按钮，即完成了某一线型的设置。

设置线型比例时可以在图5-22所示的“全局比例因子”栏内输入比例值。比例因子的大小可根据窗口显示再作调整。

(3) 创建新线型

线型库中的线型不能满足绘图要求时可以创建新线型。线型可分为“简单线型”和“复杂线型”。简单线型由短画线、点和空格组成。而复杂线型（地形线）只能用文本编辑器或新线型制作块快捷工具来创建编辑。

文件中的每个线型定义都由两行组成，第一行必须由“*”在首，其后是线型名和可选的文字说明。第二行是对齐方式及用相应的代码描述线型的定义，其中对齐方式只能输入字母“A”。具体操作如下：

① 在Windows窗口选择“开始”→“程序”→“附件”→“写字板”命令，打开Windows写字板。

② 选择“文件”→“打开”命令，在“文件类型”中输入“*lin”，单击“确定”按钮。

③ 写字板中输入线型定义的两行文字内容。

④ 单击“保存”按钮。再返回到“加载或重载线型”对话框中就可以看到刚刚定义的线型。单击“确定”按钮即可加载该线型。

提示： 可以利用“线型管理器”对话框中的“删除”按钮删除未被使用的线型。

(4) 线宽控制

在特性工具栏中的“线宽控制”选项处单击右侧的小黑三角按钮，即可在下拉列表中选择所需的线宽。有关线宽的问题在第9章9.1中再详细说明。

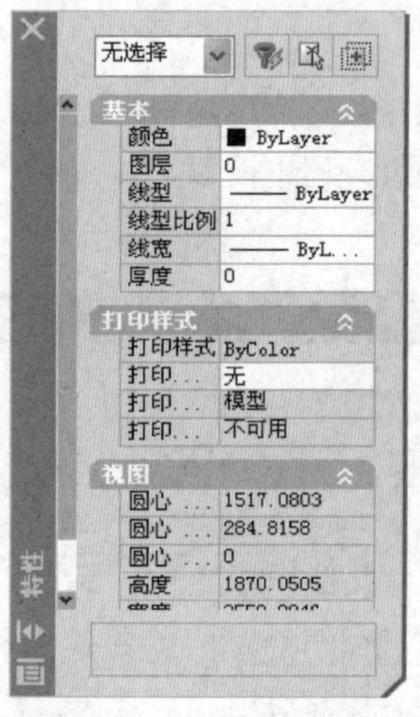

图5-24 “特性”选项板

5.2.2 特性修改

功能：显示各个对象特性的窗口，如图5-24。在此窗口中可以直观地查看各个对象的特性并修改其中可修改的特性。

菜单：“修改”→“特性”（图标见图3-4标准工具栏中的第19项，或按“Ctrl”+“1”键）。

“特性”选项板：可选中某一对象或对象集进入“特性”选项板，该选项板列出了所选对象的详细特性。选中的对象不同，所显示的特性条目有所不同，如图5-24所示。

如果尚未选择对象，“特性”选项板只显示当前图层的基本特性、图层附着的打印样式表的名称及其特性，以及关于UCS的信息。

选择多个对象时，“特性”选项板只显示选择集中所有对象的公共特性。

单击选项板上方的最右边的按钮，将弹出“快速选择”对话框。此时可以快速选择待编

辑特性的对象。

在“特性”选项板中，列表显示了所选对象的当前特性数据，其操作方式与Windows的标准操作基本相同，灰色的为不可编辑数据。选中待编辑的单元后，可以通过选项板或下拉列表或直接键入新的数据进行必要的修改，选中的对象将会发生相应的变化。该功能类似于参数化绘图的功能。

5.2.3 特性匹配

功能：把某一对象的特性复制给其他若干对象。

菜单：“修改”→“特性匹配”或，标准工具栏中的第11项（见图3-4）。

命令：特性匹配。

选择源对象：

当前活动设置：颜色、图层、线型、比例、线宽、厚度、打印、样式、文字、标注、图案填充。

选择对象或［设置（S）］：S↙

当前活动设置：图层、线型、比例、线宽、厚度、文字、标注、图案填充。

选择目标对象或［设置（S）］：

选项说明：

“选择源对象”：选择要复制其特性的对象。

“当前活动设置”：当前选定的特性匹配设置。

“选择目标对象”：指定源对象特性的接受对象，可以继续选择目标对象或按“Enter”键确认特性并结束该命令。

“设置（S）”：设置复制的特性。在此可以控制要把哪些对象特性复制到目标对象。输入该参数后，弹出图5-25的“特性设置”对话框。

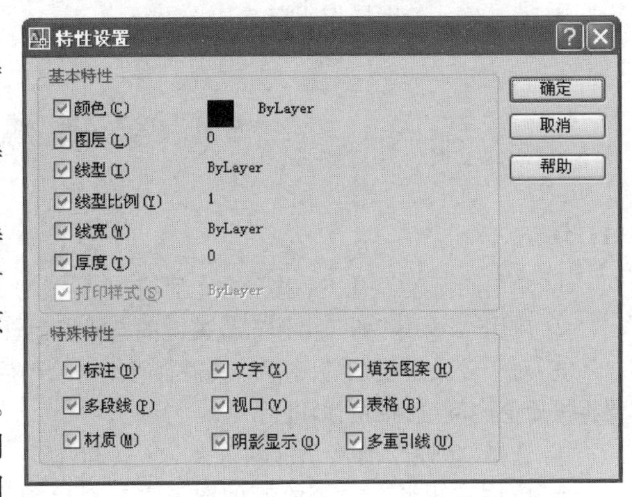

图5-25 “特性设置”对话框

在该对话框中包含了15种不同特性复选框，可以选择其中的部分或全部特性作为要复制的特性。

5.3 用夹点进行编辑

AutoCAD提供了夹点功能，用其可以方便、快捷地代替图形在编辑过程中的复制、移动、拉伸、旋转、缩放等。

5.3.1 夹点的基本概念

本章5.1节介绍的编辑方法都是先执行命令，再选择实体目标。如果想要在未启用某一

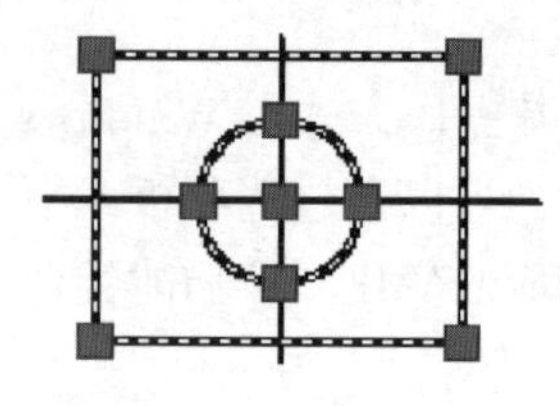
图5-26　带有夹点的图形

命令的情况下，先选择要编辑的实体目标，那么，被选择的图形实体上将出现若干个带颜色的小方框，如图5-26。这些小方框是图形实体的特征点，称为夹点（GRIPS）。

夹点有两种状态：选中夹点和未选中夹点。选中夹点是指被激活的夹点，在这种情况下，可以执行各种编辑功能；未选中夹点指未被激活的夹点。若用鼠标单击实体上的某个夹点，将看到该夹点呈高亮度显示，以区别于其他的夹点，这个夹点就是选中夹点。

夹点的功能可在“选项”对话框的“选择集”选项卡内进行设置，同时也可以对夹点的颜色和大小进行设置。

5.3.2　用夹点编辑对象

当选中某一夹点时，AutoCAD在命令行给出操作提示“**拉伸**；指定拉伸点或［基点（B）/复制（C）/放弃（U）/退出（X）］”，这时可以执行“拉伸”命令，其方法有：

① 直接按“Enter”键循环切换。

② 直接按空格键循环切换。

③ 单击鼠标右键弹出夹点快捷菜单，从中选取。

④ 直接输入绘图操作所需的某一命令。

5.4　实训练习

（1）填空

① 单击“修改”→“平移”命令后应按（　　）键。

② 应用“环形阵列”操作时最关键的选择点为（　　）。

③ 对于较大且复杂的图形，采用原值比例绘图后，当需要在规定的图幅内打印时，需要将按原值比例绘制的图形进行（　　）。

④ 选择“圆角”命令后应输入（　　）和（　　）。

⑤ 应用“矩形”命令绘制的图形需要对单独的某一边进行编辑时，应先将该矩形（　　）。

⑥“旋转”命令在输入角度值时默认按（　　）旋转。

⑦ 镜像操作时必须选择（　　），若无须保留“源对象”，应输入（　　），并按（　　）键。

（2）简答

① 修改工具栏的主要作用是什么？试举一例简要说明。

② 写出（3）“训练图样”第②题的上机操作步骤。

③ 选择“删除”命令的方法有哪些？需要删除的范围有几种选择方式？

（3）训练图样

① 绘制下列平面图形，图中未给出尺寸的可以自定（题图5-1）。

题图 5-1

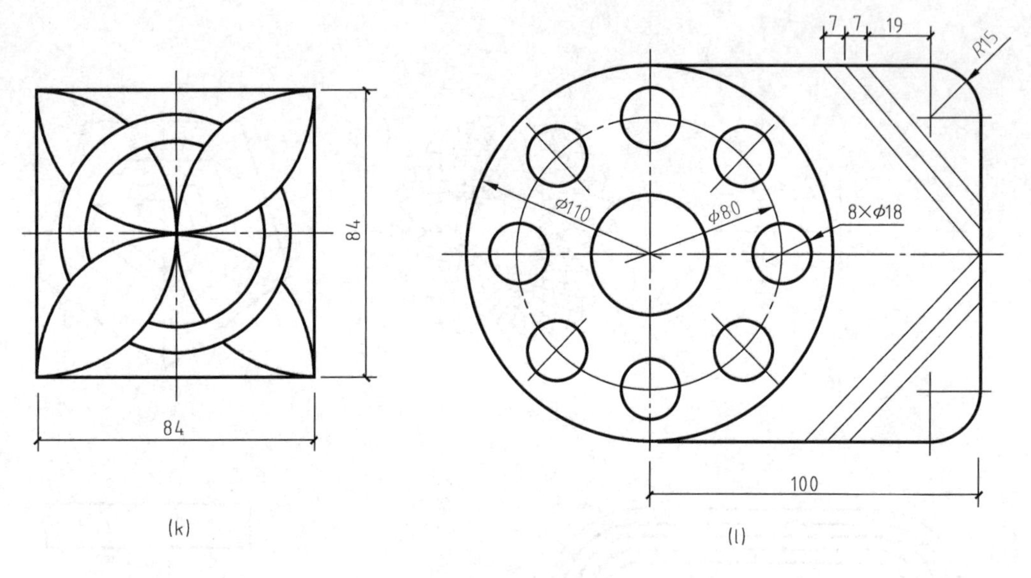

题图 5-1　平面图形

② 绘制下列图样（某房屋建筑立面图），图中已注尺寸供参考，未注尺寸的均可自行确定（题图 5-2）。

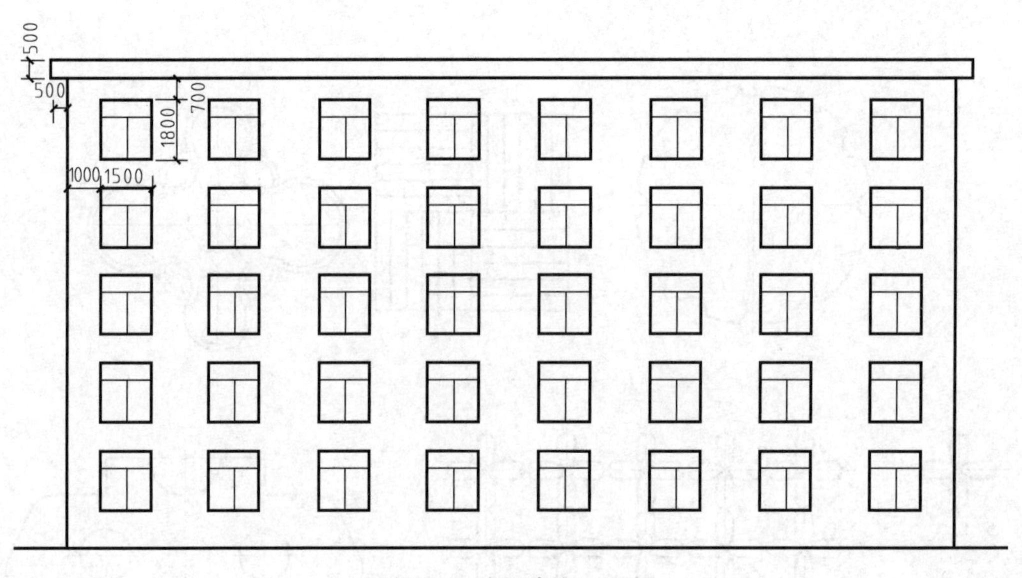

题图 5-2　房屋建筑立面图

第6章 图案填充及其操作

在绘图时，有时我们要在指定的区域内绘制相关的材料图例或填充某种图案，用来表示实体断面、材质或区分物体的表面等。AutoCAD实现这些图案的填充是非常方便的。

本章主要介绍图案填充命令BHATCH（对话框命令）、HATCH（命令行命令）的使用方法，以及图案填充的编辑、修改操作。学习控制填充图案的样式和修改填充图案的对象，并能够创建自定义的填充图案。

6.1 图案填充命令

AutoCAD的图案填充有两种方式，利用对话框进行图案填充（BHATCH）和利用命令行进行图案填充（HATCH）。

6.1.1 利用对话框进行图案填充（BHATCH）

功能：BHATCH命令是图案填充对话框的执行命令。在此对话框中可以设置图案填充的必要参数和选项，以此来完成对指定图形边界范围内填充选定的图案等。

菜单："绘图"→"图案填充"或 ，绘图工具栏第16、17项。

命令：图案填充，BHATCH（H）。

对话框：执行图案填充的命令（BHATCH）。单击菜单选项或工具栏按钮后弹出如图6-1的"图案填充和渐变色"对话框，下有"图案填充"选项卡。

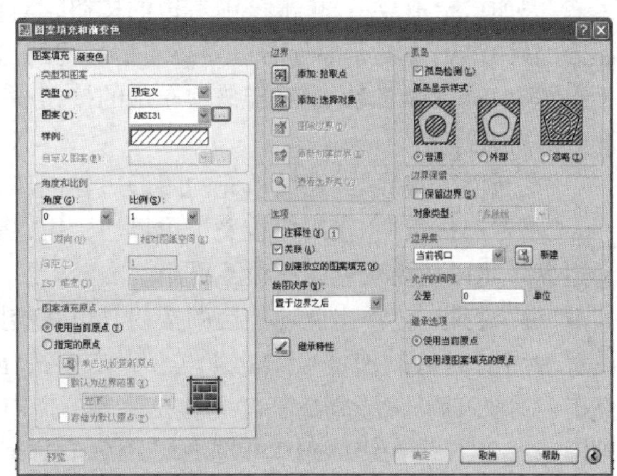

图6-1 "图案填充"选项卡

选择填充的图案：由于图形的不同区域填充的图案有所不同，所以要选择各种不同的图案来满足要求，AutoCAD提供了实体填充和数十几种可选择的图案，另外还可以自定义图案。

具体操作如下：

① 单击绘图工具栏中的“ ”按钮。

② 单击“图案”后的“ ”按钮，打开“填充图案选项板”对话框，如图6-2。在其中选择所需的填充材料图案，再单击对话框下方的“确定”，返回至图6-1的对话框。

③ 在图形中选择想要填充的部分，在键盘上按“空格”，返回到图6-1的对话框，再单击“确定”，即填充完毕。

选项说明：

“类型”：选择填充图案的类型。填充图案的类型有预定义、用户定义和自定义三种。“预定义”是指用户可选择已经在“ACAD. PAT”图案文件中定义好的图案；“用户定义”是指用户使用当前线型定义的一种线条图案，并且可以控制图线的倾斜角度和间隔；“自定义”是指用户选择定义在“ACAD. PAT”图案文件之外的其他PAT文件中的图案。在某些设计中，可能会有一些专用的填充图案，用户可以将其定义为PAT格式的文件，并且可以把这些文件加到AutoCAD目录下的SUPPORT目录中，这样就可以用“自定义”类型使用这些图案。

图6-2 “填充图案选项板”对话框

“图案”：该下拉列表框显示当前的图案名称。点击其右侧向下的箭头会列出图案名称列表，可以从中选择一种需要的图案名称，或者点击右侧带有“ ”的按钮，弹出如图6-2的“填充图案选项板”对话框，即可直观地选择需要图案。

“样例”：选择显示的图案样式。点击显示的图案样式，同样可以弹出如图6-2的“填充图案选项板”对话框。在该对话框中，不同的页显示相应的图案，双击某图案或单击该图案后点击“确定”按钮即可选择该图案。

“自定义图案”：只有在“类型”中选择了“自定义”后，该项才是可选的。当CAD中的图案样例未有可选项时，可自行绘制图案，并保存备用。

“角度”：设置填充图案的角度。可以通过下拉列表选择，也可以直接输入角度。

“比例”：设置填充图案的大小比例系数。

“添加：拾取点”：单击该项左边的按钮，对话框消失，回到工作界面，选择想要填充的部分。（注：想要填充部分的边界必须是封闭的。）

“添加：选择对象”：单击该项左边的按钮，对话框消失，回到工作界面选择想要填充的部分的所有边界。

“重新创建边界”：在欲填充的图形边界创建多段线或面域，并选择“关联”项。

“查看选择集”：在用户定义了边界后，可以利用该按钮来查看选取的边界。如果没有定义边界，此按钮为灰色，此项不可用。

“继承特性”：单击此项前边的按钮，可在绘图区选择已有的图案填充，并将此项及属性设置为当前，从而加快绘图的速度。点击该按钮后，命令窗口提示“选择关联填充对象”；点击已有的图案后，命令窗口继续提示“选择内部点”；指定填充区域内的一点后，再按回车键或单击右键在快捷菜单中选择“确认”回到对话框，然后点击对话框中的“确定”按钮，完成图案继承的操作。

“选项”区：控制常用的图案填充或选项。

①“关联”：控制图案填充的关联。

②“创建独立的图案填充”：当指定了几个独立闭合边界时，提示创建单一图案填充，还是创建多个图案填充。

③“绘图次序”：指定图案填充的顺序，包括相对所有对象“后置”“前置”和“置于边界之前”“置于边界之后”。

“孤岛”区：孤岛选项区具有普通、外部、忽略三个样式，使用“普通”填充样式进行填充将不填充孤岛，但孤岛中的孤岛仍将被填充，如图6-3。

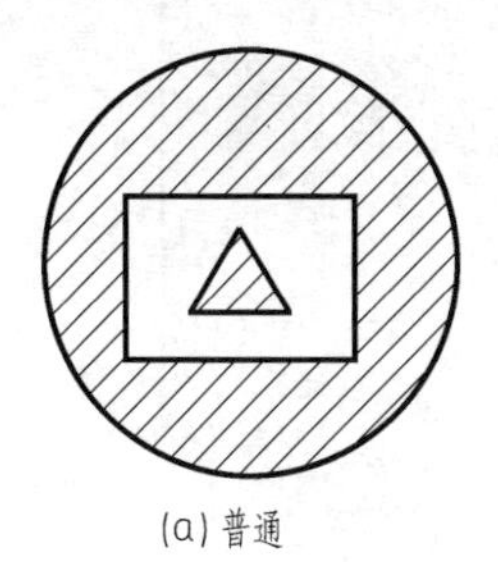

(a) 普通

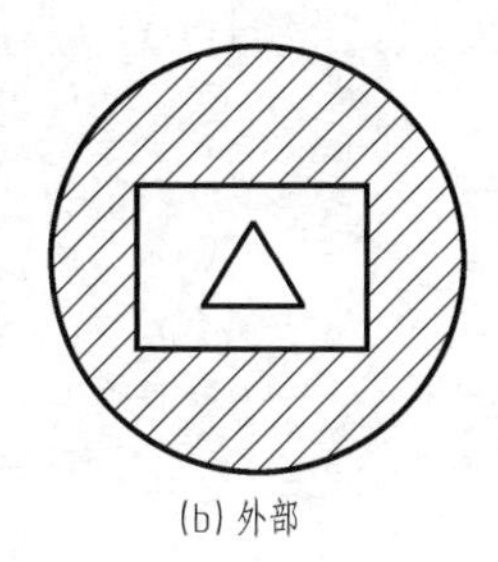

(b) 外部

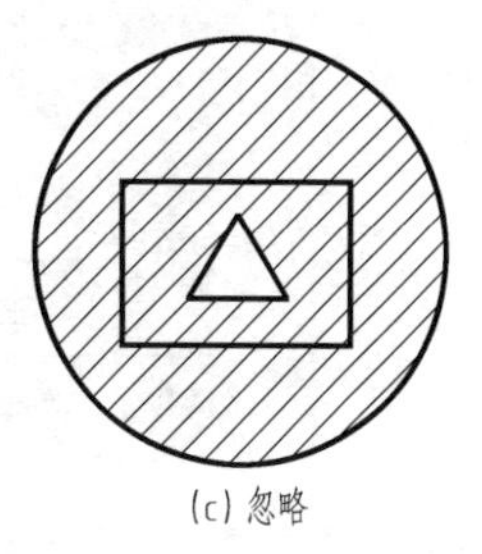

(c) 忽略

图6-3　图案填充示例

①“普通”：此方式是AutoCAD的缺省选项。即从图形的最外层区域开始隔层绘制图案，如图6-3中的（a）所示。

②“外部”：此方式是只绘制图形区域的最外层的图案，如图6-3中的（b）所示。

③“忽略”：此方式是将忽略图形区域最外层内的所有内部边界，而在最外层边界之内全部填充图案，如图6-3中的（c）所示。

“对象类型”：控制保留边界的类型是多段线或面域。该选项只有在选中了保留边界的复选框时才有效。

“保留边界”：此复选框控制是否在图案填充时保留其边界。

“边界集”区：此选项的作用是在图中的所有实体中选取一组作为用“拾取点”方式定义的边界，把它作为AutoCAD分析的边界对象，这样可以加快图案填充速度。此选项对使用“选择对象”方式无效。

【例1】 如图6-4，绘制断面图中断面符号的填充示例。图案名为“ANSI31”，比例为“1”。

作图：

① 绘制图形，单击绘图工具栏中“图案填充”按钮，弹出“图案填充和渐变色”对话框，选择图案名为“ANSI31”，比例为1，然后点击“拾取点”按钮回到绘图界面。

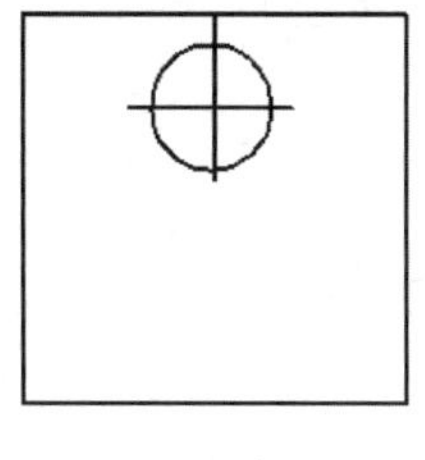

(a) 开始

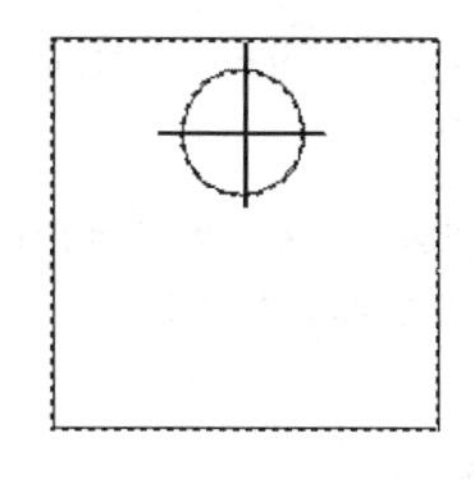

(b) 拾取点

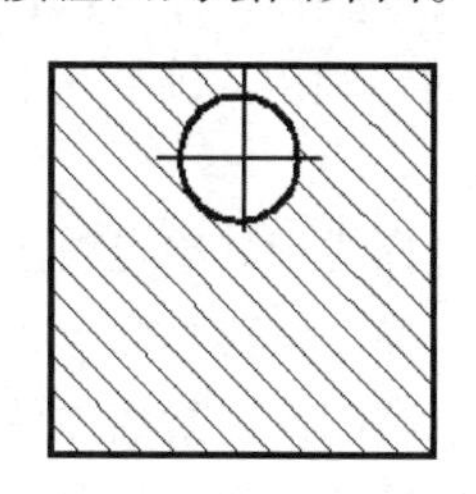

(c) 结果

图6-4　填充图案示例

② 在需要绘制剖面线的区域内任意拾取一点，按回车键或单击右键在快捷菜单中选择“确认”返回对话框，在“图案填充和渐变色”对话框中点击“确定”按钮，结果如图6-4（c）。

另外，也可以创建渐变填充。渐变填充可以在一种颜色的不同灰度之间或两种颜色之间使用过渡。渐变填充可用于增强演示图形的效果，使其呈现光在对象上的反射效果，也可以用作徽标中的有趣背景。用户可通过“图案填充和渐变色”对话框中的“渐变色”选项卡的属性设置渐变填充。图6-5为“渐变色”选项卡。

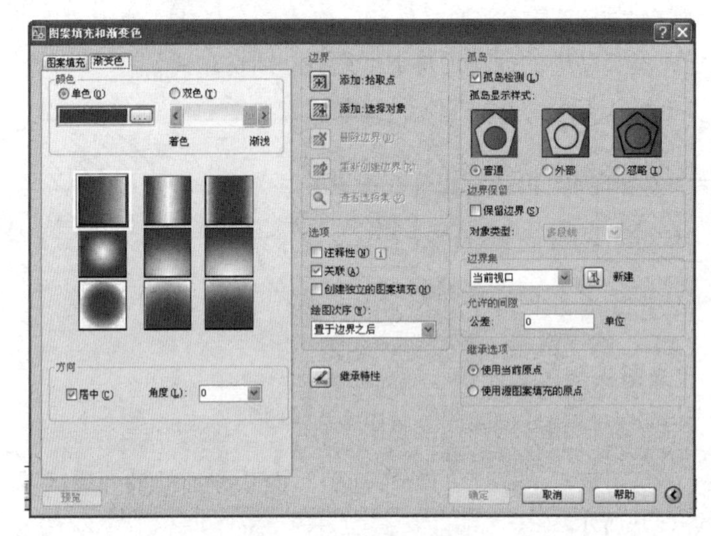

图6-5 “渐变色”选项卡

选项说明：

“单色”：指定使用从较深色调到较浅色调平滑过渡的单色填充。选择“单色”时，单击“...”按钮，可以选择不同的颜色。

“双色”：指定在两种颜色之间平滑过渡的双色渐变填充。选择“双色”时，AutoCAD分别为颜色1和颜色2，单击颜色1和颜色2右侧的“...”按钮，分别可以选择并改变其颜色。

“着色”“渐浅”：指定渐变填充的颜色的深或浅。将鼠标按住滑动条左右拖动或连续单击滑动条两侧的按钮，均可以改变填充颜色的深浅。

“居中”：指定对称的渐变配置。如果没有选定此选项，渐变填充将朝左上方变化，创建光源在对象左边的图案。

“角度”：指定渐变填充的角度。相对当前UCS指定角度。此选项与指定给图案填充的角度互不影响。

其余各选项与“图案填充”选项卡的对应项功能相同。

【例2】 利用“渐变色”选项卡完成如图6-6的图案填充。

作图：

① 选择线型（单点长画线）绘制定位线，并绘制外圆。

② 选择“偏移”命令，偏移内圆，偏移距离设为“10”。

③ 绘制图案元素的左侧。

④ 选择“镜像”命令，完成图案元素。

⑤ 选择“绘图”工具栏中的“渐变色”命令，对其进行填充。

⑥ 选择“阵列”命令，利用“环形阵列”命令将图案元素阵列为相同的八个。

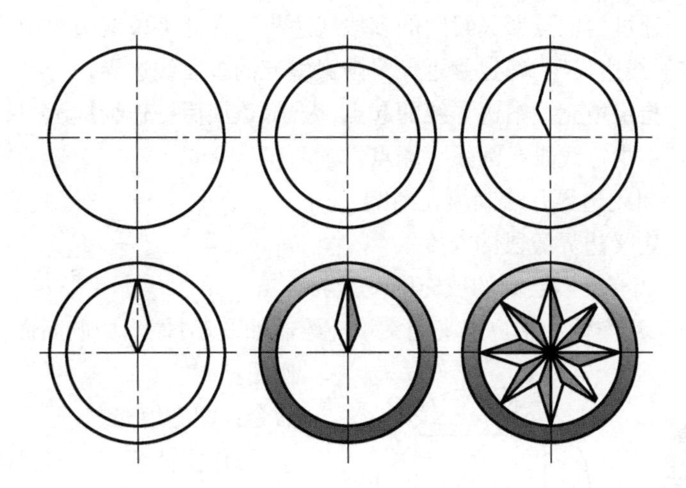

图6-6　用“渐变色”选项卡作图

6.1.2　利用命令行进行图案填充（HATCH）

功能：HATCH命令可以完成图案填充，但是其所有的参数设置均要在命令行的提示下完成，故其直观性较差。HATCH命令只创建非关联的图案填充，它对于填充非封闭区非常有效。

菜单：“绘图”→“图案填充”。

命令：图案填充。

输入图案名或［?/实体（S)/用户定义（U)］<ANSI31>：选择《建筑制图标准》规定的“普通砖”(图案）材料样例（输入图案名）↙

指定角度（G）<0>，则图案线自右上向左下倾斜45°；若输入<90>，则图案线自左上向右下倾斜45°。

指定图案比例（S）<1>：若输入大于1的值，则使图案线间距加大；反之，间距减小。

填充图案时，可选择<添加：拾取点>或<添加：选择对象>，进行一次或多次填充图案。(选择图案填充的边界)

选择对象：

是否保留多段线边界？［是（Y)/否（N)］<N>：Y↙

指定起点：(指定填充图案边界线的起点)(选择该项后，连续提示指定剩余边界)

指定下一点或［圆弧（A)/闭合（C)/长度（L)/放弃（U)］：↙

选项说明：

“图案名”：输入填充图案的名称。

“?”：列出图案的名称

“实体（S)”：使用SOLID图案进行实心填充。

“用户定义（U)”：使用用户自定义的图案填充。缺省图案为平行线。

“指定图案比例”：输入比例因子。

“指定图案角度”：输入图案的旋转角度值。

“选择定义填充边界的对象”：选择图案填充的边界。

“直接填充”：通过拾取点形成封闭的多段线边界，在此多段线边界中填充图案。

“是否保留多段线边界”：确定是否保留图案填充的多段线边界。

“指定起点”：指定填充图案边界线的起点。选择该项后，连续提示“指定下一点”。

“指定下一点”：指定线段或圆弧一端点。

“闭合（C）”：封闭边界并绘制填充图案。

“长度（L）”：定义边界线段的长度。

“放弃（U）”：放弃已经绘制的填充图案边界。

【例3】 分别采用实体和用户定义图案填充绘制如图6-7图形中的断面符号。

(a) 使用实体填充

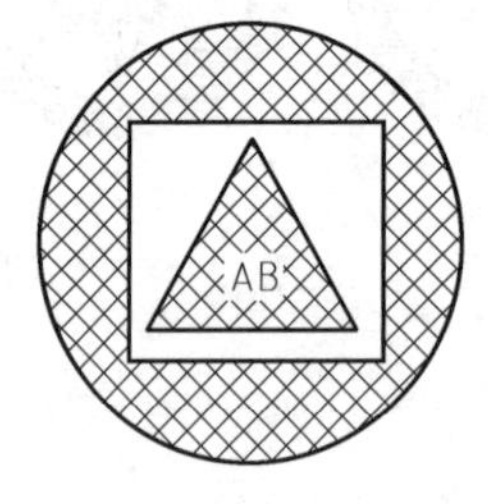

(b) 使用用户定义填充

图6-7 利用命令窗口填充图案示例

作图：

命令：图案填充。

① 使用实体填充，如图6-7（a）。

输入图案名或［? /实体（S）/用户定义（U）］<ANGLE>：S ↙

选择定义填充边界的对象或 <直接填充>：

选择对象：指定对角点：找到4个

选择对象：↙（结束选择）

由于填充对象可向图形中添加很多的线条，因此，选择了边界后，在填充之前可预览。

② 使用用户定义填充，如图6-7（b）。

输入图案名或［? /实体（S）/用户定义（U）］<SOLID>：U ↙

指定十字光标线的角度 <0>：45↙（指定图案角度45°）

指定行距 <命令行>：10↙（指定填充平行线间距为10单位长度）

是否双向填充区域？［是（Y）/否（N）］<N>：Y↙（指定为双向填充）

选择定义填充边界的对象或 <直接填充>

选择对象：指定对角点：找到4个［选择如图6-7（b）的边界］

选择对象：↙（结束选择）

6.1.3 匹配已存在的填充图案

除了指定一个填充图案外，还可以使新的图案与图形中一个已存在的填充图案匹配。匹配已存在的填充图案的步骤如下：

① 单击“图案填充和渐变色”对话框右部的“继承特性”按钮。

② 选择一个关联的填充图案对象。

③ 根据提示，在要添加填充图案的区域内部选取一点即可完成。

6.2 编辑图案填充

功能：编辑图案填充（HATCHEDIT）命令可以对绘制完的填充图案继续编辑。利用编

辑图案填充命令可以修改填充图案的所有特性。

菜单：“修改Ⅱ”→“编辑图案填充”。

6.2.1　修改填充边界

使用HATCHEDIT命令，可以修改已有的填充对象。调用HATCHEDIT命令，可以使用以下几种方法：

① 从“修改Ⅱ”工具栏中，单击“编辑图案填充”按钮，如图6-8。

② 选择“修改”→“对象”→“图案填充”命令，如图6-9。

图6-8　调用HATCHEDIT命令

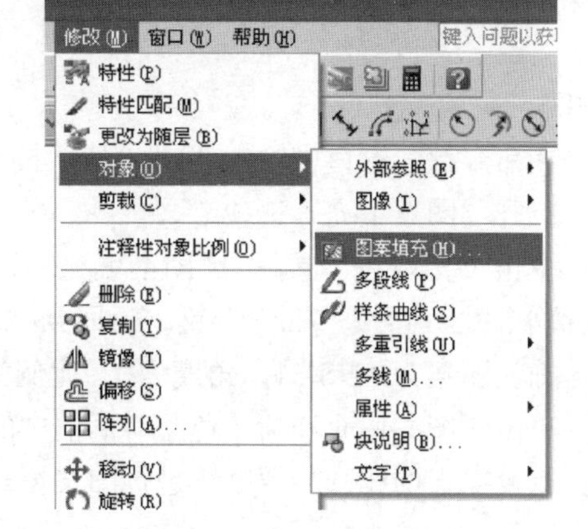

图6-9　在“修改”菜单下调用HATCHEDIT命令

③ 在命令行命令提示下，输入HATCHEDIT，然后按 ↙。

④ 选中要编辑的填充图案，单击右键，选择“重复图案填充”命令，如图6-10。

⑤ 双击要编辑的填充图案。

调用HATCHEDIT命令，将显示“图案填充编辑”对话框，如图6-11。可以看出，完成后的这个对话框与“图案填充与渐变色”对话框的区别仅仅是后者定义填充边界的控制项不起作用。

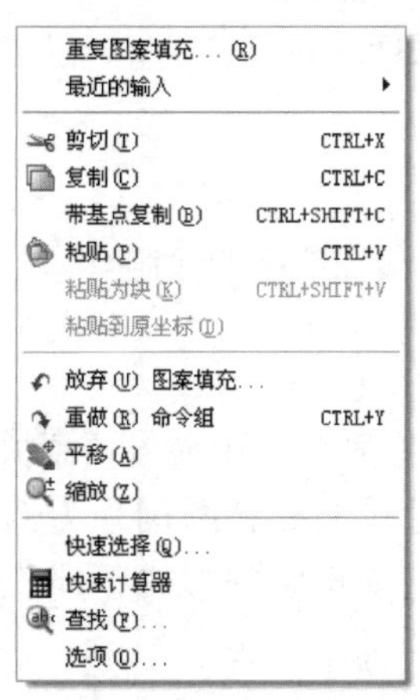

图6-10　单击右键调用HATCHEDIT命令

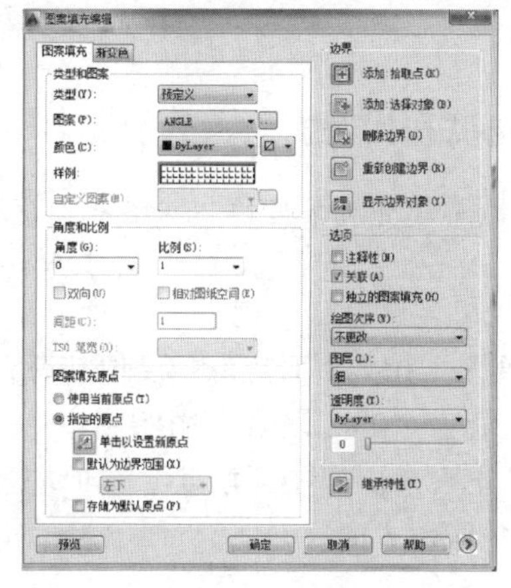

图6-11　“图案填充编辑”对话框

如图6-8，从左至右各命令为：显示顺序、编辑图案填充、编辑多段线、编辑样条曲线、编辑属性、块属性管理器、同步属性、数据提取。

如图6-12的图形，从图中可以看出，关联图案填充和图形边界密切相关，而不关联的图案填充和边界无关，成为一个独立的对象。

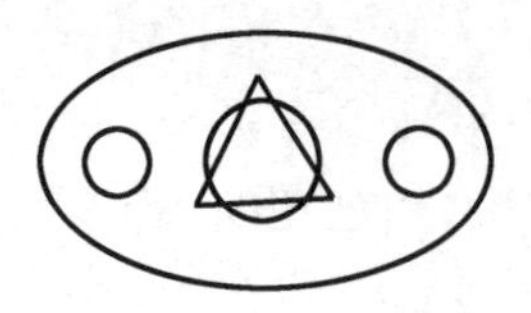
(a) 开始

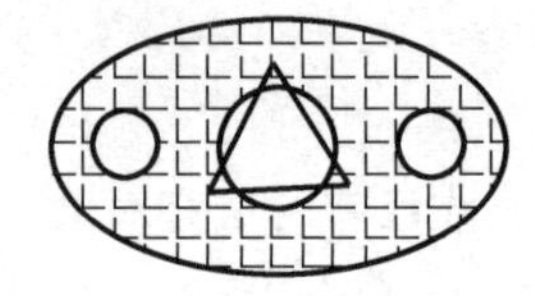
(b) 关联图案填充的结果

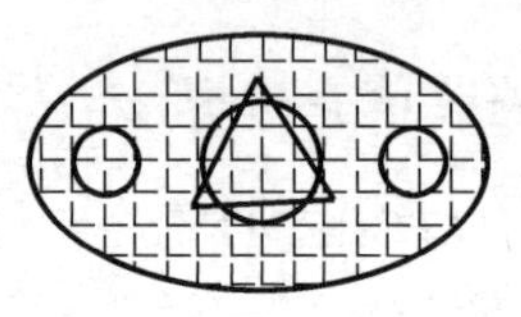
(c) 不关联图案填充的结果

图6-12 关联和不关联图案填充示例

【例4】 对图6-13的图形进行图案填充，选择不同的材料图例对图形的上、下部分进行填充。

作图：

① 在命令提示窗口中输入“H”，然后按回车键。

② 打开“图案填充”选项卡。

③ 单击“拾取点”按钮，“图案填充和渐变色”对话框消失，选择图6-13中标记的*A*、*B*点的部分，之后再按“Enter”键，返回到“图案填充和渐变色”对话框。

④ 确认图案为ANSI31，角度为0，比例为1。

⑤ 单击“图案填充和渐变色”对话框中的“确定”按钮，完成图案填充，如图6-13。

⑥ 重复以上的作图步骤继续进行图案填充完成下部分填充。

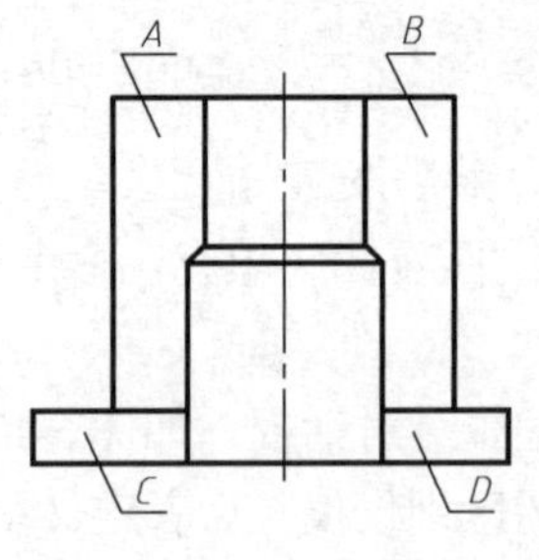

(a) 选择填充区域

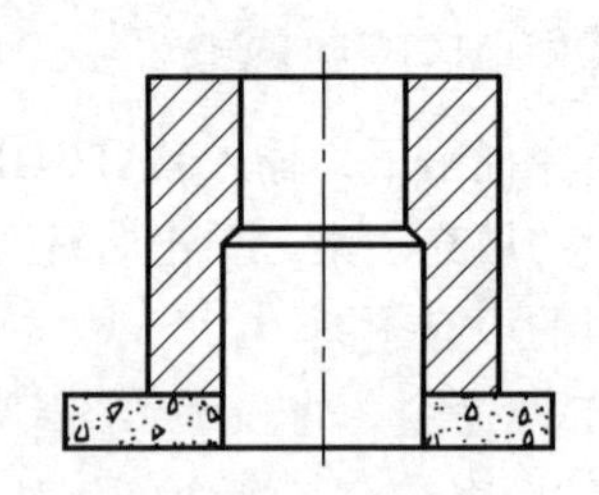
(b) 图案填充

图6-13 不同材料图例的图案填充

6.2.2 角度和比例

在“图案填充和渐变色”对话框中有两项直接影响着图案选项的绘制。

(1) 角度

“角度”下拉菜单对应的角度值共有24项可选，也可在默认栏中输入任意值，各图案常用的默认值为“0”。以最常用的图案——ANSI31（普通砖的材料图例）为例，如图6-13（b）上部分填充；若在“角度”选项中选择“90”，则为图6-14的形式，即改变材料图例（45°线）的倾斜方向。

(2) 比例

“比例”下拉菜单对应的比例值共有8项可选，可在默认栏中输入任意值，通常默认值为“1”。如选择大于1的值，图案样例被放大，样例部分间距稀疏，如图6-15（a）；选择小

于1的值，图案样例被缩小，样例部分间距密集，如图6-15（b）。

角度和比例设置时还可以任意输入需要的、对图案填充合适的值。

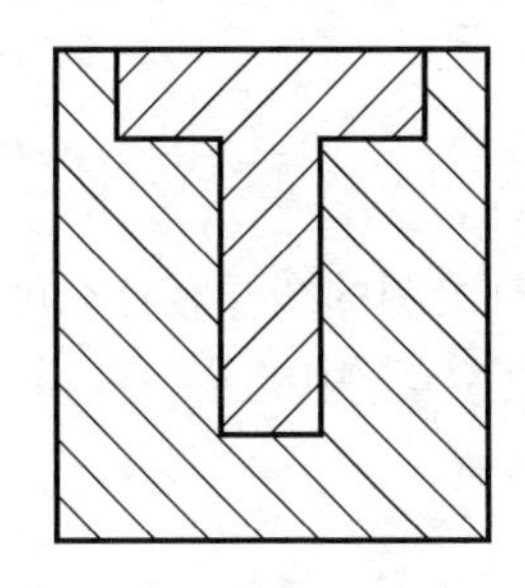

图6-14　不同倾斜方向的图案填充

(a) 比例值为3

(b) 比例值为0.9

图6-15　不同比例选项的图案填充

6.2.3　分解填充图案对象

无论填充的图案多么复杂，通常情况下它们都是一个整体，即以一个图块的形式出现。

一般情况下不可以对其中的某一图线单独进行编辑，如果需要对其进行编辑，必须首先对其进行分解，分解后的填充图案为各自独立的实体，这时才能进行必要的编辑或修改操作。

选择“修改”→“分解”命令，或者在命令提示下输入“EXPLODE”，然后按↙（回车键），即可以调用EXPLODE命令删除填充边界的关联性，并将填充的对象转换为单独的直线条，失去了原来作为一个整体的优越性。这些单独的线条仍保留在原来创建填充图案对象的图层上，并且保留原来指定给填充对象的线型和颜色设置。

分解填充图案对象的步骤如下。

① 选中要分解的填充图案对象，从图6-16中可以看出填充图案对象现在是一个整体。

② 选择“修改”→“分解”命令。

③ 再选中填充图案对象，如图6-17，可以看出填充图案对象已经转换为单独的直线条，这时可以对其进行编辑或修改。

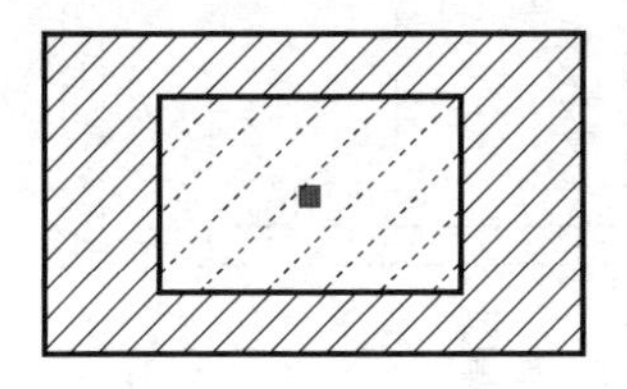

图6-16　选择填充图案对象

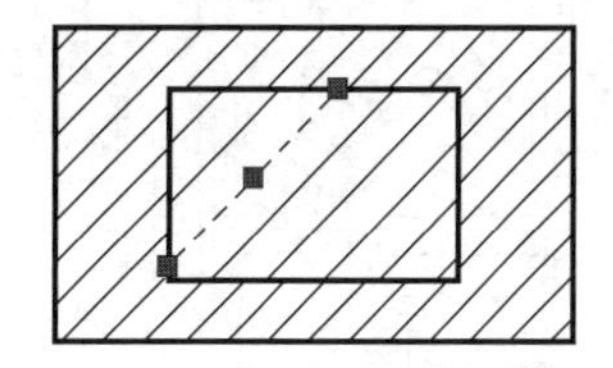

图6-17　选择分解的填充图案对象

6.3　实训练习

(1) 填空

① 单击“图案填充”命令后应弹出（　　　　　　　　）对话框。

② 图案填充（　　　　　　　）分解。

③ 绘制图案填充时应选择（　　　　　　　　）线宽，并应注意调整（　　　　　），使得所填充的图案样式符合国家标准的相关规定。

④ 一般不指出材料时，通常选择的图案样例为（　　　　　）；需要改变其方向时应在（　　　　　）选项中输入（　　　　　）。

⑤ 选择“拾取点”进行图案填充时，图形的边界必须（　　　　　）。

（2）简答

① 应用“图案填充”命令时，选择命令中的“关联”与否对绘制的图样有什么区别？

②“图案填充”命令主要功能是什么？请选择“（3）训练图样”中的某一题说明其操作步骤。

③ 匹配已存在的填充图案的步骤是什么？

（3）训练图样

① 利用“图案填充”命令设计绘制一幅新年贺卡（尺寸：长255mm，宽195mm）。

② 绘制如题图6-1所示装饰平面图，没有尺寸的饰物可以自定尺寸绘制。

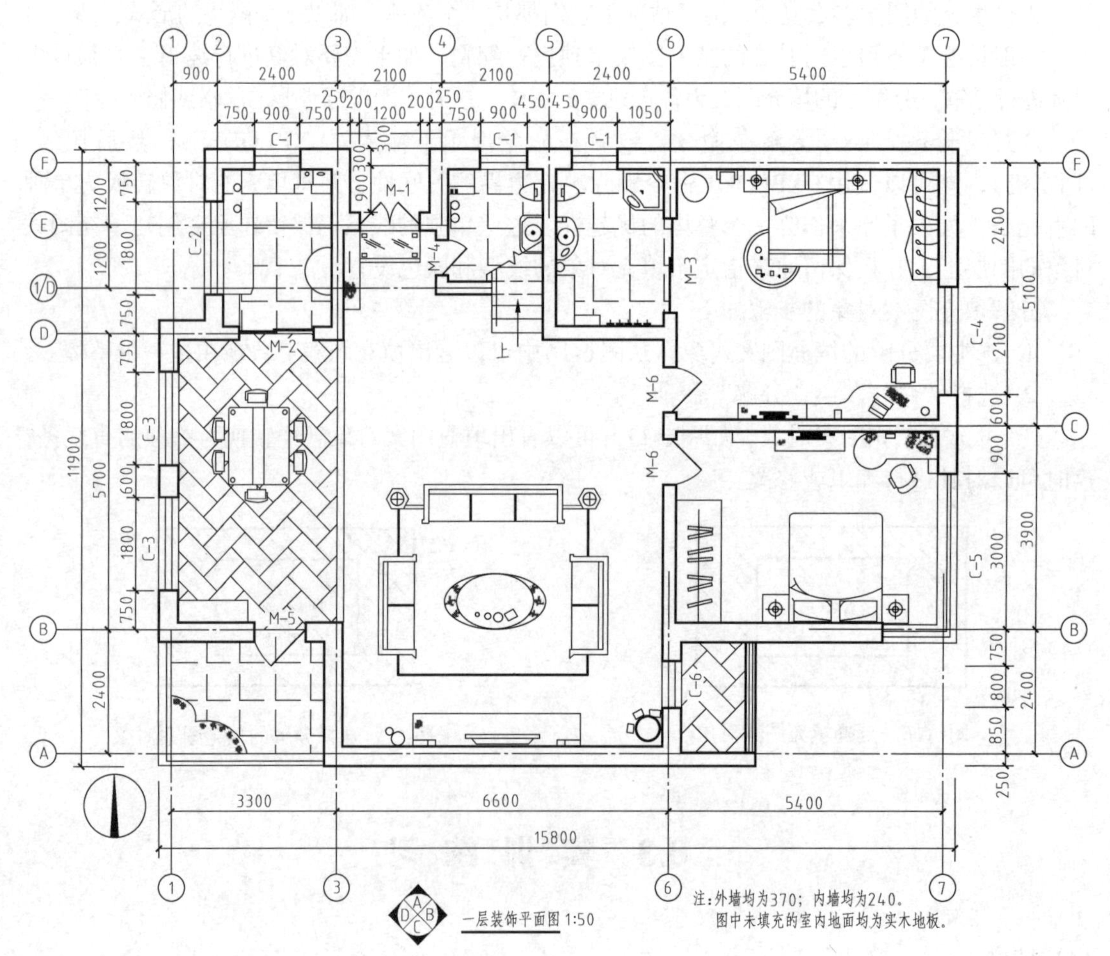

题图6-1　装饰平面图

第7章　图形的尺寸标注

尺寸标注是工程图样中的一项重要内容，它能准确无误地反映物体的形状、大小和相互位置关系，是实际施工和生产的重要依据。AutoCAD提供一套完整、灵活的标注系统，可以为各类对象创建标注，达到方便、快速地以一定格式创建符合工程设计标准的尺寸标注的目的。

尺寸标注是一项细致而烦琐的工作，正确的尺寸标注为施工和生产的顺利进行提供了可靠的保证。

本章介绍尺寸标注的基本方法及如何在图样中控制尺寸标注的配置，并通过工程图样实例说明怎样建立及编辑各种类型工程图样的尺寸系统以及标注。

7.1　尺寸标注的主要命令

尺寸标注的主要命令如图7-1。

图7-1　标注工具栏

介绍比较常用的标注命令（其他标注命令略）。

“线性标注”：标注水平或垂直方向上的尺寸。

“对齐标注”：标注斜线、斜面上的尺寸，其尺寸线与所标注的斜线或斜面相互平行。

“弧长标注”：标注圆弧的弧长尺寸。

“坐标标注”：标注坐标尺寸，沿指定点引一线标注X与Y的坐标。

“半径标注”：标注圆弧的半径。

“折弯标注”：标注较大半径的圆弧尺寸，沿指定圆弧单击一次后，再在指定折弯位置单击一次。

“直径标注”：标注圆或圆弧的直径。

“角度标注”：测量两条直线或三个点之间的角度，还可以通过指定角度顶点和端点标注角度。

“快速标注”：快速生成一系列尺寸标注。

“基线标注”：以某一线作为基准，其他尺寸都按照该基准进行定位。

“连续标注”：连续标注的尺寸首尾相连（ 除第一个尺寸线和最后一个尺寸线外），前一个尺寸的第二条尺寸界线就是后一个尺寸的第一条尺寸界线。

“圆心标记”：用于标记圆或圆弧的圆（弧）心。可以在选择了圆或圆弧后，自动找到圆心并进行指定的标记。

标注显示了所绘制图样的大小、角度或特征。AutoCAD提供了最常用的3种基本的标注类型：线性、半径和角度。标注可以是水平、垂直、对齐、旋转、坐标、基线或连续等标注。图7-2中列出了几种标注的形式（采用机械制图规则标注）。

由于AutoCAD自动测量尺寸大小，所以最好采用1∶1的比例绘图，绘图时无须换算，在标注尺寸时也无须再键入尺寸数值，待最后修改全图比例时调整比例因子即可。

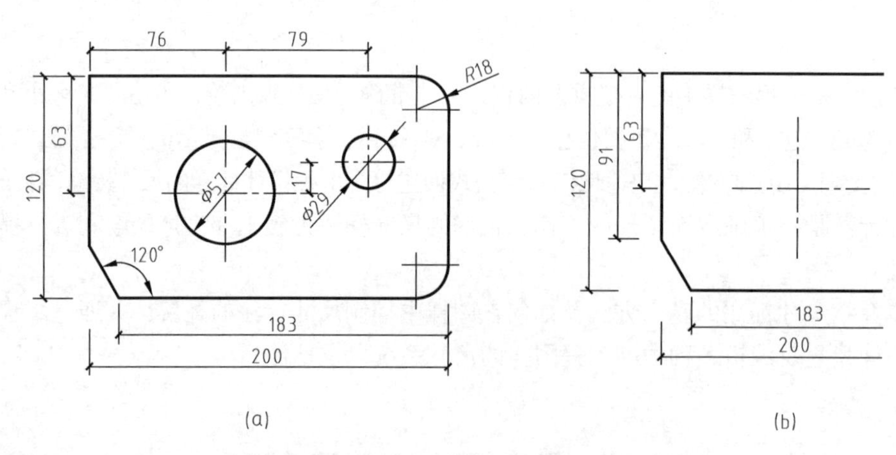

图7-2　尺寸标注示例

说明：

（1）各类尺寸

图7-2（a）中长度方向的76、79、183，及宽度方向的63、17均为定位尺寸（确定图形中某些结构形状相对于另一位置的尺寸）。长200、宽120为图形的总体尺寸；ϕ57、ϕ29为直径尺寸；R18为半径尺寸；120°为角度尺寸。直径、半径、角度等均为定形尺寸（确定形体形状大小的尺寸）。(未注明单位默认为mm)

（2）尺寸的配置

对于一个图形，虽然包含多种标注形式，但标注时应该根据国家标准的相关规则，确定哪些部件（结构）需要标注、怎样标注、标注在什么位置，一般应以用最少的尺寸段能够表达清楚为原则，从而使标注的尺寸达到正确、完整、清晰、合理的基本要求。

在不同的图样中，根据形体不同的形状和结构特征来配置尺寸，标注的位置是灵活的，应以清晰、易读为原则。建筑制图中一般避免标注倾斜线的尺寸，例如图7-2（a）中的左下角，倾斜线的位置是依据长183、角度120°定位的。也可以采用图7-2（b）的方式标注，这样形式的标注是比较常用的。

7.2 创建尺寸标注样式

7.2.1 创建尺寸标注的步骤

创建尺寸标注样式一般应作三项设置：

① 单独设置尺寸标注的图层。

② 创建尺寸标注的“文字样式”。

③ 创建尺寸标注的“标注样式”。

尺寸的外观形式称为尺寸样式。创建尺寸样式的目的是保证标注在图形上的各个尺寸形式相同、字体一致。各项目对应的尺寸要素设置（建筑制图）如表7-1。

表7-1 尺寸要素设置表

项目代号	类　别	项目名称	设置新值
1	直线(尺寸线、尺寸界线)	起点偏移量	2mm
		超出尺寸线	3mm
2	符号和箭头	第一个	建筑标记或箭头(实心闭合)
		第二个	建筑标记或箭头(实心闭合)
		箭头大小	起止符号(建筑标记)为2.5mm,箭头(实心闭合)为5mm
3	文字	文字样式	Standard
		文字字体	“数字”,选“romand.shx”
		文字高度	3.5mm或5mm
		宽度比例	0.7
		从尺寸线偏移	1.5mm
4	调整	各项	默认(缺省)状态
5	主单位	精度	0(标高例外,应设0.000)
		比例因子	根据图样比例而定

提示：表7-1中所列出的尺寸在最终打印时有比较好的图面效果，而绘图时各尺寸要素值需要结合绘图比例才能获得最终打印效果。例如，最终出图比例是1∶100，必须将所有的要素值扩大100倍，也可以将“主单位”栏内的“比例因子”值改为“100”。

图7-3（a）为建筑图样尺寸要素，图7-3（b）为机械图样尺寸要素，两者不同之处主要在于尺寸起止符号为斜线还是尺寸箭头。

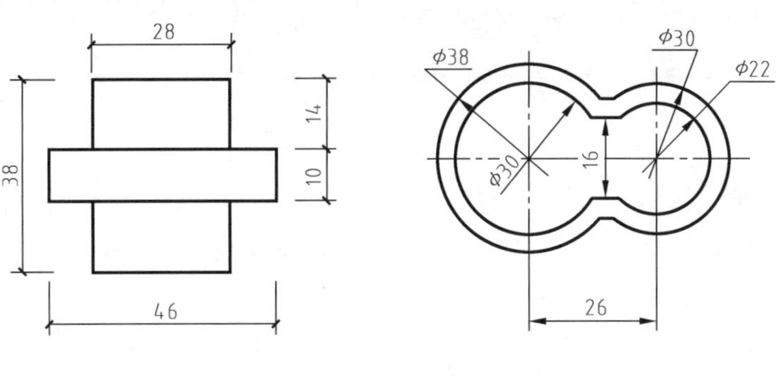

(a) 建筑图样尺寸要素　(b) 机械图样尺寸要素

图7-3 尺寸要素的设置

7.2.2 设置新的尺寸样式

① 菜单上点击“格式”→“标注样式”，打开“标注样式管理器”对话框，如图7-4。通过此对话框可以命名新的尺寸样式或修改样式中的尺寸变量。

标注样式是依据标注设置完成的，它是绘图的重要工作之一。

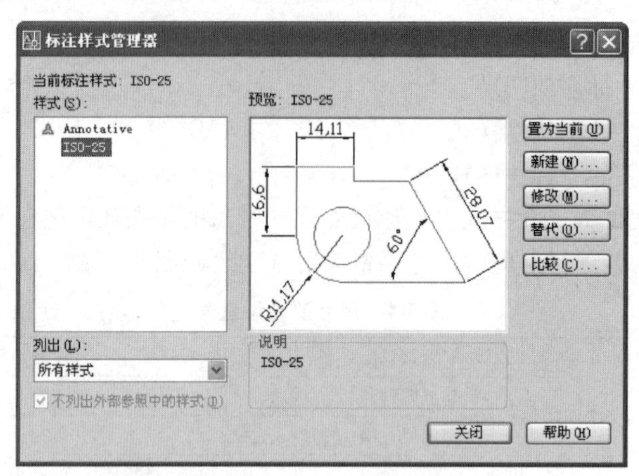

图7-4 “标注样式管理器”对话框

② 单击“新建（N）...”按钮，出现“创建新标注样式”对话框，如图7-5。

在“新样式名”文本框内输入样式名称。

在“基础样式”下拉列表中指定某个尺寸样式作为新样式的副本，则新样式将包含副本样式的所有设置。

在“用于”下拉列表中设定新样式控制尺寸类型，“所有标注”指新样式将控制所有类型的尺寸。

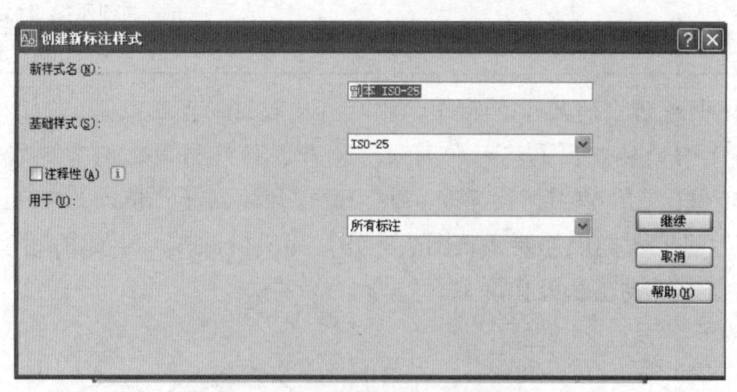

图7-5 “创建新标注样式”对话框

③ 单击“继续”按钮，出现“新建标注样式”对话框，如图7-6。该对话框有7个选项卡，通过这些选项卡用户可以设置各个尺寸变量。设置完成后，单击“确定”按钮，即可以得到一个新的尺寸样式。

④ 在“线”选项卡内，可作如下设置：在“尺寸界线”区域内，将“超出尺寸线”设置为“3”，“起点偏移量”设置为“2”。此时，“线”选项卡内的设置结果如图7-6。

⑤ 在“符号和箭头”选项卡内，单击“第一个”“第二个”箭头样式下拉列表，选择

“建筑标记”或“倾斜”。在“箭头大小”文本框内，设置箭头长度为“2.5”，如图7-7。

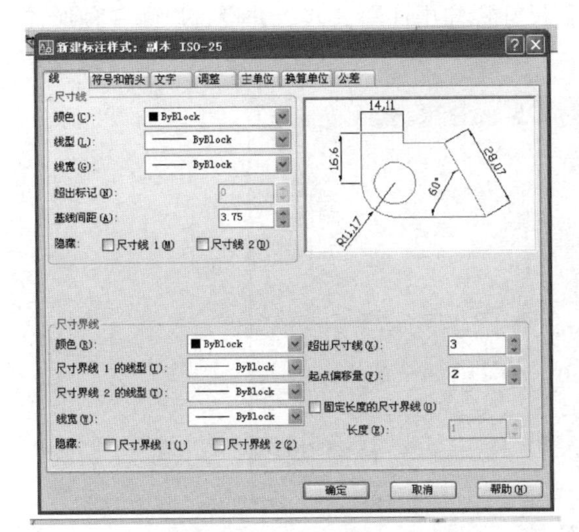

图7-6 “线”选项卡

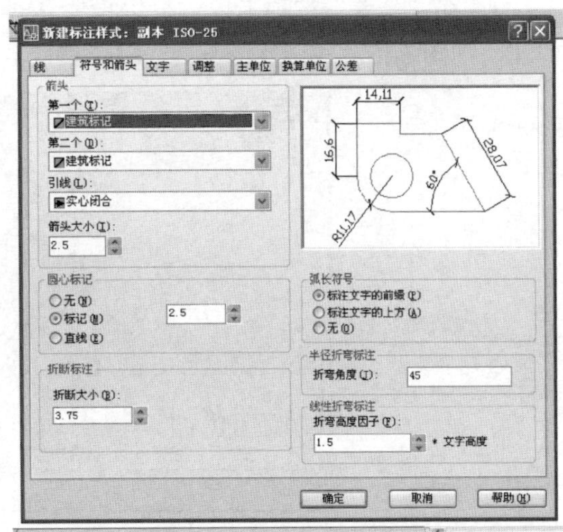

图7-7 “符号和箭头”选项卡

⑥ 在“文字”选项卡内，如图7-8，单击“文字样式”右侧的[...]按钮，在弹出的“文字样式”对话框时，若需要输入的文字为数字，则字体名为“romand.shx”，建议文字高度为3.5mm或5mm（可根据绘图另选字高），宽度因子为“0.7”，再单击“置为当前”，如图7-9。

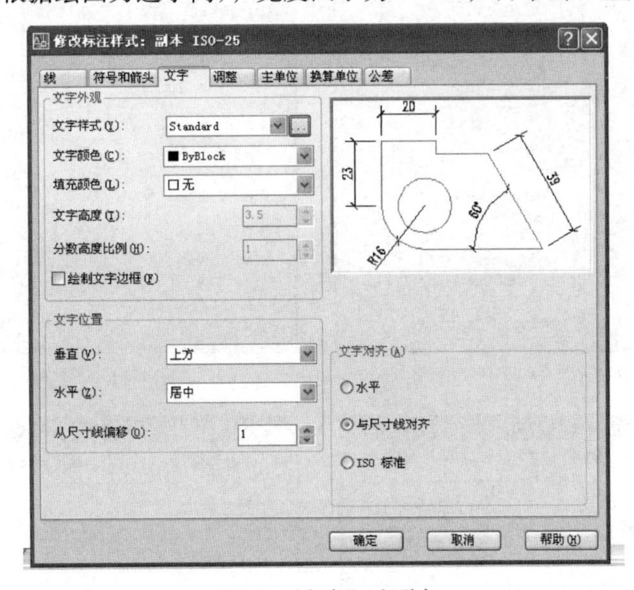

图7-8 “文字”选项卡

返回到“文字”选项卡内，在“文字位置”区域内设置“从尺寸线偏移”的值为“1”（或2）。此时的设置结果如图7-8。

⑦ 在“调整”选项卡内，将尺寸数字调整到最佳状态，如图7-10。

⑧ 在“主单位”选项卡内，单击“精度”右侧的下拉列表按钮，选择“0”，即取整。下面的“比例因子”根据图形比例来调整，如图7-11。

⑨ 在“换算单位”选项卡内，可以转换使用不同单位制的标注，一般显示英制标注的等效公制标注，或者公制标注的等效英制标注。在标注文字中，换算标注单位显示在主单位

后的方括号内，如图7-12。

⑩ 在“公差”选项卡内，可以设置是否在尺寸标注中注写公差，并设置以哪一种形式标注，如图7-13。

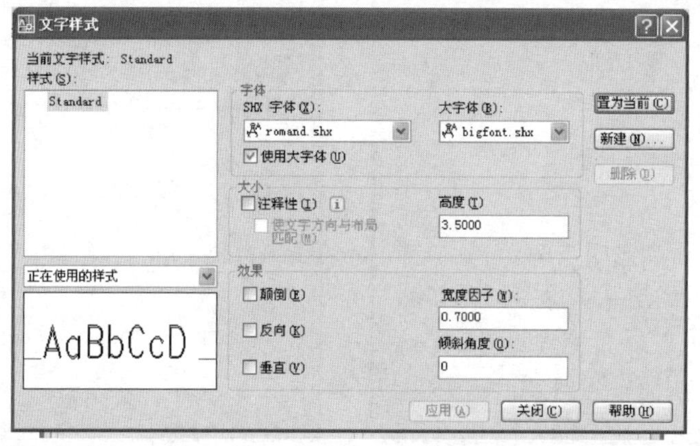

图7-9 “文字样式”对话框

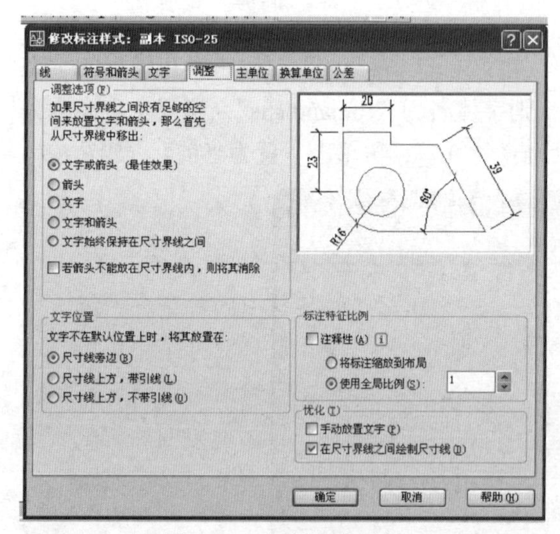

图7-10 “调整”选项卡

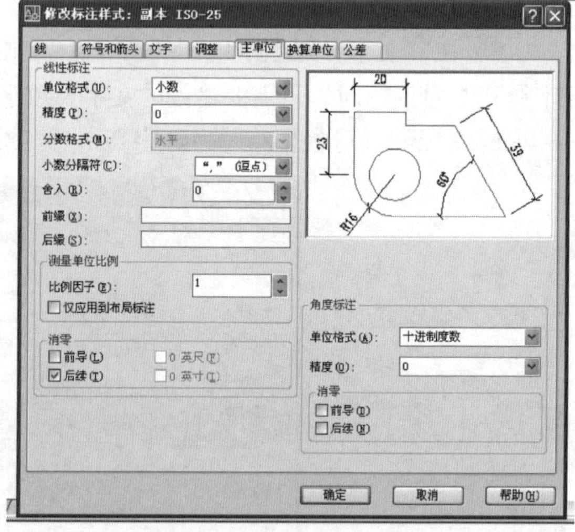

图7-11 “主单位”选项卡

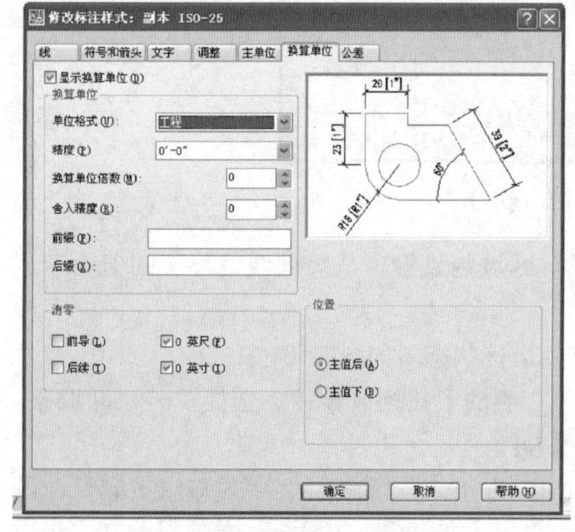

图7-12 “换算单位”选项卡

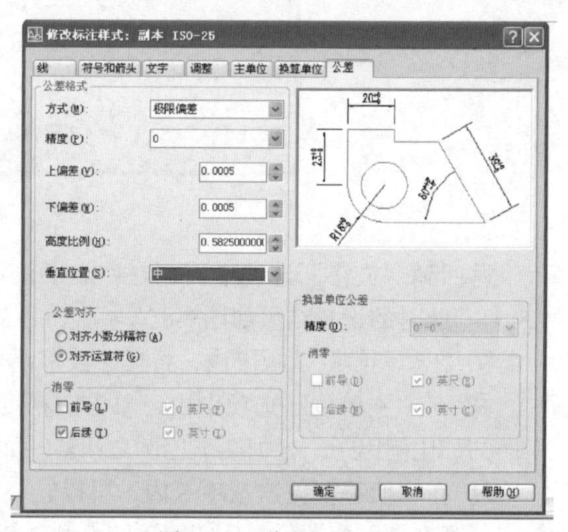

图7-13 “公差”选项卡

标注形式包括：无、对称、极限偏差、极限尺寸、基本尺寸。

“无”：无须添加尺寸公差。

“对称”：公差值相同，上偏差与下偏差为一正、一负。

“极限偏差”：公差值不同，并有正负之分。

“极限尺寸”：直接输入最大、最小极限尺寸。

“基本尺寸”：零件基本尺寸（带方框）。

单击“确定”按钮，返回“标注样式管理器”对话框，单击右上角的“置为当前”按钮，单击“关闭”按钮，关闭此对话框，完成尺寸样式设置。

7.3　尺寸标注与编辑

在工程图样中，线性尺寸是最常见的尺寸，在AutoCAD中可以创建水平方向线性尺寸、垂直方向线性尺寸和基线标注、连续标注尺寸等，这些尺寸标注方法可以堆叠或首尾相接地创建。

7.3.1　创建线性尺寸标注

线性尺寸是指在两点之间的一组尺寸，这两点可以是端点、交点、切点及任意两点。图7-14表示了不同方向的线性尺寸标注。

无论是哪一个方向的尺寸，其标注方法都类似，即有以下3种。

① 依次选择“标注”→“线性”命令。

② 单击标注工具栏上的“线性标注”（第1项）。

③ 在命令行中输入“DIMLINEAR”，并按“Enter”键。

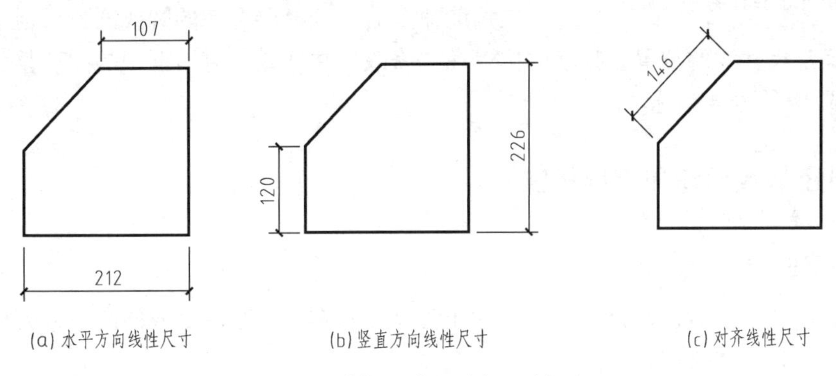

图7-14　线性尺寸、对齐尺寸标注

具体操作如下：

选择命令。

此时命令行提示选择第一条尺寸界限原点或选择对象，在图上选择某一点。也可直接按“Enter”键，然后选取要进行标注的线段。

选择第一条尺寸界限原点后，命令行提示选择第二条尺寸界限原点，在此提示下可选择另一点。

选取之后，系统提示选取尺寸线的位置，此时可以单击鼠标左键来指定尺寸线的位置，也可以输入字母“H”来指定水平方向线性尺寸标注。这时命令行提示为：

指定尺寸线位置或［多行文字（M)/文字（T)/角度（A)/水平（H)/垂直（V)/旋转(R)]：

选项说明：

“多行文字”：用于设置多行标注数字。

“文字”：用于设置标注数字。

“角度”：用于设置尺寸数字的角度。

“水平”：用于标注水平方向的尺寸。

“垂直”：用于标注垂直方向的尺寸。

“旋转”：用于标注旋转一定角度的尺寸。

7.3.2 创建角度、直径、半径尺寸标注

如图7-15，对于角度、直径和半径的标注方法与线性尺寸标注相似。

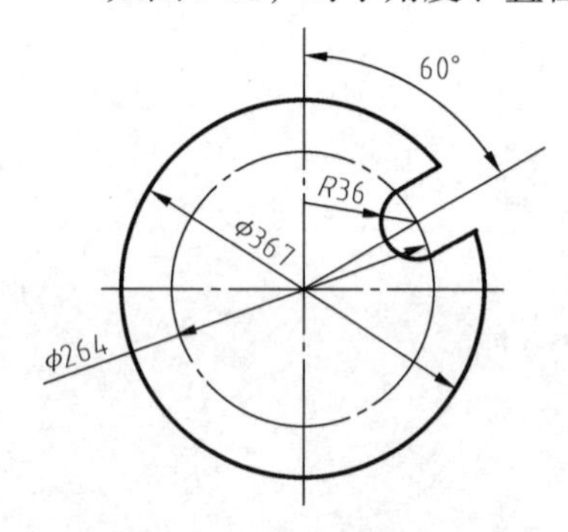

图7-15 角度、直径与半径标注

(1) 角度标注

角度标注即单击标注工具栏中的“角度”，再分别单击想要标注角度的两条边线，顺序一定要沿逆时针方向。

注意角度标注的尺寸数字一定要沿水平方向正常书写（即字头向上）。可以在标注后应用“分解”“旋转”来改变角度数字的方向。

(2) 直径和半径的标注

在选取命令后，选择要标注的圆或圆弧，拖动鼠标并单击左键来确定尺寸线的位置。数字的位置在“修改标注样式”对话框中的“调整”选项卡内选择。其ϕ、R符号自动标注。

7.3.3 创建基线标注和连续标注

(1) 基线标注

基线标注各尺寸时，选择某一个尺寸作为尺寸基准，将某一个方向的一系列尺寸从该基准依次标注。其具体操作如下：

① 选择“标注”→“基线”命令。

② 在命令行中出现“指定第二条尺寸界线原点或［放弃(U)/选择（S)]”时，直接选取尺寸的第二条尺寸界线的起始点，即可标出尺寸。

③ 如果在上一步提示后按“Enter”键，则命令行出现“选择基准标注”，此时可以选择一条尺寸界线作为下一个尺寸标注的新基准线，以此类推，如图7-16中上方的两个长度尺寸。

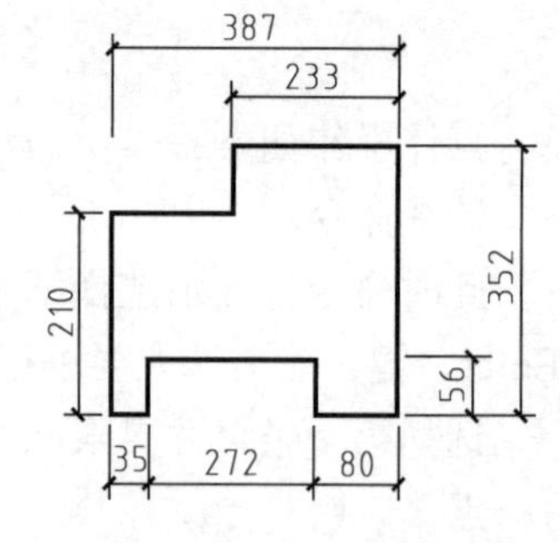

图7-16 基线、连续标注

（2）连续标注

连续标注是各个尺寸首尾相接，其操作与基线标注相似（不再重复），如图7-16中图形水平方向的两个尺寸。

提示：在选用基线标注和连续标注之前，至少都需要标注一个线性尺寸。

【例1】 标注楼梯平面图尺寸，如图7-17。

主要操作步骤：首先绘制图样，然后标注尺寸。

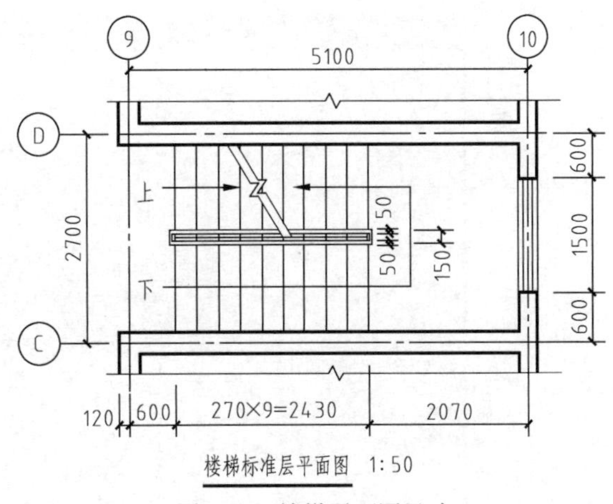

图7-17 楼梯平面图尺寸

（1）绘制图样的方法及命令

① 如图7-17，按图样尺寸5100、2700绘制定位轴线（可用“直线”或“矩形”命令）。

② 可利用“偏移”“修剪”命令绘制墙体轮廓线，也可用“绘图”→“多线”的方法。

（2）创建、设置与编辑多线

① 创建多线样式。

在菜单单击“格式”→“多线样式”即打开“多线样式”对话框，如图7-18。

单击“新建”，弹出如图7-19的“创建新的多线样式”对话框，在此对话框中创建自己的新的多线样式。在“新样式名”一栏中输入所建的样式名，例如“240”，即创建240墙体多线样式。

图7-18 “多线样式”对话框

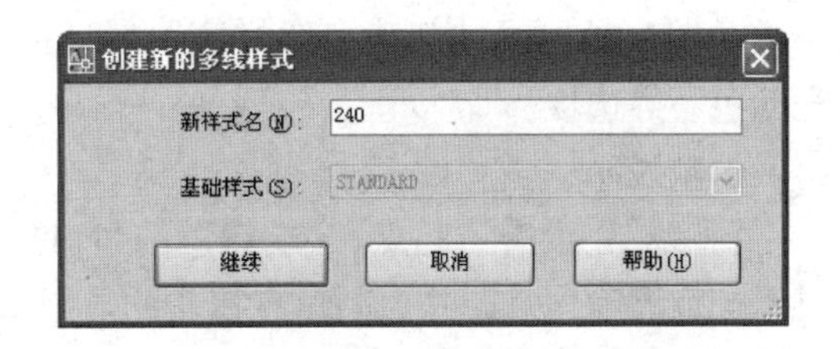

图7-19 “创建新的多线样式”对话框

单击“继续”，弹出如图7-20的“新建多线样式：240”对话框，在此对话框中设置所需的多线新样式。在“图元”区域内选择墙体厚度的一般值，并注意绘图比例。例如：240墙，1∶100绘图，则分别输入“1.2”和“−1.2”。

如果在创建样式中需要设置墙体轴线，可单击“线型”按钮，弹出如图7-21的“选择线型”对话框，在此对话框中加载所需的图线，轴线选单点长画线，再单击“确定”按钮。

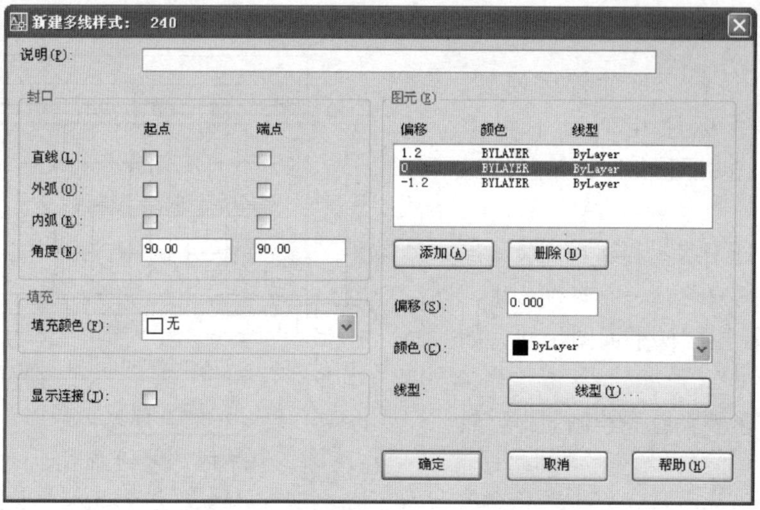

图7-20 “新建多线样式：240”对话框

② 设置多线。

多线由1～16条平行线组成，这些线称为图元。

菜单：“绘图”→“多线”。

命令：多线，MLINE（ML）。

当前设置：对正=上，比例=20.00，样式=STANDARD

指定起点或［对正（J）/比例（S）/样式（ST）］：

选项说明：

“对正（J）”：控制绘制多线时相对于光标所在的位置或基准线采用何种偏移。

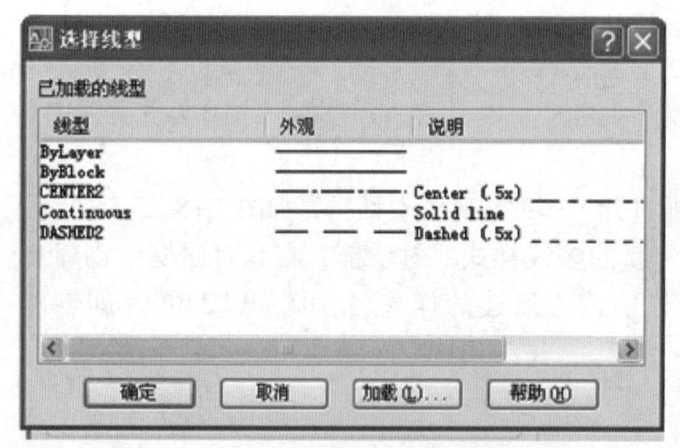

图7-21 “选择线型”对话框

“比例（S）”：设置绘制多线的比例。

“样式（ST）”：设置绘制多线的线型。

在图7-20所示“新建多线样式”对话框中可设置“直线”“外弧”“内弧”“角度”“填充颜色”等选项。

选项说明：

“直线”：设有“起点”“端点”的封口形式，即所设置的多段线可以完全封口。可以通过添加或删除角点，并控制角点接头的显示来编辑多线。

“外弧”：选中复选框表示创建外层元素的圆弧。

“内弧”：选中复选框表示创建连接内层元素的圆弧。

“角度”：可以设置起点及端点封口的角度。

“填充颜色”：单击右侧的小黑三角，可打开列表，选择不同的颜色，也可再次单击“选择颜色”，在其对话框内选择颜色，即可在多线内填充所需要的颜色。可以利用“添加”及“偏移”“颜色”“线型”进行编辑。

绘制多线之后，可以点击“修改”→“对象”→“多线”命令，如图7-22，弹出“多线

编辑工具”对话框，如图7-23。选择所需要的某一项，并单击“确定”按钮，根据命令窗口的提示选择要编辑的多线。

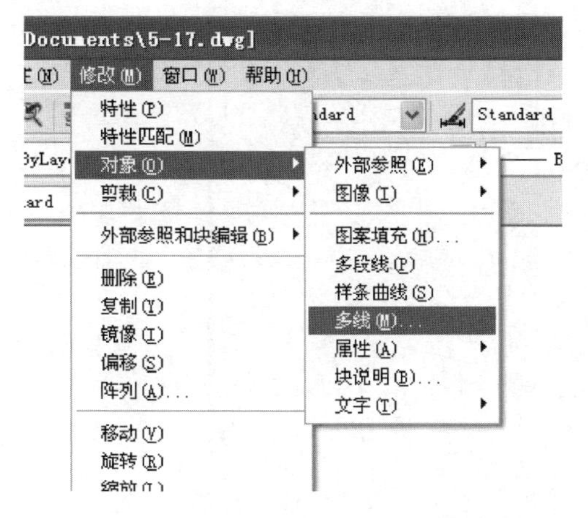

图7-22　使用“多线”命令编辑多线

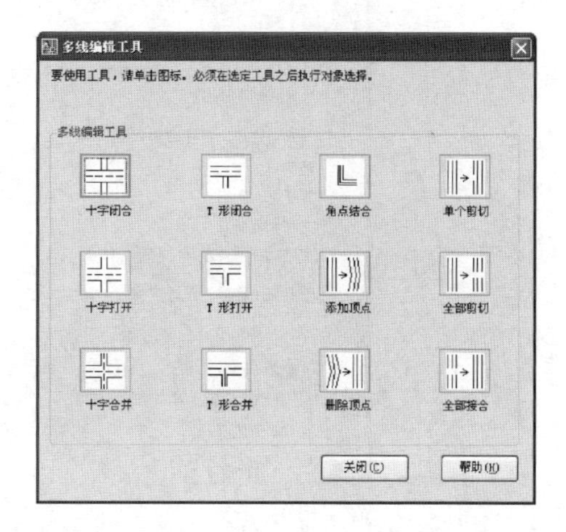

图7-23　“多线编辑工具”对话框

用多种方法使多线相交时，可编辑多线样式来改变单个直线元素的属性，或改变多线的末端封口和背景填充。如图7-24（a），在绘制建筑图样时经常会遇到T形接口，用“多线”命令绘制如图7-24（a）中左图的样式，然后在“多线编辑工具”对话框中选择“T形打开”按钮，在已绘制的多线T形处单击两个方向的多线，一定要先单击竖直方向的直线，再单击水平方向的直线，即可将图线修改为图7-24（a）中右图的样式。编辑图7-24（b）中的图线时，操作方法与上述方法相似，只是选择“十字打开”按钮即可。

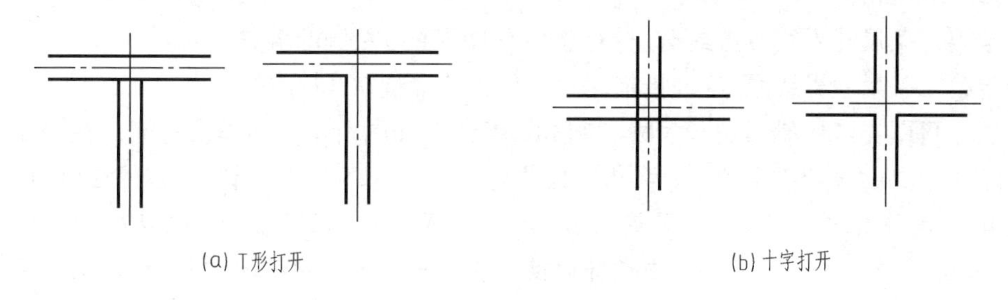

(a) T形打开　　(b) 十字打开

图7-24　编辑多线

（3）标注尺寸

① 设置尺寸样式。利用7.2节中所述的方法设置建筑图尺寸样式。在“线”选项卡内设置“基线间距”值为“8”。

提示：“基线间距”用来设置基线标注的尺寸线之间的间距。

在“文字”选项卡内将字体设置为“romand.shx”，“宽度因子”为“0.7”。

在“调整”选项卡下设为最佳状态，如图7-25。

在“主单位”选项卡下将“精度”设为“0”，即取整数，再将“比例因子”设为“50”。

单击“确定”按钮，返回“修改标注样式”对话框，单击“置为当前”按钮，再单击“关闭”按钮，关闭此对话框，完成建筑图尺寸样式设置。

② 单击相关命令，并标注尺寸。具体操作方法有以下两种。

首先，利用“线性标注”和“连续标注”命令标注图7-17下方的尺寸。

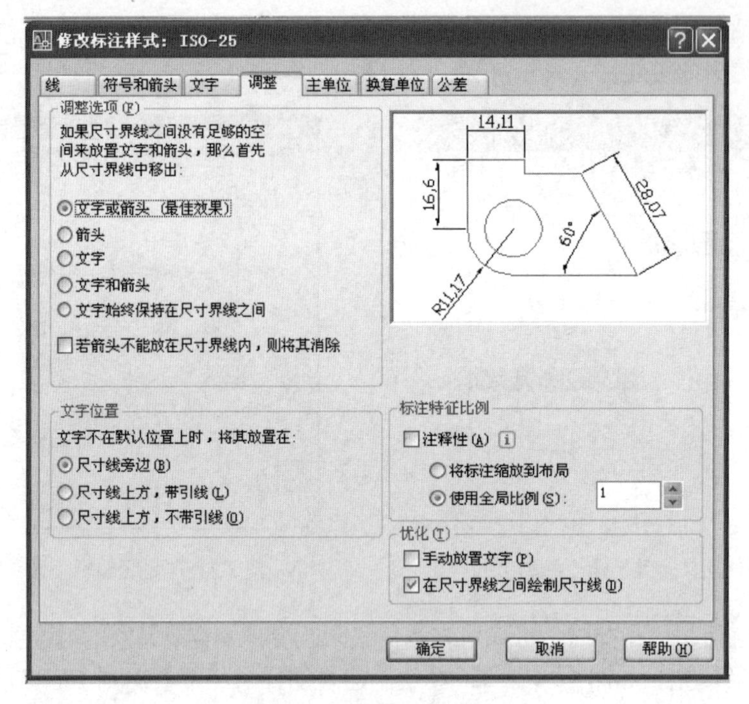

图7-25 “调整”选项卡

添加“标注”层，并将其设置为当前层。

单击按钮分别标注，以“600”尺寸为例，标注时命令行提示：

命令：dimlinear

指定第一条尺寸界线原点或<选择对象>：(捕捉600左侧的端点)

指定第二条尺寸界线原点：(指定尺寸线位置或捕捉600右侧的端点)

其次，将图7-17中踏板总长尺寸“2430”修改为如图所示，即单击右键，在快捷菜单中选择“特性”选项，弹出“特性”选项板，在“文字”→“文字替代”栏内输入“270×9=< >”。

提示：其中乘号仅能用小写英文字母“*x*”或“*”代替。如图7-17所示，须先将“2340”分解，并双击数字，再单击鼠标右键，在弹出的选项中选择“符号”，下拉菜单中再选“其他”，即可弹出“字符映射表”对话框，如图7-26。在其中选择乘号，单击“选择”→“复制”(对话框关闭)即粘贴到7-17所示位置。

图7-26 字符映射表

③ 标注其他尺寸。

利用“线性标注”和“连续标注”命令绘制楼梯样图右侧的尺寸。

单击“线性标注”命令标注图7-11上方水平轴间尺寸“5100”。

图中右侧尺寸标注方法：

可多次单击“线性标注”命令依次标注“600”“1500”“600”；也可单击“线性标注”命令，首先标注图中右下角

的“600”，再单击“连续标注”命令，依次从下至上标注“1500”“600”。

利用“线性标注”命令标注楼梯样图左侧的尺寸“2700”。

④ 单击标准工具栏中的按钮，保存文件。

由上例标注可以看出，在标注尺寸时，尺寸线的位置选择可结合对象捕捉和对象捕捉追踪功能来确定，这样可以有效地控制各尺寸线在同一水平线上。另外基线之间的距离是通过“修改标注样式”对话框中的“线”“符号和箭头”等选项卡来设定控制的，也可以是手动设置的。

【例2】 尺寸标注练习，如图7-27。

应用尺寸标注的主要内容：

① 利用“对齐标注”方法标注倾斜尺寸。

② 创建“半径标注”和“角度标注”子样式，如图7-28，并标注半径和角度尺寸。

具体操作如下。

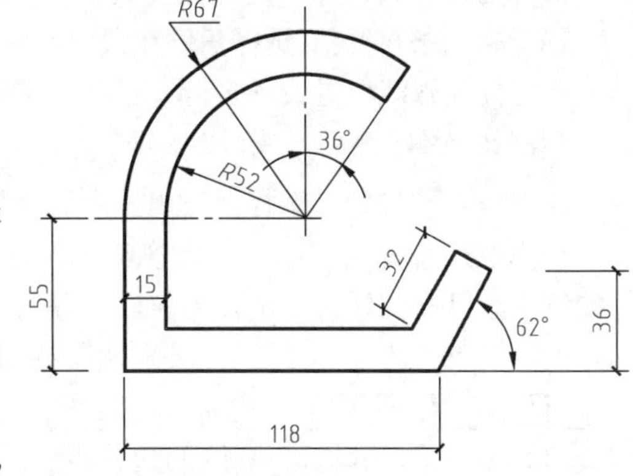

图7-27 半径、角度标注

(1) 利用“对齐标注”方法标注倾斜尺寸

① 单击按钮，在“标注样式管理器”对话框中将设置的建筑图尺寸样式置为当前，然后关闭“标注样式管理器”对话框。

② 单击按钮，分别捕捉图形右下角倾斜部分的两个端点，标注尺寸“32”，标注结果如图7-27。

(2) 创建半径和角度标注样式并进行标注

① 单击按钮，在“标注样式管理器”对话框中单击“新建”按扭，在出现的“创建新标注样式”对话框中打开“用于”右侧的下拉列表，选择其中的“角度标注”，如图7-28。

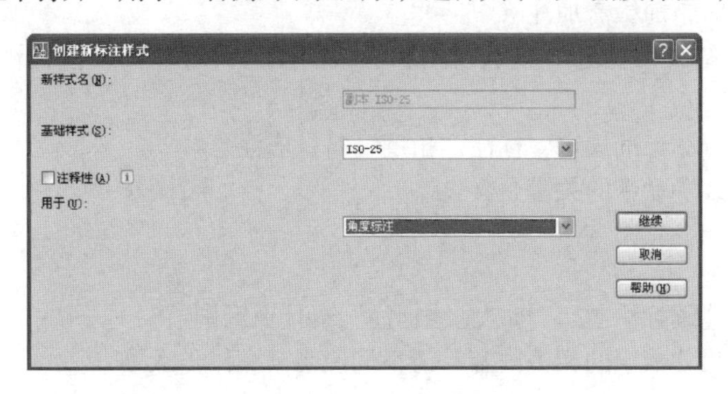

图7-28 “角度标注”的位置

提示： 此下拉列表中的标注子样式从属于“基础样式”。通常子样式都是相对某一具体尺寸标注类型而言的，即子样式仅仅适用于某一尺寸标注类型。设置标注子样式后，当标注某一类型尺寸时，AutoCAD先搜索其下是否有与该类型相对应的子样式。如果有，AutoCAD将按照该子样式中设置的模式来标注尺寸；若没有，AutoCAD将按照“基础样式”中的模式来标注尺寸。

② 单击“继续”按钮，在“新建标注样式”对话框中将箭头改为倾斜线或实心闭合箭头；在“文字”选项卡内“文字位置”区域“垂直”下拉列表中选择“外部”，“文字对齐”方式设置为“水平”，然后依次单击“确定”按钮和“关闭”按钮，关闭“标注样式管理器”对话框。

③ 单击按钮，命令行提示：

命令：dimangular

选择圆弧、圆、直线或<指定顶点>：(选择角度线段)

选择第二条直线：(选择角度线段)

指定标注弧线位置或［多行文字（M）/文字（T）/角度（A）］：(在适当位置单击左键)

标注文字=45

④ 单击按钮，选择上方内侧圆弧，标注半径尺寸。

想熟练地掌握用“标注样式管理器”对话框进行尺寸标注，需要经常建立新尺寸样式，并能够修改已有的样式、设置当前样式等，这些操作对于尺寸标注都是非常重要的。

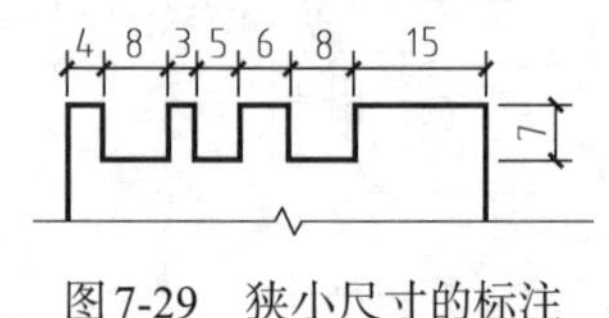

图7-29　狭小尺寸的标注

对齐标注特别适用于标注倾斜方向上的尺寸。比较狭小的尺寸标注时可引出标注或移出标注，如图7-29。标注时若先单击右侧的边界点，后单击左侧边界点，尺寸数字写在引线之左，若单击顺序相反，尺寸数字则写在引线之右。

7.4　实训练习

(1) 填空

①“线性标注”提供了三种标注类型，分别为（　　）、（　　）、（　　）。

② 采用“基线标注”前，必须首先选择一个（　　）作为基准标注。

③ 标注直径时，前缀需加注（　　）。

④ 尺寸标注结合图样分为建筑制图和机械制图两大类，其线性标注的主要区别在于（　　）。

⑤ 按照国家制图标准规定，标注“角度”时，应注意（　　）。

⑥ 设置“多线”命令的关键是（　　）。

(2) 简答

① 什么是“连续标注”？它与“基线标注”有什么区别？

② 怎样设置尺寸数字的相关内容？请举例说明其操作步骤。

③ 如何修改和保存新的标注样式？

(3) 训练图样

① 将题图7-1图样绘制在A3的图幅内，并补绘平面图。

② 根据下列组合体视图，自定尺寸绘图，补绘所缺的视图，再按各提示比例标注尺寸(题图7-2)。其中，题图7-2（a）、(e)、(f）已知图样均为正立面图和平面图；(b)、(c）已知图样均为正立面图和左侧立面图；(d）左题补绘正立面图，其余两题补绘左侧立面图。

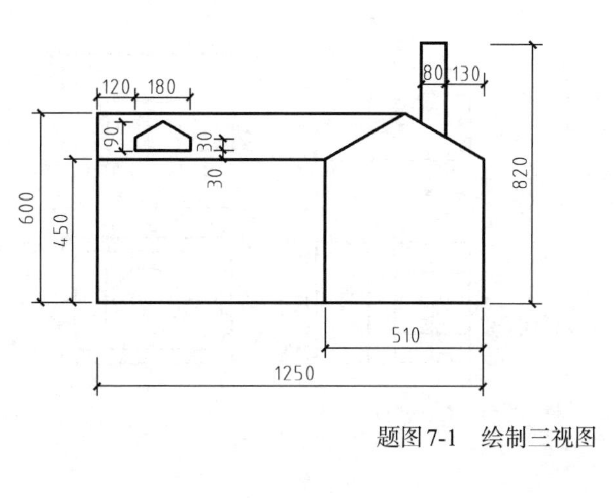

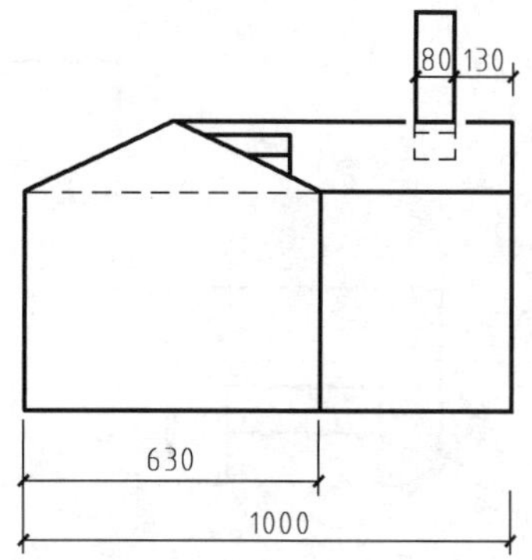

题图 7-1　绘制三视图

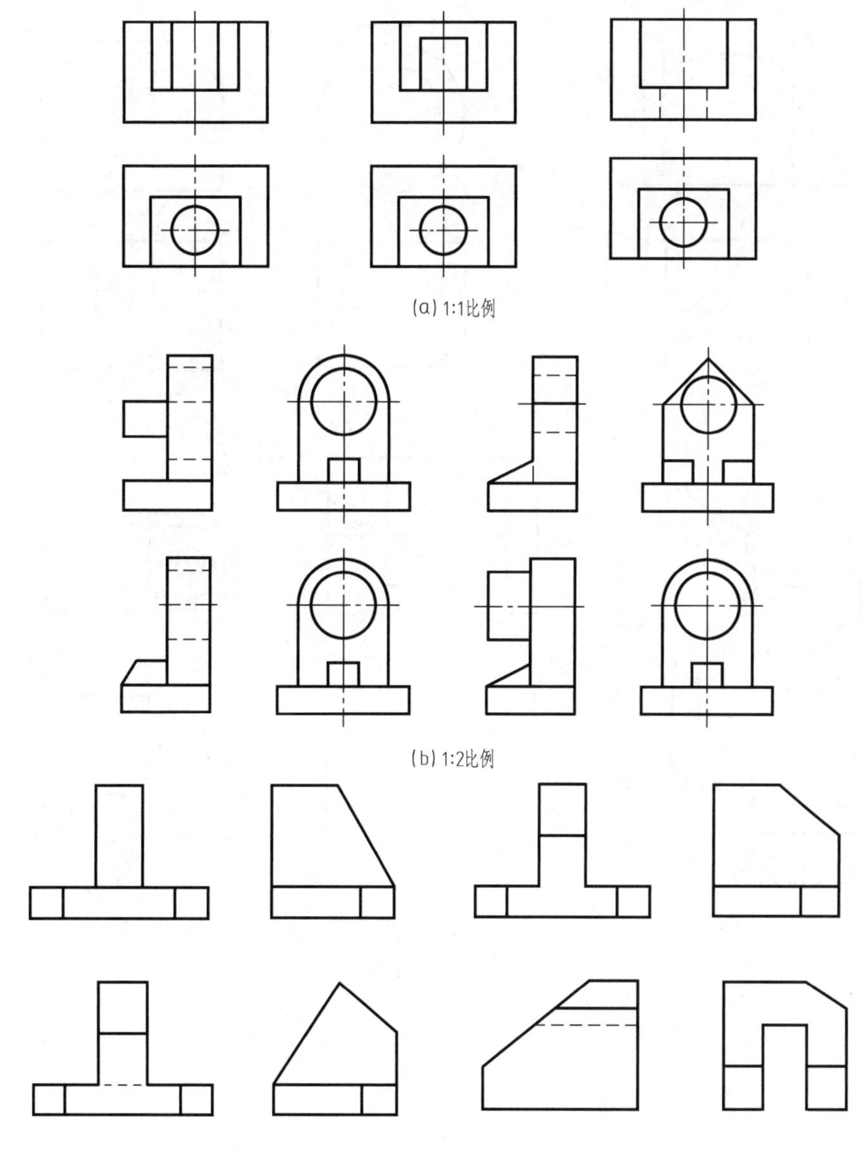

题图 7-2

(d) 2:1比例

(e) 1:10比例

(f) 1:50比例

题图7-2　绘制图样

第8章　文字注写与编辑

一幅完整的CAD平面图至少要填写标题栏，通常还会有或多或少的文字说明和注释，通过这些说明文字可表达图中用图形不能表达的内容，为阅读者提供更准确的信息。

在AutoCAD中有两种文字输入方式：一种称为单行文字，适合输入一些比较简短的文字说明；另一种称为多行文字，主要用于书写较长的、复杂的文字说明。

本章讲述如何创建文字样式，编辑单行、多行文字，以及在表格中输入文字、创建表格的方法。

8.1　注写文字的主要命令

AutoCAD中“ISO 25样式”被默认为系统文字样式。系统内还具有多种文字样式供选择，但注写文字的命令有两个：

“单行文字”：每次只能输入一行文本，且不可自动换行。

“多行文字”：可以一次书写多行文本，并且各行文本都以指定的宽度排列对齐，共同作为一个实体对象。

无论选用单行文字，还是多行文字，对于各独立的对象，可以对其进行重新定位、调整格式或修改编辑。

8.2　创建文字样式

创建文字样式是图形尺寸标注与文字注写的需要，在注写文本之前，需要设置文本字体定义的样式——文字样式，文字样式是所用字体文件、字符宽度、文字倾斜角度以及文字的高度等参数的综合。

下面以长仿宋体字体样式“仿宋 GB2312”设置为例，讲述一下文字样式设置过程。

8.2.1 设置文字样式

设置方法：

① 选择菜单栏中的“格式”/“文字样式”命令或键入“STYLE”命令，打开如图8-1的“文字样式”对话框。

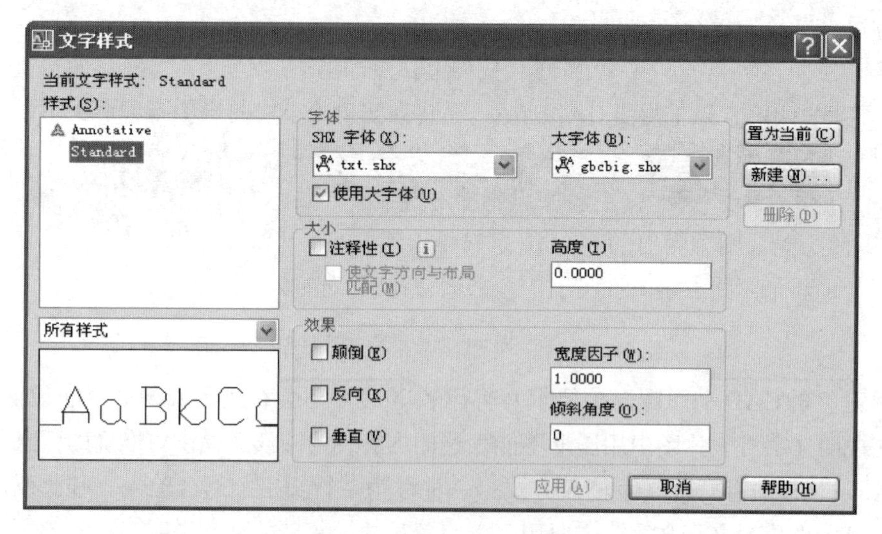

图8-1 “文字样式”对话框

② 单击“新建”按钮，在弹出的“新建文字样式”对话框中修改“样式名”为“文字”，如图8-2，然后单击“确定”按钮返回“文字样式”对话框。

图8-2 “新建文字样式”对话框

③ 在如图8-1所示的对话框中，“字体”下拉列表中，选择“仿宋_GB2312”，在“高度”文本框中文字高度默认值为0，可输入改写文字高度，一般选择“5”作为汉字字高，选择“5”或“3.5”作为数字字高。

提示： 当文字“高度”为0时，每次调用输入文字命令时，都要输入文字高度；当文字“高度”不为0时，输入文字是采用此处设置的文字高度，不用再输入文字高度。

④ 在“宽度因子”文本框中输入宽度因子为0.7。

提示： 表示长仿宋体字的宽高比为0.7。输入小于1的数值，则文字字宽变窄。

⑤ 在“倾斜角度”文本框中输入值为正时，字体向右倾斜；值为负时，字体向左倾斜。

⑥ 选择“颠倒”复选框，文本框中输入的文字字头方向朝下。

⑦ 选择“反向”复选框，文本框中输入的文字左右反向，而且排序也与正常书写反向。

⑧ 选择“垂直”复选框，文本框中输入的文字将垂直排列。

⑨ 单击“应用”后点击按钮“置为当前”，即完成所需的文字样式设置，且使该文字样式为当前样式。

在AutoCAD中，下划线、上划线和“°”等都视为特殊符号，常见特殊符号的输入方法如表8-1。

表 8-1　特殊符号输入方法

输入方法	输入结果
% % D	输入角度符号(°)
% % C	输入直径符号 ϕ
% % P	输入标高基准±
% % O	打开/关闭上划线
% % U	打开/关闭下划线

注：输入D、C、P、O、U时，大写或小写等效。

8.2.2　修改文字样式

修改文字样式也是在“文字样式”对话框中进行的，其过程与创建文字样式相似。修改文字样式时还应注意两点：

① 修改完成后，单击“应用”按钮，则修改生效，即更新图样中与此文字样式关联的文字。也可以在“多行文字编辑器”对话框（8.3节中介绍）内修改。

② 修改文字样式的颠倒、反向、垂直三项特性时，将会改变当前文字外观。而修改文字的高度、宽度因子及倾斜角度时，则不会改变原有文字外观，而是影响此后创建的文字对象。

8.3　编辑单行、多行文字

8.3.1　创建单行文字

利用单行文字命令输入文字时，可以设定文本的对齐方式及文字的倾斜角度。而且可以用光标在不同的地方选取定位点。用单行文字命令输入的文字，每一行都是一个单独的实体，可以很容易地对每行文字进行重新定位或编辑。

启动单行文字命令的方法有以下两种：

① 选择菜单栏中的“绘图”/“文字”/“单行文字”命令。

② 在命令行中输入“DTEXT”或“TEXT”或“DT”，并按“Enter”键。

具体操作结果如图8-3，在此提示了文字的位置、对正方式和其他样式。

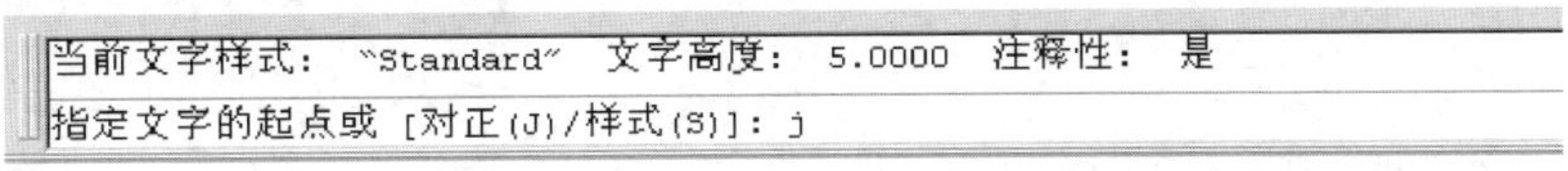

```
当前文字样式: "Standard" 文字高度: 5.0000 注释性: 是
指定文字的起点或 [对正(J)/样式(S)]: j
```

图8-3　输入单行文字的命令

选项说明：

“指定文字的起点”：可以直接用鼠标在绘图区选取一点，这时系统内默认的是左对正方式定位。

“对正（J）”：输入字母“J”，并按“Enter”键，则命令行出现多种文字对正方式，我们可以根据需要任意选取，并且对文字进行修改。

“样式（S）”：输入字母“S”，并按“Enter”键，可以选择文字样式。

下面请利用单行文字命令在图形中书写一些单行文本。

【例1】 标注窗套节点详图中说明文字，如图8-4。

① 利用直线命令画出引出线，再利用单行文字命令书写最上行的文字。

② 利用直线命令画出引出线并定数等分（见第11章），然后书写其余部分的文字。

命令启动方法：

① 单击按钮，在图形的右上角应该写文字处绘制一条引出线。

② 选择菜单："绘图"/"文字"/"单行文字"。

命令：DTEXT ↙

指定文字的起点或［对正（J）/样式（S）]：（在水平直线的左端点附近单击左键，确定文字的起点）

定文字高度<2.5000>：3.5（确定文字高度）

指定文字旋转角度<0>：↙（文字倾斜角度为0）

输入文字：（输入图8-4中相关文字）↙（输入文字结束）

③ 单击按钮，在图中绘制水平和竖直引线，并利用菜单上的"格式"/"点样式"，选择一个点样式后，利用定数等分（见第11章）将竖直引线等分三段，再绘制三条水平引线。

④ 用上述相同的方法输入图样中的文字，并绘制图名下划线。

利用单行文字命令进行标注时，执行一次命令可以连续标注多行，但每换一行或用光标重新定义一个起始位置时，再输入的文字行则被视为另一个实体。

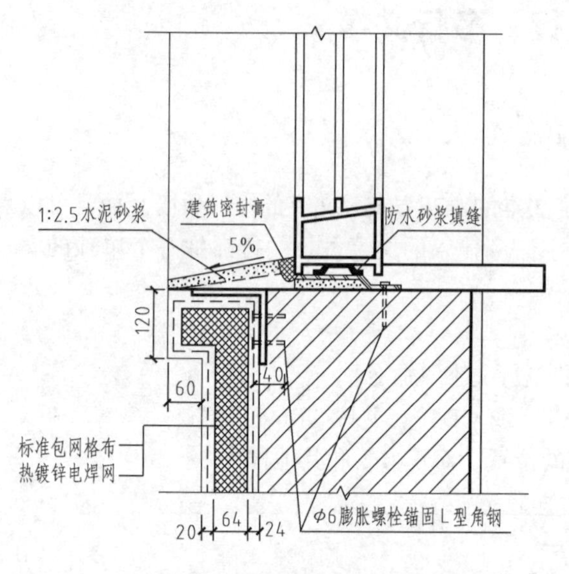

图8-4　窗套节点详图中文字说明

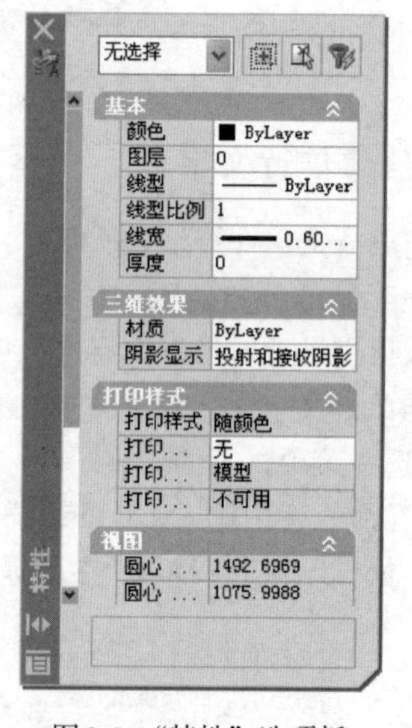

图8-5　"特性"选项板

8.3.2　编辑、修改单行文字

编辑、修改单行文字的方法有：

① 选择"修改"→"对象"→"文字"→"编辑"。

② 在命令行输入DDEDIT后，再按"Enter"键。

③ 选择单行文字对象，并在绘图区内单击鼠标右键，在出现的快捷菜单中选择"编辑文字"命令。

④ 单击文字，选择“修改”/“特性”之后，弹出如图8-5的“特性”选项板，在此可以调整文字的各项需求。编辑、修改之后，单击选项板左上角的关闭按钮，文字即修改好，这是比较快捷的方法。

8.3.3　创建多行文字

利用单行文字命令虽然也可以标注多行文字，但换行时定位及行列对齐比较困难，且每行文本都是一个单独的实体，编辑时也比较麻烦。因此AutoCAD又提供了多行文字命令，运行此命令可以一次标注多行文字，并且各行文本都以指定宽度排列对齐，所输入的文字将作为一个实体。

启动多行文字命令的方法有以下3种：

① 选择菜单栏中的“绘图”→“文字”→“多行文字”。

② 单击 A，在绘图工具栏第19项。

③ 命令：MTEXT（MT或T）。

如图8-6，使用“MTEXT”命令时，可以指定文字分布的宽度，且文字沿竖直方向可无限延伸。另外，还可以设置多行文字中单个字符或某一部分文字的属性（包括文字的字体、倾斜角度、高度等）。

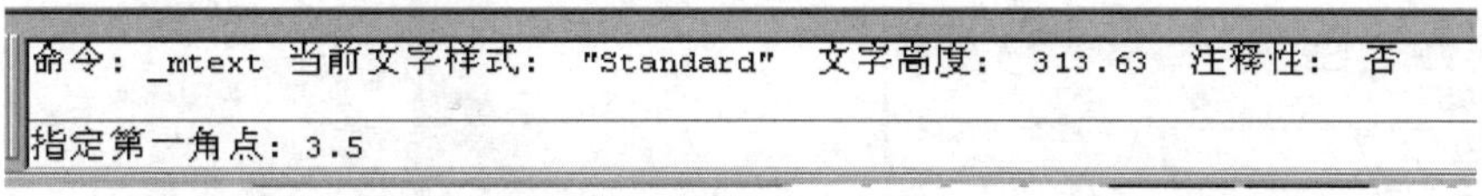

```
命令: _mtext 当前文字样式: "Standard" 文字高度: 313.63 注释性: 否
指定第一角点: 3.5
```

图8-6　输入多行文字的命令

多行文字命令行提示包含7个选项，如图8-7。

```
指定第一角点:
指定对角点或 [高度(H)/对正(J)/行距(L)/旋转(R)/样式(S)/宽度(W)/栏(C)]:
```

图8-7　多行文字的命令选项

选项说明：

“高度（H）”：用于设置文本的高度。

“对正（J）”：确定文字排列方式（这一点与单行文字相似）。

“行距（L）”：为多行文字确定行间距。

“旋转（R）”：确定文字的倾斜角度。

“样式（S）”：确定多行文字所选用的字体样式。

“宽度（W）”：确定标注文本框的宽度。

“栏（C）”：指定多行文字对象的栏的设置，设置分为“静态”“动态”“不分栏”三种模式。

8.3.4　编辑、修改多行文字

为了增强编辑、修改文字的功能，AutoCAD在多行文字样式中提供了如图8-8所示的多行文字编辑器。在此编辑器中不仅可以输入多行文字的内容，而且可以设置多行文字的格式。

在多行文字编辑器中可以做如下操作。

① 设置字体。选择所需的字体，一般选择“宋体”或“仿宋_GB2312”。

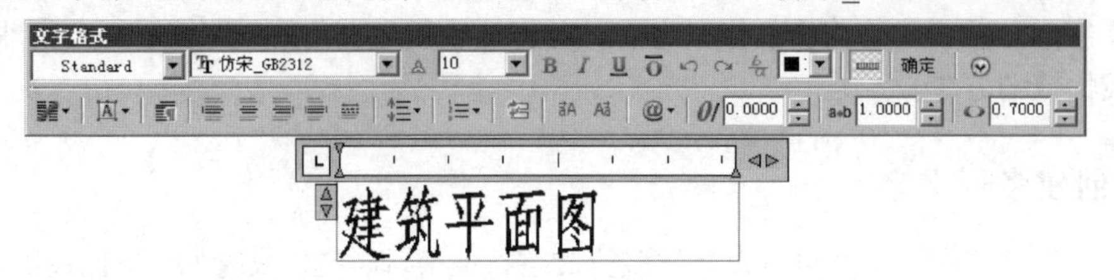

图8-8 多行文字编辑器

② 设置字高。可以选择或直接输入字高。

③ 加粗文字。单击 B 按钮，即可将所输入的文字加粗。

④ 倾斜文字。单击 I 按钮，即可将所输入的文字倾斜。

⑤ 添加下划线。单击 U 按钮，即可将所输入的文字添加下划线。

⑥ 设置分数形式。单击 按钮，即可将所输入的文字以分数形式显示。

⑦ 设置颜色。单击颜色下拉列表，如图8-9，可从中选择颜色。

⑧ 设置对齐方式。在编辑器里单击右键，出现一个对正子菜单，如图8-10，在其中可以选择文字对齐方式。

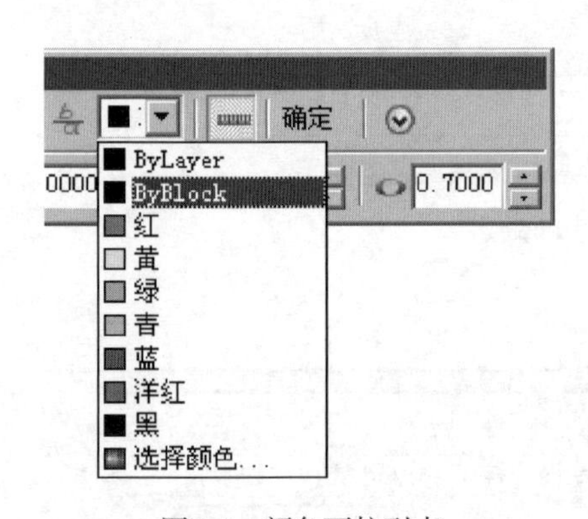

图8-9 颜色下拉列表

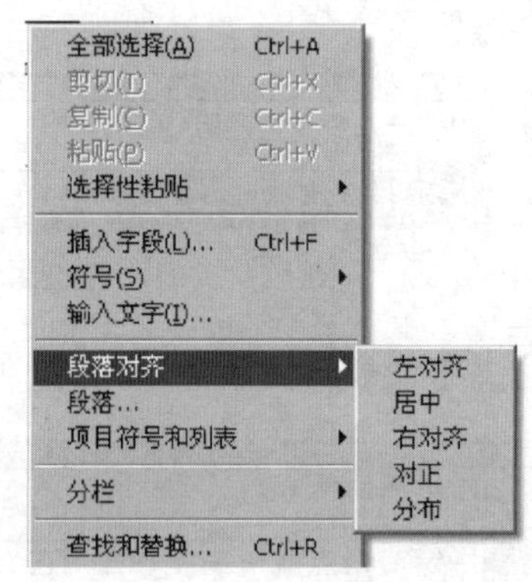

图8-10 对正子菜单

8.3.5 输入特殊字符

在多行文字编辑中单击鼠标右键，选择“符号”命令，即出现如图8-11的子菜单，可根据需要选择其中的子命令，即输入特殊字符。还可以在子菜单中选择“其他”子命令，弹出“字符映射表”对话框，如图8-12。

在“字符映射表”对话框中选择所需的某一字符后，单击“选择（S）”，再单击“复制”，这时该对话框消失，即将选定的字符粘贴到需要的位置。

【例2】 多行文字练习（一），输入下列文字（标题字高为7mm，其他为3.5mm）。

基础说明

① 材料：基础垫层为C10混凝土。浇筑混凝土前须将垫层上杂物清理干净，混凝土浇筑厚度为100mm。

② ±0.000以上墙体为370mm厚MU10黏土砖。（注：此处±0.000中的“±”应输入“% % P”。）

③ 相对于绝对标高43.600m，基础采用条形基础，基础底面标高–1.500m。

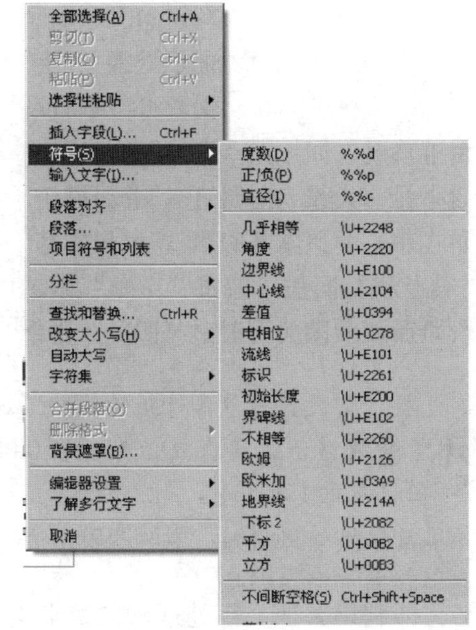

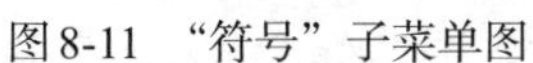
图8-11 “符号”子菜单图

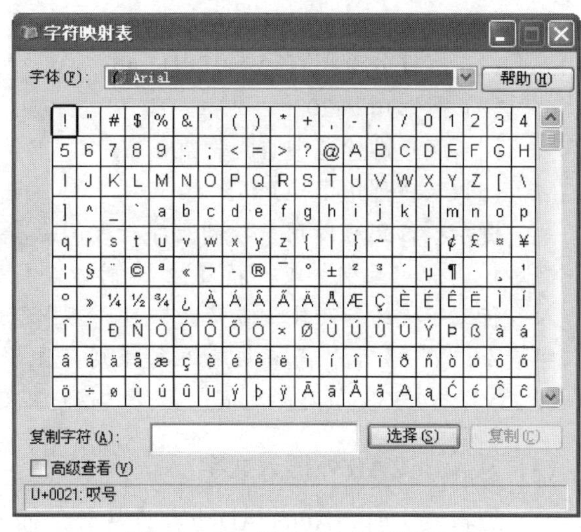

图8-12 “字符映射表”对话框

具体操作如下。

(1) 利用多行文字输入题目，并加下划线

① 单击输入多行文字命令按钮A。

② 在绘图区的适当位置单击左键，确定一角点，向右下方移动鼠标，AutoCAD将显示一个随鼠标光标移动的方框，拖到合适位置以后再单击，确定另一角点，则确定要添加文字的范围。

③ 此时会弹出“文字格式”对话框，选择字体“仿宋_GB2312”，然后输入文字“基础说明”。

④ 选择“基础说明”几个字，单击U按钮，此时“基础说明”下面已经加上了下划线，并修改文字高度为7mm，然后在选择区域之外单击左键。

(2) 输入其他文字，并加入特殊符号

① 将光标移动至“基础说明”字尾，并按“Enter”键，然后输入“1. 材料：基础垫层采用C10混凝土;”，再按“Enter”键（文字的书写和格式等与人们常用的Microsoft Word相同）。

② 单击右键，在下拉列表中选择“符号”/“正/负”选项，插入“% % P”。

利用相同方法输入其他文字，单击“确定”按钮，关闭“文字格式”对话框，完成文字输入工作。

【例3】 多行文字练习（二），字高同例2（注：“m^2”从“字符映射表”中选择）。

技术经济指标

规划基地面积：62000m^2	总建筑面积：55986m^2
住宅建筑面积：501001m^2	建筑密度：18.6%
公建面积：5886m^2	绿化率：49.2%
绿化面积：30500m^2	总车位：314（地上车位110；地下车位204）

【例4】 多行文字练习（三），字高同例2。

热处理要求：

（1）对零件进行时效处理

（2）蜗杆分度图直径ϕ=100H7/n6

（3）齿形角α=20°

（4）底板螺栓孔中心距为$200^{+0.020}_{-0.016}$

（5）未注圆角半径R3~5

提示： 行距可以用来控制文字行之间垂直距离的大小，当输入行距“L”，并按“Enter”键后，选择“至少”或“精确”，这时命令行出现“输入行距比例或行距<1 x>:”，此时输入多行文字段的行距比例或行距即可。其中行距比例是将行距设置为单倍行距的倍数，以数字后加“x”表示。而直接输入行距则是图形单位测量的绝对值，其有效值必须在0.0833（0.25x）与1.3333（4x）之间。另外单倍行距是文字字符高度的1.66倍。

（3）从AutoCAD外插入文字

编辑文字时，AutoCAD也允许从外部插入文字，即利用其他文字处理软件编辑文字，然后插入到图形中。方法是：弹出文字编辑器后，单击右键并选择“输入文字”命令，弹出“选择文件”对话框。选择文本内容后，再单击该对话框的“打开”，即可将所选定内容插入到“多行文字编辑器”中光标所在的位置。

8.4 在表格中输入文字

利用单行文字命令和多行文字命令填写表格中的部分文字后，通常需要配合阵列或复制命令进行编辑，然后再修改文本内容。

8.4.1 填写标题栏

利用文字命令填写图纸的标题栏，结果如图8-13。

（1）输入多行文字

利用“多行文字”命令输入大字号的字。

命令：MTEXT。

当前文字样式：仿宋_GB2312

<table>
<tr><td colspan="3" rowspan="2">图名</td><td>比例</td><td></td><td>学号</td><td></td></tr>
<tr><td>图号</td><td></td><td>班级</td><td></td></tr>
<tr><td>制图</td><td>姓名</td><td>日期</td><td colspan="4" rowspan="2">校名</td></tr>
<tr><td>审核</td><td></td><td></td></tr>
</table>

图8-13 利用文字命令填写标题栏

当前文字高度：5或10

指定第一角点：（捕捉某一角点）

指定对角点或［高度（H)/对正（J)/行距（L)/旋转（R)/样式（S)/宽度（W)］：（输入

J，选择文字对正方式）

输入对正方式［左上（TL）/中上（TC）/右上（TR）/左中（ML）/正中（MC）/右中（MR）/左下（BL）/中下（BC）/右下（BR）］<左上（TL）>：（输入MC，选择“正中”对正方式）

指定对角点或［高度（H）/对正（J）/行距（L）/旋转（R）/样式（S）/宽度（W）］：（捕捉另一角点）

（2）输入单行文字

利用“单行文字”命令输入小字号的字，并应用“复制”命令，再修改文字内容。

菜单：“绘图”→“文字”→“单行文字”。

命令：DTEXT。

当前文字样式：仿宋_GB2312

当前文字高度：5

指定文字的起点或［对正（J）/样式（S）］：J（选择文字对正方式）

输入选项［对齐（A）/调整（F）/中心（C）/中间（M）/右（R）/左上（TL）/中上（TC）/右上（TR）/左中（ML）/正中（MC）/右中（MR）/左下（BL）/中下（BC）/右下（BR）］：MC（选择“正中”对正方式）

指定文字的中间点：（捕捉阵列的线段并阵列）

指定高度< 5.000 >：↙

指定文字的旋转< 0 >：↙

输入文字：制图

提示：多行文字与单行文字的主要区别在于：多行文字可以编辑一个多行文本，并且一次性可选择带有四个蓝色夹点的范围内的文字；而单行文字只能选择并编辑单行文字范围内的文字。

【例5】 填写表格文字练习，如图8-14所示为装配图中的明细表（部分）。（表格绘制的操作见8.5节）。

4	螺栓 M20×60	6		
3	主轴	1	45	
2	轴承盖	1	HT150	
1	轴承盖	1	HT150	
序号	零件名称	数量	材料	备注

图8-14　装配图明细表（部分）

8.4.2　改变文字样式

当采用“单行文字”输入时，由于已经设置了文字样式，所以在改变样式后，输入的文字文本会自动更新。

当采用“多行文字”输入时，改变文字样式有两种情况：

① 在输入文字时可在标准工具栏“特性”选项中进行修改，如果改变已经设置的文字样式，则输入的多行文字文本会自动根据新的样式修改。即双击已有的文字，在“文字格式”对话框中进行编辑或修改，如图8-15。

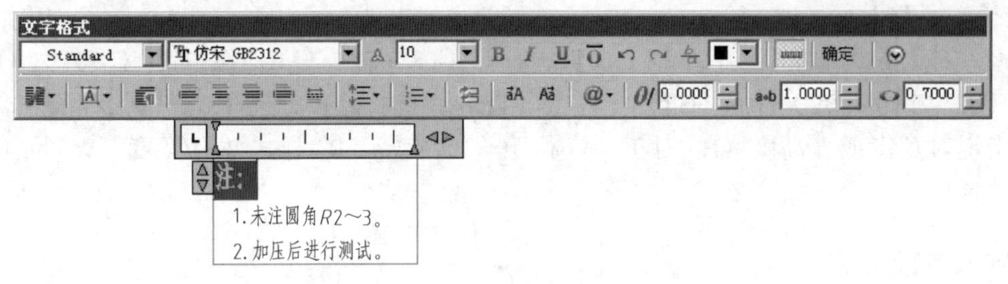

图8-15 选择需要修改的内容

② 在输入时如果是独立设置字体，且未在“特性”的文字选项中进行修改，则可再次打开如图8-15所示的“文字格式”对话框，在其中对文字字体进行修改编辑。

在AutoCAD中改变文字样式的方法与应用其他文字处理软件的操作非常相似，修改时还应特别注意字体和特殊字符的兼容性，否则，会出现有若干个“?”显示的不可读文字。

以上讲述了文字标注与编辑的方法，每一张完整的图纸中都必须要输入文字，用“单行文字”“多行文字”命令输入文字都非常方便。

在利用“单行文字”命令进行标注时，执行一次命令可以连续标注多行，但每换一行或用光标重新定义一个起始位置时，再输入的文字便被视作另一个实体。标题栏中通常都填写较简短的文字，因此可以使用“单行文字”命令，便于复制、修改。

“多行文字”命令特别适合输入行数较多的文字，它不仅可以更快速地编辑文字，例如加下划线、加黑、倾斜等，而且便于布置图面。对于单个表格宽度不同和竖排的文字，使用多行文字会更方便一些，在输入文字时采用手动换行，即可得到文字竖排效果。

8.5 创建表格

8.5.1 创建表格样式

在绘图过程中，为了集中、详细地表达与图样相关的某些数据信息，有时需要以表格的形式来表示。例如：建筑平面图的门窗表、结构构件详图的配筋表、装配图的明细表等。

功能：表格命令可以设置一个样式以便在绘图中调用。“TABLESTYLE”命令可用于进行编辑和创建表格。“表格样式”用来显示表格的具体内容，应用此命令可以设置多种表格样式。

菜单：“绘图”→“表格”或▦，绘图工具栏的第18项。

命令：TABLESTYLE（TS）。

单击绘图工具栏的“表格”命令，或单击主菜单中的“绘图”命令，选择下拉菜单中的“表格”，都可以弹出“插入表格”对话框，如图8-16。

（1）表格样式设置

单击“表格样式名称（S）”右边三点按钮，弹出“表格样式”对话框，如图8-17。应用“表格样式”可以创建、编辑、调整表格及相关内容。

单击“表格样式”对话框中的“新建”按钮，弹出“创建新的表格样式”对话框，如图8-18。

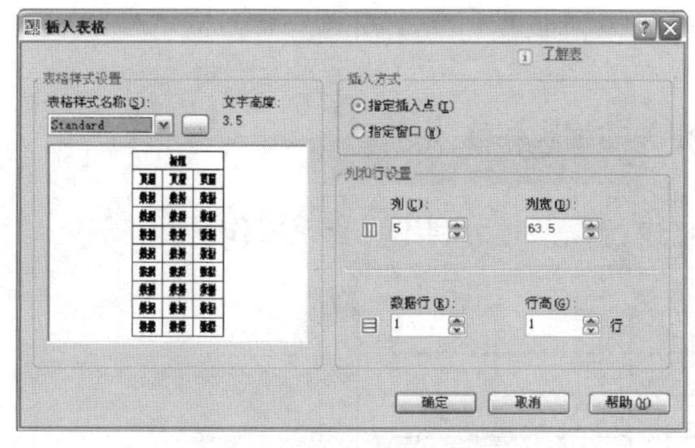

图8-16　“插入表格”对话框

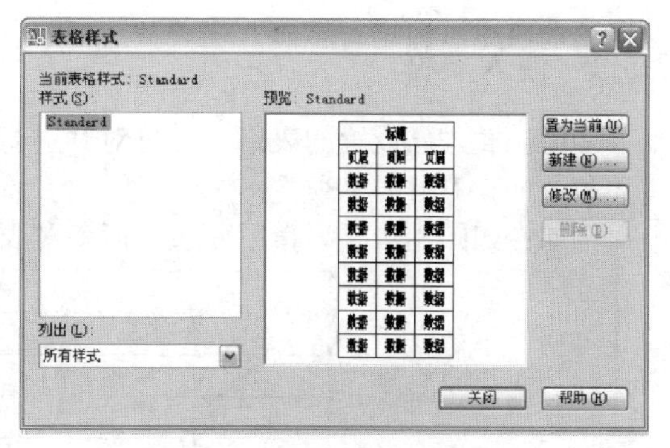

图8-17　“表格样式”对话框

在“新样式名（N）”中输入新编表格名称（默认为“副本Standard”），再单击左下方“继续”按钮，即弹出“新建表格样式”对话框，如图8-19。在此可以编辑所需的表格样式。可分别在“单元特性”“边框特性”区域中设置新的表格样式。

图8-18　创建新的表格样式对话框

“基本”区域中的表格方向包括上、下两项，默认为“下”，含义是所创建的表格向下分布排列。“单元边距”区域的“水平（Z）”“垂直（Y）”用来编辑和控制每一个单元格的尺寸。创建完毕后单击左下方的“确定”按钮，即返回至“表格样式”对话框，再依次单击“置为当前”“关闭”按钮，便可编辑新的表格下的具体内容。

单击“表格样式”中的“修改”按钮，即弹出“修改表格样式”对话框，如图8-20。与“新建表格样式”对话框相同，其选项卡具有三项：数据——内容同“新建表格样式”；列标题——提示选择是否包含页眉行；标题——提示选择是否保留标题行。

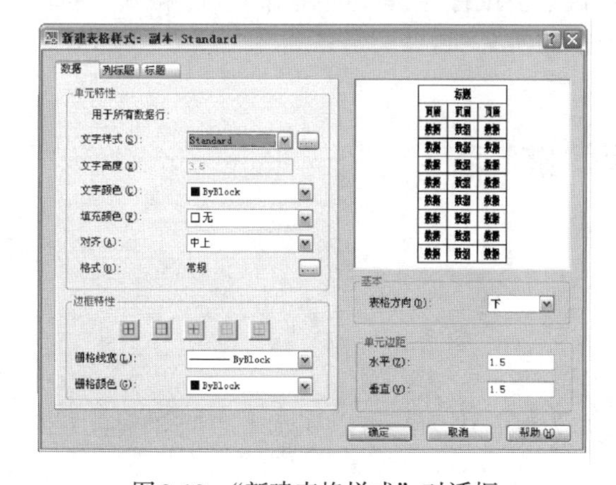

图8-19　“新建表格样式”对话框

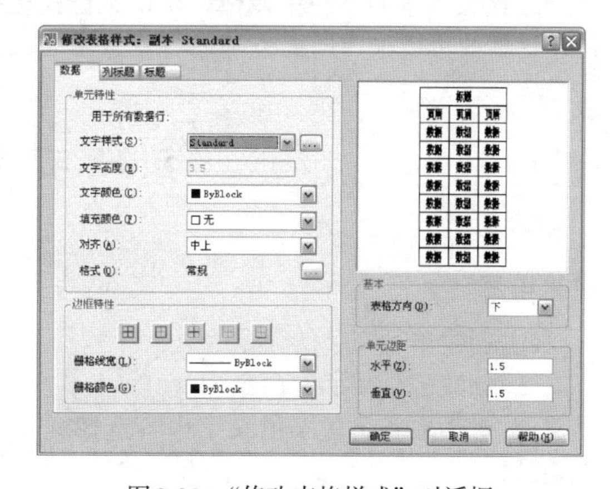

图8-20　“修改表格样式”对话框

（2）插入方式

“插入方式”中有两项：指定插入点（I）、指定窗口（W）。其中默认选项为“指定插入点（I）”。单击绘图工具栏的“表格”命令，即可编辑所需的表格。

（3）列和行设置

“列和行设置”中分别包含：列（C）、列宽（D）、数据行（E）、行高（G）。可分别在其选项内输入所需要的数值，再单击左下方的“确定”按钮。

8.5.2 插入表格

功能：插入已设置的表格，并可对其进行相关的编辑和修改。

命令：TABLE（TB）。

例如：如图8-21，编辑门窗表。需要对表格进行编辑时可利用夹点来操作。

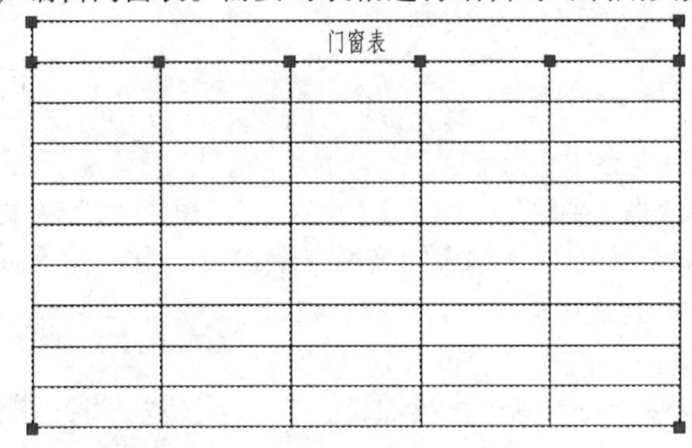

图8-21 利用夹点修改表格

左上夹点：可移动整体表格。

右上夹点：可修改并编辑表宽和整体列宽。

左下夹点：可修改并编辑表高和整体行高。

右下夹点：可同时修改并编辑表宽、表高和整体列宽、行高。

选择列夹点：可修改某一列宽，并不会改变表中其他列宽。

8.5.3 编辑表格内容

选择表格中的某一单元格，单击鼠标左键，再双击鼠标左键，即弹出“文字格式”对话框，这样便可以输入所需各项内容，直至完成表格的所有项。

8.6 实训练习

(1) 填空

① 创建单行文字的命令为（　　）。

② 创建多行文字的命令为（　　）。

③ 对于较长且复杂的文字内容选择（　　）为好，因为其可以在水平方向和垂直方向无限延伸。

④ 无论输入单行文字，还是输入多行文字，对其进行编辑时都应单击（　　），并选择（　　）进行编辑。

⑤ 文字高度一般在（　　）中确定或改写。

(2) 简答

① 应用鼠标双击已写好的单行文字或多行文字时，有什么不同的结果?

② 制表时应用单行文字还是多行文字为好？为什么?

③ 简单叙述书写特殊文字的操作步骤。

④ 编辑、修改单行文字的方法有哪些?

第9章 图层的使用与控制

到目前为止，我们已经学习了AutoCAD的一些基本绘图和编辑命令，并且可以绘制简单的二维图形了。在绘图中我们了解到不同的线型如果能一次性画出，并且不再受其他图线编辑或修改的干扰，会给我们绘图带来极大的方便。

本章将学习AutoCAD的一些比较高级的功能，包括如何设置图层、颜色、线型及线宽，指定图层状态，了解图层管理器的使用方法。掌握了这些内容，我们就能有效地管理图形信息及控制图形显示。

9.1 创建及设置图层

AutoCAD图层是透明的电子图纸，把各种类型的图形元素画在这些电子图纸上，然后将它们叠加在一起显示出来，如图9-1，在图层*A*上绘制矩形，图层*B*上绘制中心线，图层*C*上绘制圆，最终显示结果是各层内容叠加后的结果。这样将各种信息分类管理，分别修改与编辑，更易于分析与输出，并可以提高绘图效率。

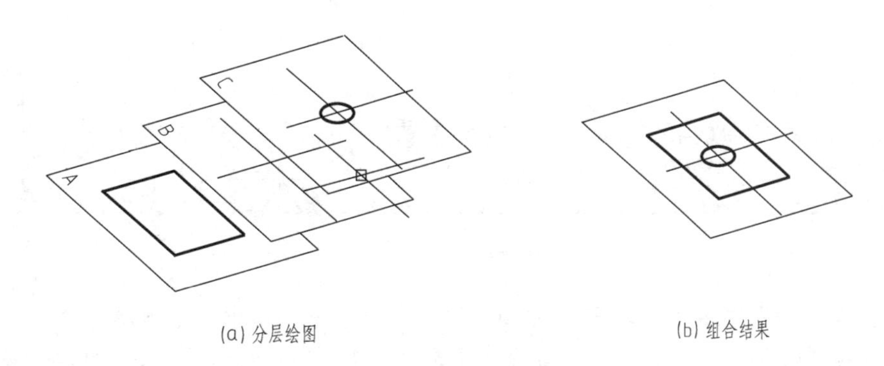

图9-1 图层的用途

用AutoCAD绘图时，图形元素是处于某个图层上，缺省情况下，当前层是0层，若没有切换至其他图层，则所画图形在0层上。每个图层都有与其相关联的颜色、线型、线宽等

属性信息，可以对这些信息进行设定和修改。当在某一层上作图时，生成的图形元素颜色、线型、线宽就与当前层的设置完全相同（缺省情况）。对象的颜色将有助于辨别图样中相似实体，而线型、线宽等特性可轻易地表示出不同类型的图形元素。

图层是用户管理图样的强有力工具，绘图时应考虑将图样划分为哪些图层以及按什么样的标准进行划分。如果图层的划分较合理且采用了合适的命名，则会使图形信息更清晰、更有序，对以后修改、观察及打印图样带来很大便利。无论任何图样都可以根据图形元素的性质划分图层，从而创建图层。常用的图层一般可分为：轮廓线层、中心线层、虚线层、剖面线层、尺寸标注层、文字说明层等。

9.1.1 如何创建及命名图层

一般在绘图前预先设置好图层，然后再进行绘图，也可以在绘图中随时根据需要添加新图层。创建及命名图层的步骤如下：

① 单击“格式”/“图层”命令或单击图层工具栏上的按钮，打开“图层特性管理器”对话框，再单击“新建”按钮（对话框中第1行左数第5项），在列表框中显示出名为“图层1”的图层。

② 为便于区分不同图层，应取一个能表征图层上图元特性的新名字取代该缺省名。图层名不可重复，不可含有标点符号，最长为255个字符。

如图9-2，直接输入“粗实线”，即列表框中“图层1”由“粗实线”代替，再创建其他的图层。可以继续创建不同的新图层。

③ 设定完成后，单击对话框下面的“确定”按钮，否则，系统将未创建任何新图层。

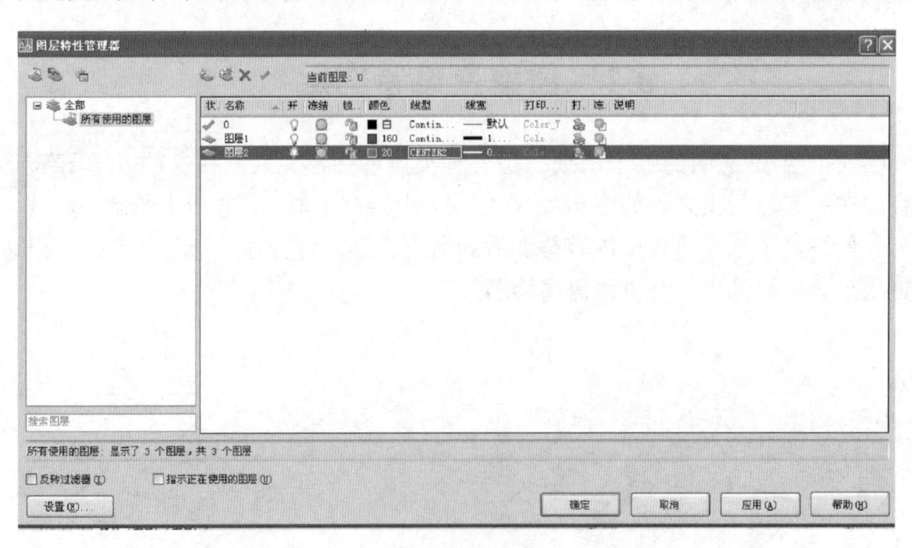

图9-2 创建图层

提示：若在“图层特性管理器”对话框的列表框中事先选中一个图层，然后单击“新建”按钮或按“Enter”键，则新图层与被选择的图层具有相同颜色、线型、线宽等设置。

9.1.2 设置当前图层

要在某一图层状态下绘图应将该图层设置为当前图层。但有时也可以先绘制图形，然后

用格式刷将已绘制的图层修改为所要求的图层。将某一图层设置为当前图层有多种方法：

① 可以在“图层特性管理器”对话框中选择该图层，则该图层则在对话框中显示为“当前图层”。

② 在图层工具栏中图层控制下拉列表中拾取所用的图层名。

③ 在窗口中选择该图层的某一对象，再单击图层工具栏中的“将对象的图层置为当前”按钮。

9.1.3　不同图层设置线型

① 在“图层特性管理器”对话框中选中图层。

② 对话框图层列表的“线型”列中显示了与图层相关联的线型，缺省情况下，图层线型是“Continuous”。单击“Continuous”，打开“选择线型”对话框，如图9-3，通过此对话框可以选择一种线型或从线型库文件中加载更多种类的线型。

③ 单击“加载”按钮，打开“加载或重载线型”对话框。该对话框列出了线型文件中包含的所有线型，可以在列表框中选择所需一种或几种线型，再单击“确定”按钮，这些线型就加载到AutoCAD中。当前线型文件是“acadiso.lin”，单击“文件”按钮，可选择其他的线型库文件。

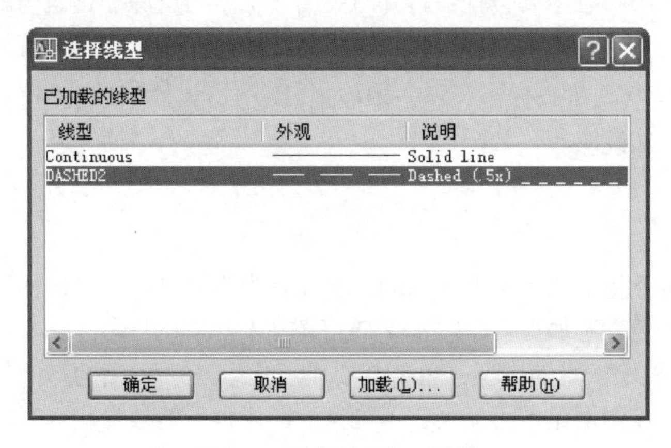

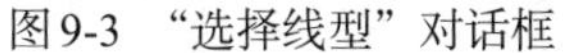

图9-3　“选择线型”对话框

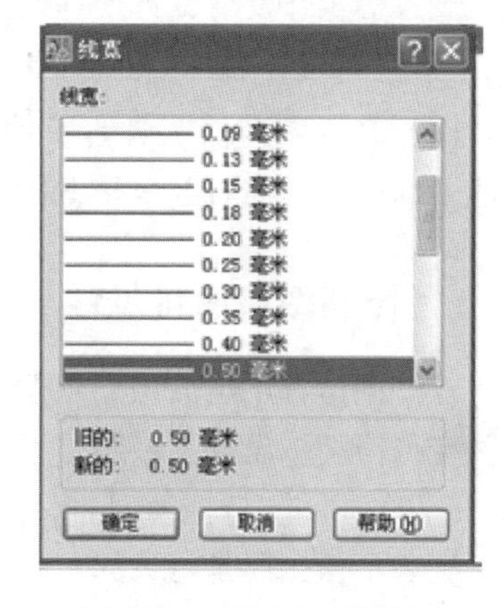

图9-4　“线宽”对话框

9.1.4　设定线宽

国家标准在线宽方面有严格规定。建筑图样一般分三种线宽，即粗、中、细；机械图样一般分两种线宽，即粗和细。这一点在学习中已经了解。设定线宽的常用方法是：

① 在“图层特性管理器”对话框中选中图层。

② 在该对话框详细信息区域的“线宽”下拉列表中选择线宽值，或单击图层列表“线宽”列中的图标“默认”，打开“线宽”对话框，如图9-4，通过此对话框我们也可设置线宽。“线宽”对话框显示不同的线宽，单击某一线宽即可选择。也可在特性工具栏的“线宽控制”中进行选择。

如果要使图形对象的线宽在模型空间中显示宽窄的变化，可以调整线宽比例。在状态栏的“线宽”按钮上单击右键，弹出光标菜单，然后选择“设置”选项，打开“线宽设置”对话框，如图9-5，在此对话框的“调整显示比例”区域中移动滑块就改变了显示比例值。一

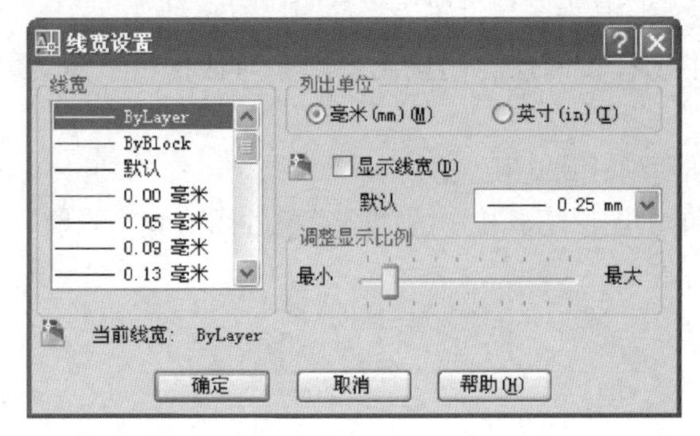

图9-5 “线宽设置”对话框

般地，该滑块在靠近左侧2~3刻度格内为图示理想状态。

有时绘图会出现这样一种现象：选择了图样中的某些图线，也在“线宽控制”中选择了对应的线宽，可是图面上仍然没有什么改变，这时应该查看一下“状态栏”中“线宽”按钮是否被激活。只有在该按钮被激活的状态下图样的线宽才会随着操作而改变。

还有一点需要强调：今后绘制专业图样时，经常需要选择不同的比例，应该在确定比例之后选择线宽，否则，打印出图时线宽会随着图样的比例而改变。

9.2 图层状态的控制

假如工程图样包含大量信息，且有很多图层，则用户可通过控制图层状态使编辑、绘制、观察等工作变得更方便一些。图层状态主要包括：打开与关闭、冻结与解冻、锁定与解锁、打印与不打印等，AutoCAD用不同形式的图标表示这些状态，如图9-2所示。我们可通过“图层特性管理器”对话框对图层状态进行控制，单击图层工具栏上的按钮就可打开此对话框。下面对图层状态作以详细说明。

9.2.1 控制图层的可见性

在绘图过程中可以控制图层的可见性，当不需要显示的图层设置为不可见时，可以使绘图区变得清晰。设置某一图层不可见的方法如下：

① 在“图层特性管理器”对话框中选择该图层，单击其中显示状态打开/关闭的灯泡符号，亮表示该图层是可见的，暗表示该图层是不可见的，不可见的图层也不能被打印。当图形重新生成时，被关闭的图层将一起被生成。

② 单击图层工具栏中图层按钮右边的图层控制框中对应层的打开/关闭的灯泡符号。

9.2.2 冻结或解冻图层

单击“冻结或解冻”图标，将冻结或解冻某一图层。解冻的图层是可见的；若冻结某个图层，则该图层为不可见，也不能被打印出来。当重新生成图形时，系统不再重新生成该层上的对象，因而冻结一些图层后，可以加快ZOOM、PAN等命令和许多其他操作的运行速度。

提示：解冻一个图层将引起整个图形重新生成，而打开一个图层则不会导致这种现象（只是重画这个图层上的对象）。因此如果需要频繁地改变图层的可见性，应关闭该图层而不应冻结。

9.2.3 锁定或解锁图层

锁定图层功能可以用来锁定某个对象所在的图层，被锁定的图层是可见的，但图层上的

对象不能被编辑。可以将锁定的图层设置为当前层，并能向它添加图形对象。锁定图层可以通过以下方法来实现：

① 在“图层特性管理器”对话框中选择该图层，单击锁定符号，图层则处于被锁定状态，反之，处于被解锁状态。

② 单击图层工具栏中图层控制下拉列表中对应层的锁定或解锁的小锁符号。

9.2.4　打印或不打印图层

单击“打印或不打印”图标，就可设定图层是否打印。指定某层不打印后，该图层上的对象仍会显示出来。图层的不打印设置只对图样中可见图层（图层是打开的并且是解冻的）有效。若图层设为可打印但该层是冻结的或关闭的，此时AutoCAD不会打印该层。

有关图层的控制：除了利用“图层特性管理器”对话框控制图层状态外，还可通过图层工具栏上的图层控制下拉列表控制图层状态。

9.3　图层的有效使用

绘制复杂图形时，常常要从一个图层切换至另一个图层，以及频繁地改变图层状态或是将某些对象修改到其他层上，如果这些操作不熟练，将会降低设计效率。

可利用图层的功能，对图形进行更好的管理。控制图层的一种方法是单击图层工具栏中的按钮，打开“图层特性管理器”对话框，通过此对话框完成上述任务。除此之外，还有另一种更简捷的方法——使用图层工具栏中图层控制下拉列表，如图9-6，该下拉列表包含了当前图形中所有图层，并显示各图层的状态图标。

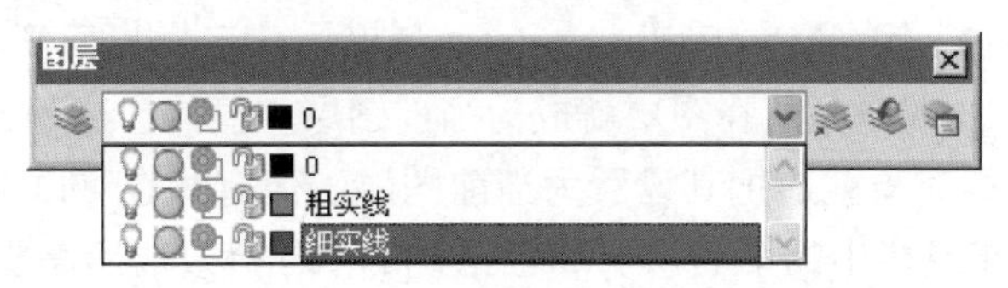

图9-6　图层控制下拉列表

此列表主要包含切换当前图层、设置图层状态、修改已有对象所在的图层等3项功能。图层控制下拉列表有3种显示模式：

① 如果用户没有选择任何图形对象，则该下拉列表显示当前图层。

② 若选择了一个或多个对象，而这些对象又同属一个图层时，下拉列表显示该图层。

③ 若选择了多个对象，而这些对象不属于同一个图层时，该下拉列表是空白的。

9.3.1　切换当前图层

要在某个图层上绘图，必须先使该图层成为当前图层。通过图层控制下拉列表，便可以快速地切换当前图层，方法是单击图层控制下拉列表右边的箭头，打开列表，选择欲设置成当前层的图层名称。操作完成后，该下拉列表自动关闭。

提示：此方法只能在当前没有对象被选择的情况下使用。

提示：用右键单击“图层特性管理器”对话框中的某一图层，将弹出光标菜单，如图9-7，利用此菜单可以设置为当前图层、新建图层或选择某些图层。

图9-7 弹出光标菜单

9.3.2 变其他图层为当前图层

将某个图形对象所在图层修改为当前图层有两种方法：

① 选择图形对象，则图层控制下拉列表中将显示该对象所在层，再按下“Esc”键取消选择，然后通过图层控制下拉列表切换当前层。

② 单击图层工具栏上的按钮，AutoCAD提示“选择将使其图层成为当前图的对象”，选择某个对象，则此对象所在图层就成为当前图层。显然，这种方法更简捷一些。

要绘制某一图层的对象就应把其设置为当前图层。但有时也可以根据需要先绘制图样，然后用格式刷（标准工具栏中的第11项）将已绘制的图样修改成所需要的样式。

9.3.3 修改图层状态

图层控制下拉列表中也显示了图层状态图标，单击图标就可以切换图层状态。在修改图层状态时，该下拉列表将保持打开，我们能一次在列表中修改多个图层的状态。修改完成后，单击列表框顶部，将列表关闭。

如果我们想把某个图层上的对象修改到其他图层上，可先选择该对象，然后在图层控制下拉列表中选取要放置的图层名称。操作结束后，列表框自动关闭，被选择的图形对象移到新的图层上。

9.4 图层的管理

图层的管理主要包括显示所需的一组图层、删除不再使用的图层、重新命名图层等，下面分别进行介绍。

9.4.1　图层工具

单击菜单中“格式”→“图层工具”，即可打开子菜单，如图9-8。

在AutoCAD中还有图层Ⅱ工具栏，它比“图层特性管理器”中的项目及功能更多。例如包括图层匹配、图层隔离、图层合并等功能。

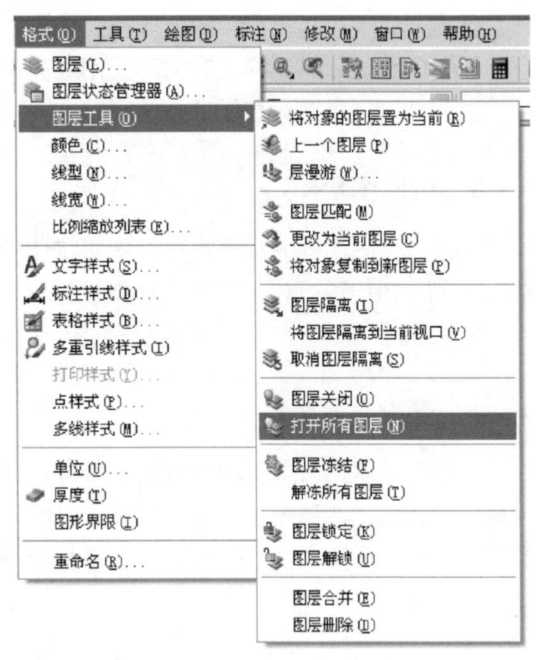

图9-8　“图层工具”菜单

9.4.2　寻找图层

如果图样中包含的图层较少，就可以很容易地找到某个图层或具有某种特征的一组图层，但当图层数目达到几十个时，这项工作就变得相当困难了。在“图层特性管理器”对话框中有几个有用的工具可使用户轻松地找到所需的图层。

（1）排序图层

假设有几个图层名称均以某一字母开头，如D-wall、D-door、D-window等，若想很快地从“图层特性管理器”对话框的列表中找出它们，可单击图层列表顶部的“名称”按钮，此时，AutoCAD将所有图层以字母顺序排列出来，再次单击此按钮，排列顺序就会颠倒过来。单击列表框顶部的其他按钮，也有类似的作用，例如，单击“开”按钮，则图层按关闭、打开状态进行排列，请自行试验。

（2）过滤图层

“图层过滤器特性”对话框中包含了几项过滤条件，如图9-9，设置其中一项，AutoCAD就在图层列表中显示出满足过滤条件的所有图层。

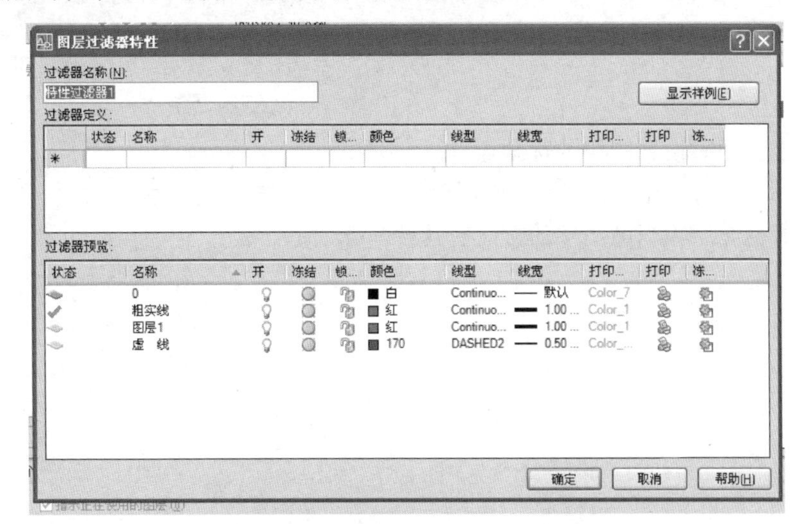

图9-9　“图层过滤器特性”对话框

在此对话框中可以设置图层名称、图层状态、颜色、线型等过滤条件。当指定名称、颜色、线型、线宽、打印样式时，可采用通配符“*”和“?”，其中“*”可用来代替任意数目的字符，“?”可用来代替任意一个字符。

9.4.3 删除图层

删除不用图层的方法是：在“图层特性管理器”对话框中选择图层名称，单击右键后再单击“删除图层”按钮，就可将此图层删除。但当前层、0层、定义点层、包含图形对象的层不能被删除。

9.4.4 重新命名图层

良好的图层命名将有助于对图样进行管理。要重新命名一个图层，可打开“图层特性管理器”对话框，选择图层名称，然后在图层列表区域的“名称”框中输入新名称。注意输入完成后，请不要按“Enter”键，因为若按此键，AutoCAD会又建立一个新图层。

9.5 实训练习

(1) 填空

① 图层锁定后，该图层的对象（　　）被选择，（　　）打印，（　　）向该层添加新对象，但原来该层的对象（　　）被删除。

② 若设置图层，应该在（　　）对话框中分别设置（　　）、（　　）、（　　）等特性。

③ 在设置图层时，不能删除（　　）和（　　）以及依赖外部参照的图层或包含对象的图层。

④ 创建图层应选择（　　）/（　　）或单击（　　）工具栏中的（　　）。

⑤ 在图层状态下设置线宽时，应单击线宽列下的（　　），再根据需要选择不同的线宽。

(2) 简答

① 简述在绘图时设置图层的优缺点。

② 详细写出设置一个新图层的操作步骤。

③ 改变其他图层为当前图层的方法有几种？分别是什么？

第10章 创建图块及图块的使用

图块是图形设计组成的重要功能之一。在建筑制图过程中，如果图形中包含大量相同或者相似的内容，或所绘制的图形和已有的图形文件相同，就可以把重复绘制的图形创建成块(也可称为图块)。结合创建块的属性、名称和使用等信息提升绘图的效率。

10.1 图块的概念及特点

图块其实就是用一个名字去标识多个对象的组合体。尽管一个图块可以由多个对象组成，但它在使用时是一个整体。用户可以把块看成一个对象进行操作，比如使用MOVE、COPY、ERASE、ROTATE、ARRAY和MIRROR等命令。还可以运用嵌套方法，就是在一个图块中包括其他一些图块。另外，假如对某一图块进行重新定义，将会使图样中全部引用的图块都自动更新。所以，在绘图过程中使用图块可以方便编辑。

当用户操作时创建一个图块后，AutoCAD会将此块储存在图形数据库中，之后用户可以结合实际需要多次插入同一个块，且不用重复绘制和储存，因此，在绘图过程中节省时间、方便快捷。插入的块并不需要进行复制，仅仅是结合一定的位置、比例和旋转的角度改变去应用，所以，数据量要比直接制图小很多，节省了计算机的储存（字节数）空间。

此外，在AutoCAD中还可以将块储存成一个独立的图形文件，称为外部块。这样可以在同一设计团队中与其他人共用这个文件，作为所需要的块直接插入到某一设计方案的图形中，不必再重新创建。也可以通过这样的方法把常用的各种块建立成图形库，供需求者使用，不但节约了时间和资源，又能保证符号以及某些设计结构的统一性、标准性。

10.2 定义图块及操作

在AutoCAD中块分为两种。一种是内部块，只可以在当前制图环境中使用，不能调用到其他绘图环境中。另一种是外部块，也可称为永久块，不但可以在当前制图环境中使用，也可以调用到其他绘图环境中，能够永久保存，只要不删除，在以后任何需要的时候都可以调出来用。

10.2.1 内部块的创建

功能：在当前图形中通过创建内部块可以重复绘制某一图形，而且可以对图形进行复制、旋转、阵列和镜像等操作。

菜单："绘图"→"块"→"创建"或 ，绘图工具栏中的第13项。

命令：创建块，BLOCK（B）。

选项说明：

创建块定义后，系统自动打开"块定义"对话框，如图10-1，各项的含义如下。

"名称"：用于指出新建块的名称，块名最长可达255个字符。

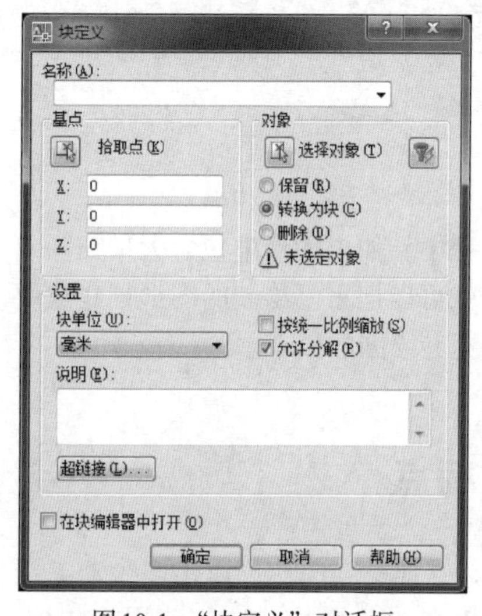

图10-1 "块定义"对话框

"基点"：用于指定块的插入基点，是块插入时光标移动的参考点，系统默认的值是（0，0，0）。在实际操作时，通常单击"拾取点"按钮，开启对象捕捉功能，拾取要定义为块的图形上的特殊点作为基点，用户也可以在"X""Y""Z"三个文本框中输入基点坐标（二维作图时Z值为0）。

"对象"：用于指定新建块中包含的所有对象，以及创建块后是否保留、删除对象或者转换为块使用，系统默认是转换为块，即创建块之后，将选择的图形对象立即转换为块。

①"保留"：在创建图块后，构成图块的所有实体原样保留在图中位置，不作任何改变。

②"转换为块"：在创建图块后，将所选择的实体用图块替换，实质是删除原来的实体，同时在原位置插入该图块。

③"删除"：在创建图块后，构成图块的实体将消失。

④"未选定对象"：未选择对象时的显示。

"设置"：指定图块的设置。

其中"按统一比例缩放"即为按指定的相同比例沿各方向缩放；"允许分解"为指定块可以被分解。

①"块单位"：供使用者在下拉列表中选择所需要的单位。

②"说明"：用于指定与块相关的文字说明。

③"超链接"：用于创建一个与块相关联的超级链接，可以通过该块来浏览其他文件或者访问点。激活该命令可以打开"插入超链接"对话框，如图10-2，插入超级链接文档，将需要的超链接与块定义相关联。

"在块编辑器中打开"：单击"确定"按钮后，将在此状态下打开当前的块定义，并用于动态块的创建与编辑。

【例1】 绘制如图10-3所示图形，并把四人餐桌定义为内部块。

操作步骤：

① 在命令行中输入命令"BLOCK"。运用创建内部块命令，打开"块定义"对话框，如图10-4。定义块名称为"四人餐桌"。

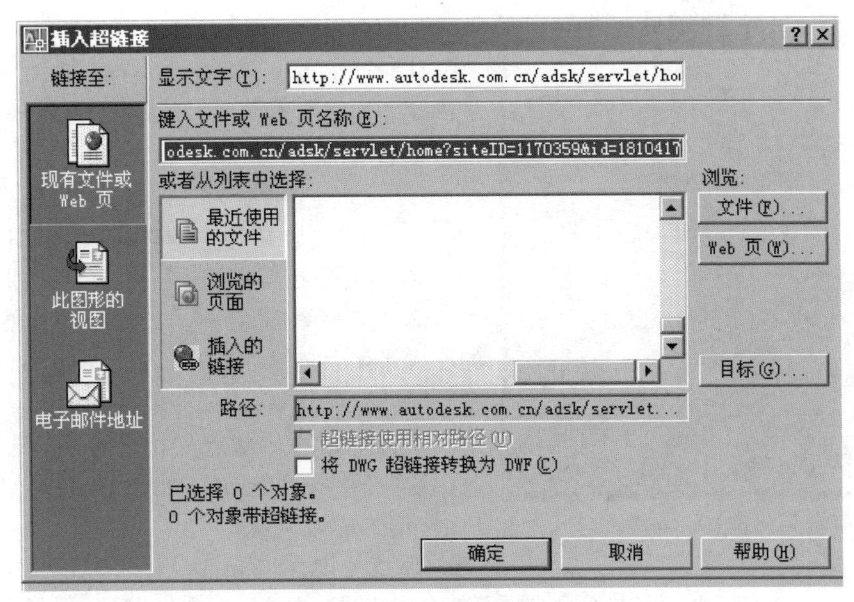

图10-2　“插入超链接”对话框

② 在“基点”栏中单击“拾取点”左侧按钮，拾取基点，回到绘图区，指定插入基点：选取餐桌左下角作为基点。回到块定义对话框，查看到拾取点的坐标。

③ 单击“对象”栏目中的“选择对象”左侧按钮，选择对象，屏幕又回到绘图区。命令行提示“选择对象”，选择所有组成四人桌对象。

④ 在返回的“块定义”对话框中，单击“确定”按钮，完成块的创建。

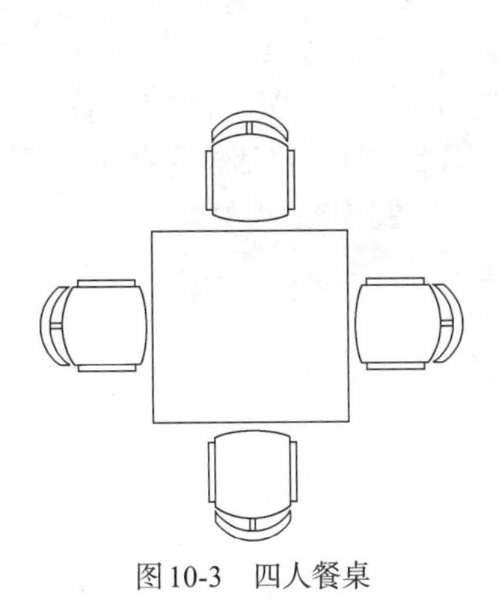

图10-3　四人餐桌

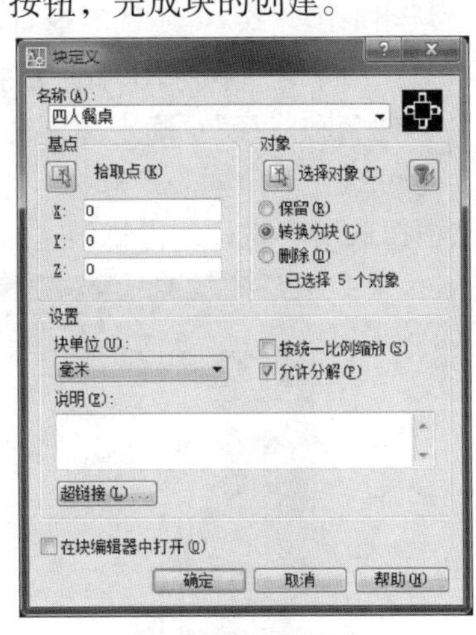

图10-4　块的设置

10.2.2　外部块的创建

功能：内部块仅限于在图块所在的当前图形文件中使用，并不能被其他图形引用。而在建筑工程设计中需要将定义完整的图块共享，以满足使用的需求。若使图块成为公共图块，即可供其他的图形文件插入和引用。AutoCAD提供了WBLOCK命令，即Write Block（图块存盘），可以将图块单独以图形文件形式存盘，即创建外部块。

命令行：写块，WBLOCK（或W）。

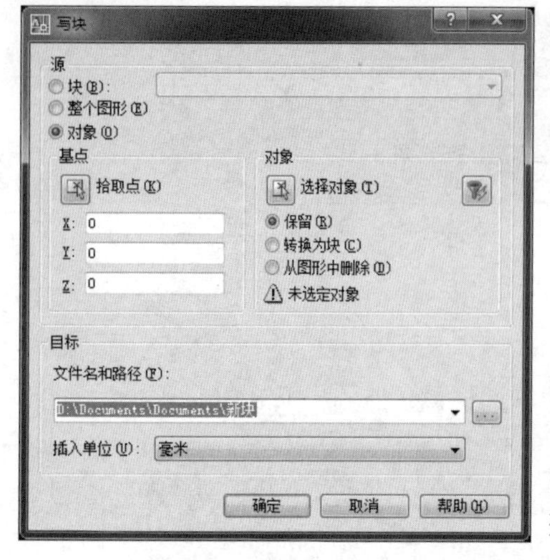

图10-5 “写块”对话框

调用命令后，弹出“写块”对话框，如图10-5。利用此对话框可以把图形对象保存为图形文件，或把图块转换成图形文件。

选项说明：

“源”：确定要保存为图形文件的图块或图形对象。

①“块”：将内部块创建成外部块，可以从对应块的下拉菜单中选择当前图形文件中已定义的图块。

②“整个图形”：将当前的全部对象都以图块的形式保存为文件。

③“对象”：将不属于图块的图形对象保存为图形文件。这时“基点”和“对象”选项组才有效。这种条件下的操作与创建内部块类似，需要用户选择组成块的对象。

“基点”：为图块指定基点，默认值为（0，0，0）。单击“拾取点”按钮，临时切换到作图屏幕，在当前图形中拾取一点作为图块的插入点。

“对象”：选择要保存为图形文件的对象并对其进行设置。单击“选择对象”按钮，临时切换到作图屏幕，在当前图形中选择要保存为图形文件的对象，然后按回车键返回“写块”对话框。

①“保留”：所选图形对象保存为图形文件后，仍然保留在当前图形中。

②“转换为块”：所选图形对象保存为图形文件后，转换为一个图块，图块具有与图形文件名相同的名称。

③“从图形中删除”：所选图形对象保存为图形文件后，把它们从当前图形中删除。

“目标”：用于设置保存图块的文件新名称、路径和插入时所用的测量单位等。

①“文件名和路径”：确定图形文件的名字和图形文件的位置。可在文本框中直接输入文件名，也可以在下拉列表中选择。也可单击三点按钮打开“浏览图形文件”对话框，如图10-6，从中选取所需路径，将新创建的图块通过“浏览图形文件”对话框保存为外部块。

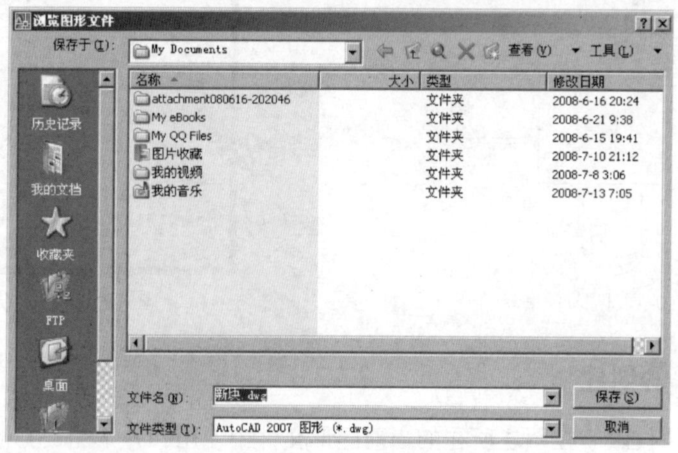

图10-6 “浏览图形文件”对话框

②“插入单位”：用于设置将其作为块插入到用不同尺寸单位绘制的图样中时，能够自动缩放的单位数值。

所有的图形文件都可以看作外部块插入其他的图形文件中。不同之处在于WBLOCK命

令创建的外部块插入基点是由用户设定的，而其他图形文件插入时的基点是坐标的原点。

10.3　图块的保存

采用CAD绘图时，有时会根据需要制作一些块，如果不另外保存的话，这些图块将被自动保存在当前的文件中，而其他文件则无法调用。下面介绍图块的保存方法。打开已经做好块的CAD文件，在命令行输入“W”，回车后，即弹出“写块”对话框，如图10-5。

单击块→选择要保存的块→选择要保存的路径→确定。

【例2】 创建图块，如图10-7，再保存。

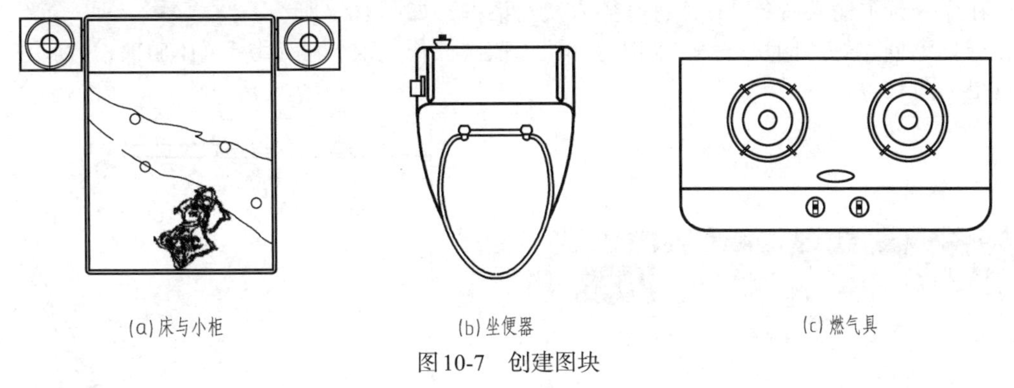

图10-7　创建图块

操作步骤：

① 将图10-7（a）、（b）、（c）分别创建为三个块，以相应的名称命名。

② 输入“W”，弹出“写块”对话框，如图10-5，在“源”项下方选择“块”，并将三个块分别命名且保存于选定的图形文件路径中（D:\Documents\Documents\新块）。

③ 需要调用时打开对应的图形文件查找，并插入。

10.4　图块的插入

在绘制建筑工程图样中，经常会需要各种各样的标准图形，而且调用的次数较多。根据已经定义的图块，可以结合一定的位置、旋转角度和比例调整来插入调用，以便提高绘图速度和节省储存空间。

功能：可以将本图形文件中创建的图块插入到所需要的位置。

菜单：“绘图”→“插入块”或，绘图工具栏的第12项。

命令：插入块， INSERT（I）。

选项说明（如图10-8为弹出的插入块对话框）：

“名称”：指定要插入的图块或图形文件的名字。在编辑操作期间，前面最近一次被插入的图块将作为后续“INSERT”命令的默认选项。单击“浏览”按钮，可以打开“浏览图形文件”对话框，如图10-6。可从中选择要插入的图块或图形文件。

“路径”：指定图块的保存路径。

①“插入点”：用于设置图块的插入点。可以在“X”“Y”“Z”文本框中输入插入点的坐标，或选中“在屏幕上指定”复选框。单击“确定”按钮时切换到作图屏幕，可用鼠标在当前图形中拾取一点作为插入点。

② “缩放比例”：用于设置图块插入的缩放比例。图块被插入到当前图形中时，可以任意比例放大或缩小。X、Y、Z方向的默认值为1。若选中“统一比例”复选框，则只需设置X方向的缩放比例，Y、Z方向的缩放比例自动与X方向的缩放比例一致。也可选中“在屏幕上指定”复选框，然后用鼠标指定缩放比例。缩放比例也可以为负数，当为负数时，表示插入图块的镜像。

③ “旋转”：用于设置图块插入时的旋转角度。可直接输入角度值，正值为逆时针旋转，负值为顺时针旋转。也可选中“在屏幕上指定”复选框，然后用鼠标指定旋转角度。

“分解”：若选中该复选框，插入的图块将被分解为图块定义前的状态；若不选中，则插入后的图块将作为一个单独的实体存在。

【例3】 将当前创建的名称为“四人餐桌”的图块插入平面图中。

插入点确定后，在屏幕上指定的比例为1或0.5，旋转角度分别为0°、45°、60°。

在命令行中输入命令“I”，打开插入块对话框，如图10-8所示。

选择已创建好的图块——“四人餐桌”，依次操作三次“插入块”（INSERT）命令，最终效果为图10-9。

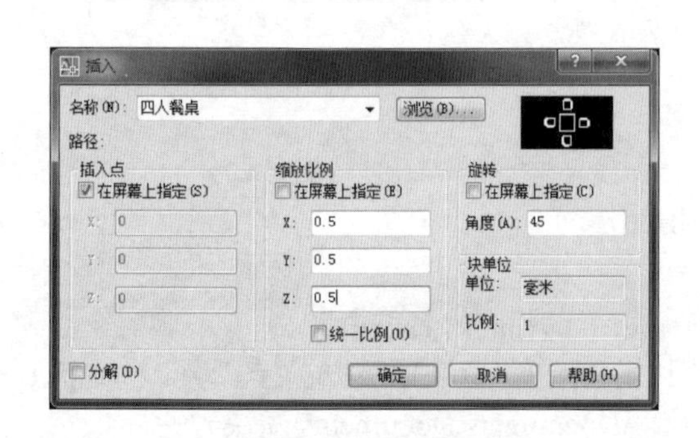

图10-8 插入块对话框

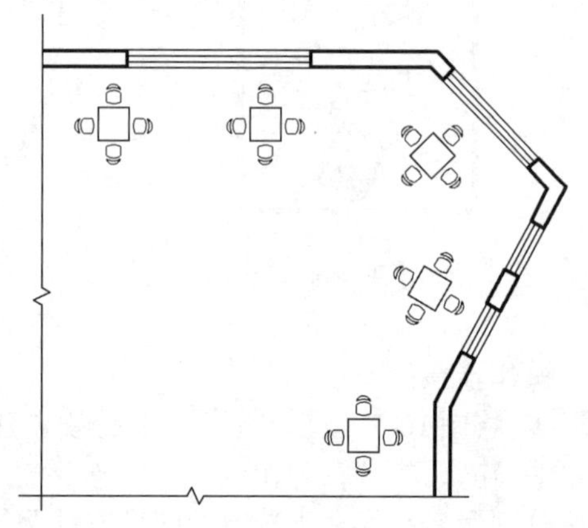

图10-9 插入图块

操作步骤：

① 比例为0.5，角度为0°，在平面图中插入三组（水平位置上方两组、下方一组）。

② 比例为0.5，角度为45°，在平面图中插入（右上角）。

③ 比例为0.5，角度为60°，在平面图中插入（右侧中间）。

如果插入已保存的其他图形，可参照10.3节的具体操作先保存为块，再进行插入。

10.5 图块的属性及编辑

属性是数据附着在块上的标签或者标记，是一种特殊的文本对象，包括用户所需求的各种信息。图块的属性经常用于形式相同、文字的内容需要变化的情况下，比如建筑图里的门窗编号、标高符号和房间编号等，用户可将他们创建为带有属性的图块，使用时可按照需要制定文字内容。当插入图块时，系统将显示或者提示输入属性数据。

10.5.1 定义图块属性

功能：属性特征可以标记属性的名称、插入块时显示的提示信息、值的信息、文字格式、块中的位置等。

菜单：“绘图”→“块”→“定义属性”。

命令：ATTDEF（ATT）。

（1）绘制图形

首先绘制标高的符号，如图10-10。

图10-10 绘制标高的符号

（2）定义图块的属性

在命令行中输入“ATT”，打开“属性定义”对话框，如图10-11。

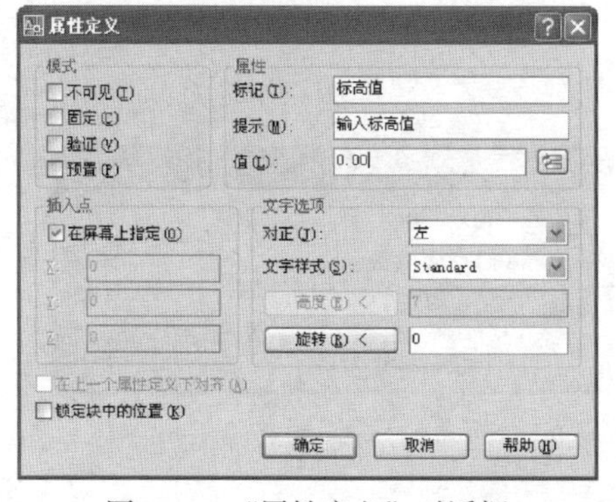

图10-11 “属性定义”对话框

选项说明：

“模式”：用于设置属性的模式。

①“不可见”：设置图块插入后是否显示属性值。

②“固定”：设置属性是否为固定值。

③“验证”：设置插入图块时，将提示我们确认属性值的正确性。

④“预置”：设置是否将属性值设置成默认值。

“锁定块中的位置”：锁定图块参照中属性的位置。若将其解锁，属性可以相对于应用夹点编辑的图块的其他部分移动，同时可以调整多行属性的大小。

“属性”：设置每个属性的标签和提示信息等。

①“标记”：属性的标签，即多次标注图形中所具有的属性。该项不能空。

②“提示”：设置在插入图块中，输入该条属性时命令窗口中显示的提示信息。

③“值”：指定默认的属性值。单击按钮，即打开“字段”对话框，在此可插入字段或其他信息作为属性的全部或部分。

“插入点”：用于设置属性文字排列的起点。可以在“X”“Y”“Z”文本框中直接给出属性插入点的坐标。其中“在屏幕上指定”用于指定图样中所需位置。

“文字选项”：用于设置属性文本的格式。

①“对正”：设置属性文本相对于插入点的对齐方式。用户可以从对应的下拉列表中选择一种。

②“文字样式”：可以从相应的下拉列表中选择一种作为属性文字的样式。

③“高度”：设置属性文字高度。可以直接在文本框中输入文字高度值，也可以单击该按钮，在绘图窗口中选取两点以确定文字高度。

④“旋转”：设置属性文字旋转角度。可以直接在文本框中输入角度值，也可以单击该按钮，在绘图窗口选取两点以确定旋转角度。

“在上一个属性定义下对齐”：只有前面定义过属性时此复选框才可用，表示当前属性采用上一个属性的文字样式、文字高度和旋转角度，并且另起一行按上一个属性的对齐方式排列。

设置完“属性定义”对话框中的各个项内容后，单击对话框中的“确定”按钮，即完成一个属性定义。用上述方法可以为图块定义多个属性。

如图10-11，“属性定义”对话框中，在标记的文本框中输入“标高值”，在提示中输入“输入标高值”，在默认文本框中输入“0.00”，对正设为左对齐。

（3）定义图块

在命令行中输入命令“BLOCK”，块定义的对话框中名称为“标高”，拾取点以图形的下角为基点，在选择对象时，要将标高符号及其属性全部选中，在如图10-1的“块定义”对话中完成。

块定义完成后，命令行输入“ATT”，打开“属性定义”对话框。这时将显示前面所添加的属性内容，如图10-12。

确定编辑属性后，在屏幕上的标高数值自动改为默认值，接着双击，弹出“编辑属性定义”对话框，如图10-13。在“默认”一栏输入新值，再点击“确定”即可。

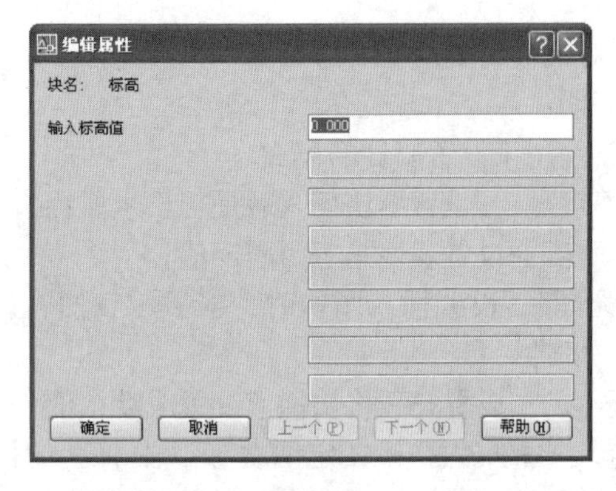

图10-12 “编辑属性”对话框图

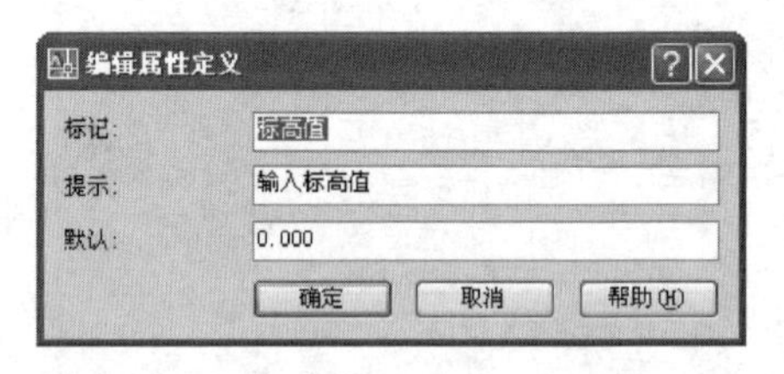

图10-13 “编辑属性定义”对话框

（4）增强属性编辑器

功能：对于已经定义或插入的块，需要修改其属性时，可使用增强属性编辑器，如图10-14。

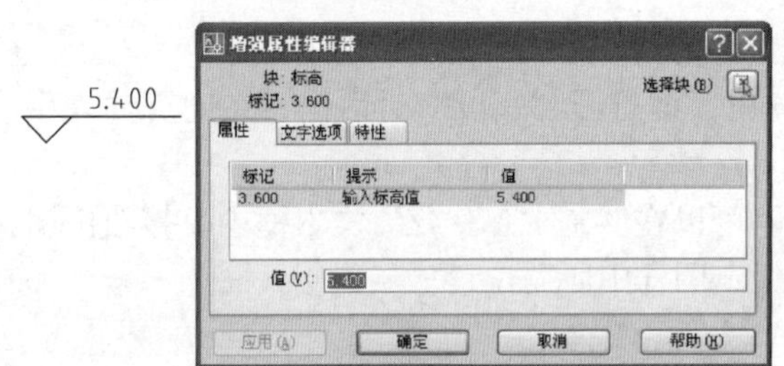

图10-14 “增强属性编辑器”对话框

菜单：“修改”→“对象”→“属性”→“单个”（也可单击修改Ⅱ工具栏的“编辑属性”按钮）。

命令：EATTEDIT（或双击具有属性的块）。

选项说明：

“属性”：显示指定每个属性的标记、提示和值，在此只能修改“值”。如图10-14，在“值”一栏输入“5.400”，则图面的标高值即为相同值。

“文字选项”：仅可以设置或修改具有属性文字在图样中的显示特性，如：文字样式、高度、对正、旋转等。

“特性”：可设置属性的图层、颜色等。

10.5.2 图块属性的使用

（1）插入属性图块

在命令行中输入“INSERT”命令。在插入块的对话框中，选择名称为“标高值”。

单击“确定”按钮之后，在适当的位置点击鼠标确定标高的位置，并在命令行中输入标高的数值。

（2）设置标高符号和标高值

命令提示信息如下：

命令：INSERT

指定插入点或［基点（B）/比例（S）/旋转（R）］：（输入属性值）

请输入标高的数值<±0.000>：2.980

按照上述步骤重复操作，即可得到相应不同的标高值（标高的标注）。

10.5.3 图块的其他编辑

图块的编辑还包括图块的分解、改变基点、清理内容等。

（1）图块与图层

图块可以由绘制在多个图层上的图形实体构成，系统将有关图层的信息保留在图块中。在图块插入的过程中。遵循以下规则：

① 图块插入后原来位于0层上的实体被绘制在当前层上，并按当前层的线型与颜色绘制。

② 对于图块中其他图层上的实体，如果图块中有与当前图形同名的层，图块中该层上的实体仍然绘制在当前图形的同名图层上，并按当前图形该图层线型与颜色绘制。图块中其他图层上的实体仍绘制在原来的图层上，并在当前图形上修改或编辑相应图层。

③ 若插入的图块由多个位于不同图层上的图形实体组成，当冻结当前图形中的某个图层后，图块上属于该图层上的实体就会不可见。

（2）分解图块

定义好的图块是一个整体，要编辑其中任何部分，必须先分解。可使用“EXPLODE”命令将块分解为相对独立的多个对象。分解图块有以下两种方法。

① 插入图块时，在“插入”对话框中，选中左下角的“分解”复选框，此时插入的图块自动分解成互相独立的图形实体。

② 用修改栏中的“分解”命令分解图块，可将用多段线绘制的图形实体与尺寸、图块等分解为单个实体。

此命令将插入进来的图块分解成相互独立的图形实体，且各个组成部分分别在原来图块所在的图层上。

（3）图块新基点的确定

如果要将当前图形插入到其他图形中或从其他图形外部参照当前图形，插入基点默认为图形坐标原点（0，0，0），若需要改变插入基点可通过“BASE”（基点）命令完成。向其他图形插入当前图形或将当前图形作为其他图形的外部参照时，AutoCAD将使用改变后的基点作为插入点。

单击“绘图”/“块”/“基点”后，根据系统提示指定某一点作为新的基点。以后再插入该图块时，系统会使用此点作为插入图形的基点。

（4）清除图块

图形中如果存在不会被引用的图块或者图块已分解，即可使用“PURGE”命令清除图块的定义信息，以节省存储空间。也可单击“文件”/“绘图实用程序”/“清理”。

该命令还可将图形数据库中未用的命名对象（如图块、图层、线型、尺寸格式、打印样式、文字样式、多线样式等）清除。

本章学习了创建图块的方法，利用少量时间建立一个图块（或称样板图），不仅可以长时间使用，还可以使其成为共享资源。

在创建图块时，设置的对象捕捉方式会保留在图块中。图层、文字和尺寸样式是图块的必备内容。保存图块的图形文件，与保存一般图形文件的操作步骤完全相同，只是两种文件使用的扩展名不同。建立好一个图块后，只要调出已有的图块，做相应的修改后换名存盘即可。

10.6 实训练习

(1) 填空

① 单击“修改”/“对象”/“文字”/“编辑”命令后应弹出（　　　　　　）对话框。

② 图块分解后每个图形元素变为（　　　　　　）。

③ 对于已创建的图块，若需编辑时，必须首先（　　　　　　　　　　　　）。

④ 清除图块的顺序为（　　　　　　）/（　　　　　　　　）/（　　　　　　　　）。

⑤ 图块的保存应在（　　　　　）对话框完成。

(2) 简答

① 图块的创建为绘图带来了哪些方便？

② 写出绘制如题图10-1的操作步骤，并能够编辑和修改。

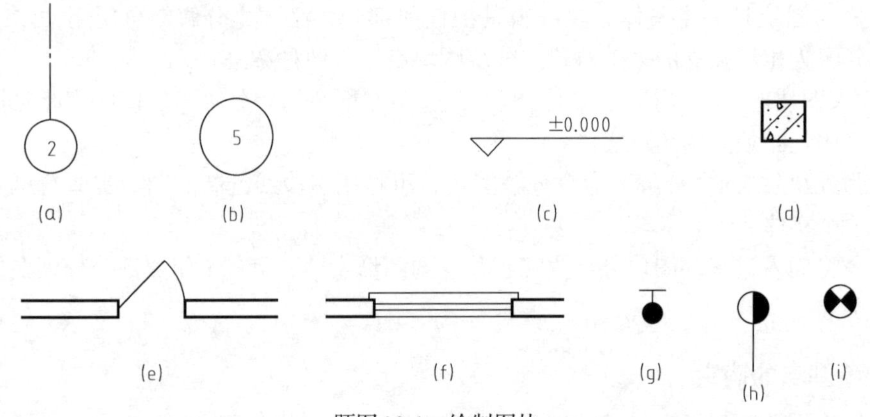

题图10-1　绘制图块

③ 完成如题图10-2所示标题栏，将该标题栏定义成块，并将标题栏内图名及比例、图号、日期所对应的单元格内定义成属性。

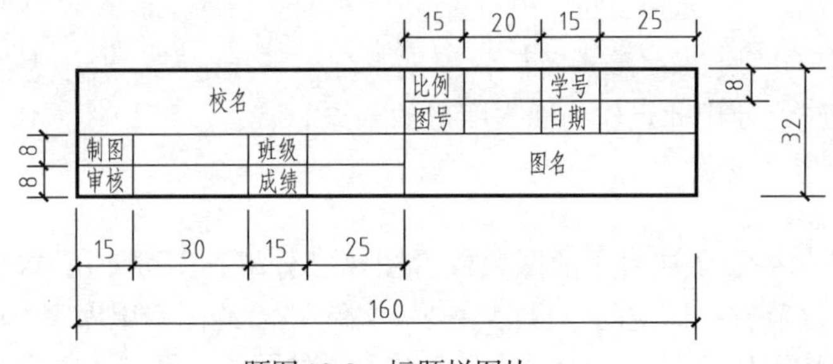

题图10-2　标题栏图块

第11章 图形信息

在绘图过程中常常需要查询已经绘制的图样或者需要得到某些图形信息以及某些图形设置的情况，以便有关技术资料（包括图形在内）之间的互通和交流。通过本章的学习，读者应掌握世界坐标和用户坐标系的编辑方法，并能够设置栅格和捕捉功能；掌握对象捕捉和自动追踪的设置方法以及使用对象捕捉和自动追踪、动态输入功能绘制综合图形的方法。

本章主要介绍一部分必要的获取图形信息的方法，应用这些方法可以更迅速、准确地绘图、查询信息，建立共享资源的平台。同时，了解这些方法也可以通过图形信息更好地保证绘图质量。

11.1 精确定位

在AutoCAD中设计和绘制图形时，对图形尺寸及比例要求很严格，必须按给定的尺寸绘图。一般要求通过常用的指定点的坐标法来绘制图形，以便精确绘图。

11.1.1 使用坐标系

在绘图过程中要精确定位某个对象时，必须以某个坐标系作为参照，以便明确拾取点的位置。AutoCAD的坐标系可以提供精确绘制图形的方法，使用户可以按照非常高的精度标准，准确地设计并绘制图形。

坐标（x，y）是表示点的最基本方法。在AutoCAD中，坐标系分为世界坐标系（WCS）和用户坐标系（UCS）。在两种坐标系操作中均可以通过坐标（x，y）来精确定位点。绝对直角坐标和极坐标、相对直角坐标和极坐标均在第3章已介绍。

（1）控制坐标的显示

在绘图窗口中移动十字光标时，状态栏上将动态地显示当前指针的坐标。坐标显示取决于所选择的模式和程序中运行的命令，共有三种方式。

模式0，“关”：显示上一个拾取点的绝对坐标。此时，指针坐标将不能动态更新，只有在拾取一个新点时，显示才会更新。但是，从键盘输入一个新点坐标时，不会改变该显示方式。

模式1，“绝对”：显示光标的绝对坐标。该值是可以动态更新的，默认情况下，显示方式是打开的。

模式2，“相对”：显示一个相对极坐标。当选择该方式时，如果当前处在拾取点状态，系统将显示光标所在位置相对于上一个点的距离和角度。当离开拾取点状态时，系统将恢复到模式1。

（2）创建UCS

在AutoCAD中，选择“工具”→“新建UCS”命令，利用它的子命令可以方便地创建UCS，包括世界坐标和其他绘图对象等。

（3）使用正交UCS

选择“工具”→“命名UCS”命令，打开“UCS”对话框，如图11-1。在“正交UCS”选项卡中的“当前 UCS”列表中选择需要使用的正交坐标系，如俯视、仰视、左视、右视、主视和后视等。

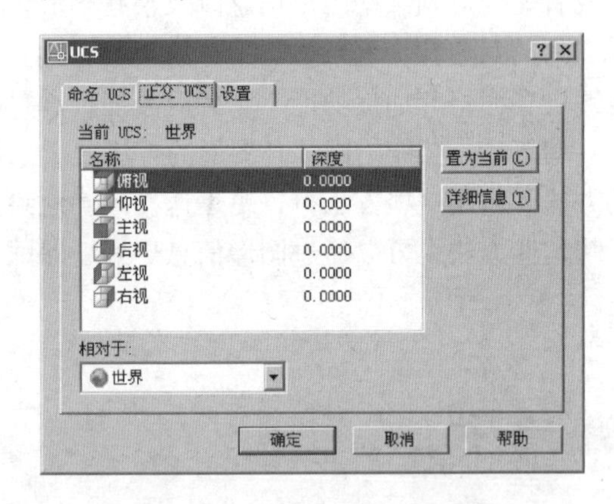

图11-1 “正交UCS”选项卡

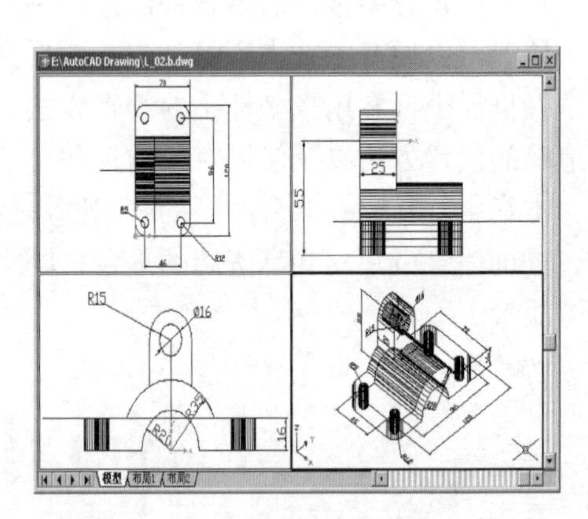

图11-2 多个绘图窗口

（4）设置当前视口中的UCS

在绘制三维图形或一幅较大图形时，为了能够从多个角度观察图形的不同侧面或不同部分，可以将当前绘图窗口切分为几个“小”窗口即视口显示，如图11-2。在这些视口中，为

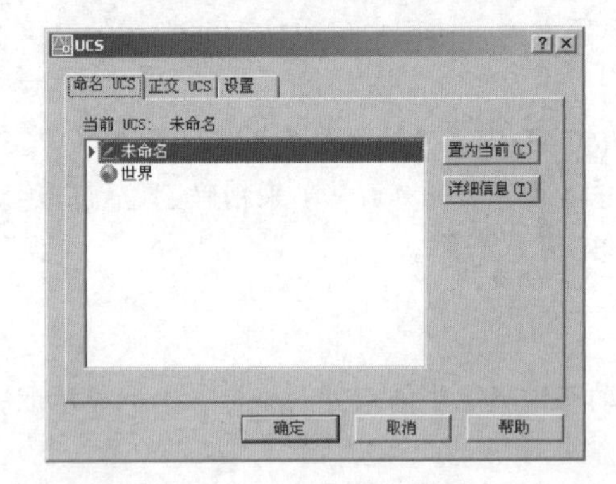

图11-3 “UCS”对话框

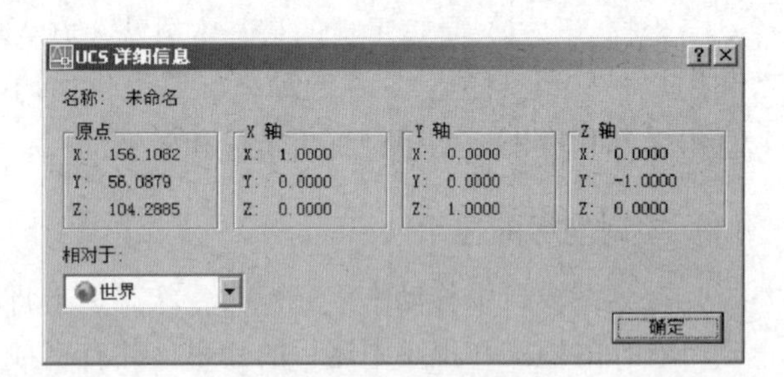

图11-4 “UCS详细信息”对话框

了便于对象编辑，还可以为它们分别定义不同的UCS。当视口被设置为当前视口时，可以使用该视口上一次处于当前状态时所设置的UCS进行绘图。

（5）命名UCS

选择“工具”→“命名UCS”命令，打开“UCS”对话框，如图11-3。

单击“命名UCS”标签打开其选项卡，并在“当前 UCS”列表中选中“世界”或某个UCS，然后单击“置为当前”按钮，可将其置为当前坐标系，这时在该UCS前面将显示“标记”。也可以单击“详细信息”按钮，打开“UCS详细信息” 对话框，如图11-4。可在该对话框中查看坐标系的详细信息。

11.1.2　设置捕捉和栅格

在绘制图形时，尽管可以通过移动光标来指定点的位置，但却很难精确指定点的某一位置。在AutoCAD中，使用“捕捉”和“栅格”功能，可以用来精确定位点，提高绘图效率。

“捕捉”用于设定鼠标光标移动的间距。为了准确地在屏幕上捕捉点，AutoCAD提供了捕捉工具，可以在屏幕上生成一个隐含的栅格（捕捉栅格），这个栅格可以捕捉光标，约束它只能落在栅格的某一个节点上，使作图能够高精确度地捕捉和选择某一栅格上的点。

“栅格”是一些标定位置的小点，起坐标纸的作用，可以提供直观的距离和位置参照。

要打开或关闭“捕捉”和“栅格”功能，可以选择以下几种方法。

① 在AutoCAD程序窗口的状态栏中，单击“捕捉”和“栅格”按钮。

② 按“F7”键打开或关闭“栅格”，按“F9”键打开或关闭“捕捉”。

③ 选择“工具”→“草图设置”命令，打开“草图设置”对话框，如图11-5，在“捕捉和栅格”选项卡中选中或取消“启用捕捉”和“启用栅格”复选框。

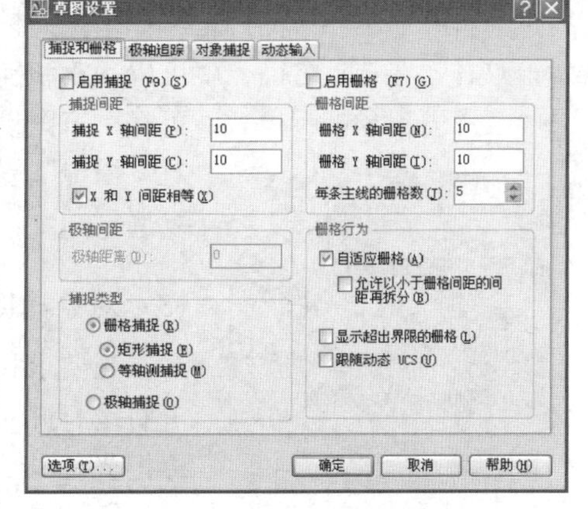

图11-5 “草图设置”对话框

选项说明：

①“启用捕捉”复选框：打开或关闭捕捉方式。选中该复选框，可以启用捕捉。

捕捉选项组：设置捕捉间距、捕捉角度。

“捕捉X轴间距”：确定捕捉栅格点在水平方向的间距。

“捕捉Y轴间距”：确定捕捉栅格点在垂直方向的间距。

②“启用栅格”复选框：打开或关闭栅格的显示。选中该复选框，可以启用栅格。

栅格选项组：设置栅格间距。如果栅格的X轴和Y轴间距值为0，则分别采用捕捉X轴和Y轴间距的值。

③“捕捉类型”选项组：可以设置捕捉类型和样式，包括“栅格捕捉”和“极轴捕捉”两种。

④“栅格行为”选项组：用于设置“视觉样式”下栅格线的显示样式（三维线框除外）。

11.1.3　正交模式

AuotCAD提供的正交模式也可以用来精确定位点，它将定点设备的输入限制为水平或垂直。使用“ORTHO”命令，可以打开正交模式，用于控制是否以正交方式绘图。在正交模式下，仅可以绘制与当前X轴或Y轴平行的线段。在AutoCAD程序窗口的状态栏中单击“正交”按钮，或按“F8”键，可以随时打开或关闭正交方式。

11.1.4　对象捕捉

(1) 对象捕捉工具栏

在绘图的过程中，经常要指定一些对象上已有的点，例如端点、圆心和两个对象的交点等。如果只凭观察来拾取，不可能非常准确地捕捉到这些点。在AutoCAD中，可以利用对象捕捉工具栏，如图11-6，从左至右各项分别是：临时追踪点、捕捉自、端点、中点、交点、外观交点、延长线、圆心、象限点、切点、垂足、平行线、插入点、节点、最近点、无捕捉、对象捕捉设置。可以在“草图设置”对话框内选择所需使用的某些项。调用对象捕捉功能的目的也是为了迅速、准确地捕捉到某些特殊点，从而精确地绘制图形。

图11-6　对象捕捉工具栏

(2) 使用自动捕捉功能

绘图的过程中，使用对象捕捉的频率非常高。为此，AutoCAD又提供了一种自动对象捕捉（自动捕捉）模式。

自动捕捉就是当把光标放在一个对象上时，系统自动捕捉到对象上所有符合条件的几何特征点，并显示相应的标记。如果把光标放在捕捉点上多停留一会，系统还会显示捕捉的提示。这样，在选点之前，就可以预览和确认捕捉点。

要打开对象捕捉模式，可在“草图设置”对话框的“对象捕捉”选项卡中，选中“启用对象捕捉”复选框，然后在“对象捕捉模式”选项组中选中相应复选。

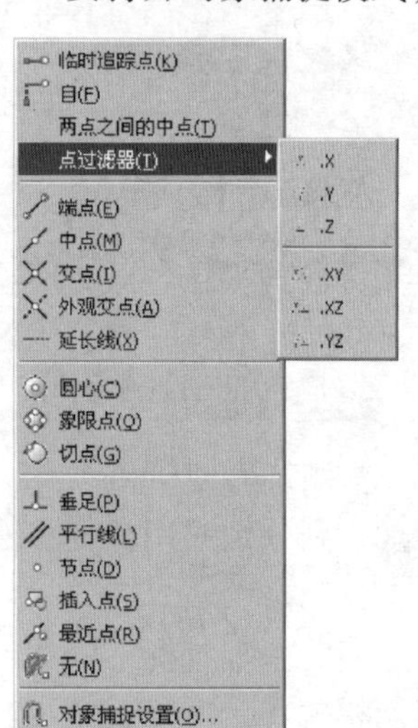

图11-7　对象捕捉快捷菜单

(3) 对象捕捉快捷菜单

当要求指定点时，可以按下“Shift”键或者“Ctrl”键，单击右键打开对象捕捉快捷菜单，如图11-7。选择需要的子命令，再把光标移到要捕捉对象的特征点附近，即可捕捉到相应对象的特征点。

(4) 运行和覆盖捕捉模式

在AutoCAD中，对象捕捉模式又可以分为运行捕捉模式和覆盖捕捉模式。在“草图设置”对话框的“对象捕捉”选项卡中，设置的对象捕捉模式始终处于运行状态，直到关闭为止，这一操作称为运行捕捉模式。

如果在点的命令行提示下输入关键字［如MID（捕捉到中点）、CEN（捕捉到圆心）、QUA（捕捉到圆的象限点）等］、单击对象捕捉工具栏中的工具或在对象捕捉快捷菜单中选

择相应命令，只临时打开捕捉模式，称为覆盖捕捉模式，仅对本次捕捉点有效，在命令行中显示一个“于”标记。

要打开或关闭运行捕捉模式，可单击状态栏上的“对象捕捉”按钮。设置覆盖捕捉模式后，系统将暂时覆盖运行捕捉模式。

11.1.5 使用自动追踪

在AutoCAD中，自动追踪可按指定角度绘制对象，或者绘制与其他对象有特定关系的对象。自动追踪功能分极轴追踪和对象捕捉追踪两种，是非常有用的辅助绘图工具。

(1) 极轴追踪与对象捕捉追踪

极轴追踪是按事先给定的角度增量来追踪特征点，而对象捕捉追踪则按与对象的某种特定关系来追踪，这种特定的关系确定了一个未知角度。也就是说，如果事先知道要追踪的方向(角度)，则使用极轴追踪，如图11-8。如果事先不知道具体的追踪方向（角度），但知道与其他对象的某种关系（如相交），则用对象捕捉追踪。极轴追踪和对象捕捉追踪可以同时使用。

(2) 使用临时追踪点和捕捉自功能

在对象捕捉工具栏中，还有两个非常有用的对象捕捉工具，即“临时追踪点”和“捕捉自”工具。

①“临时追踪点”工具。可在一次操作中创建多条追踪线，并根据这些追踪线确定所要定位的点。

②“捕捉自”工具。在使用相对坐标指定下一个应用点时，“捕捉自”工具可以提示输入基点，并将该点作为临时参照点，这与通过输入前缀“@”使用最后一个点作为参照点类似。它不是对象捕捉模式，但经常与对象捕捉一起使用。

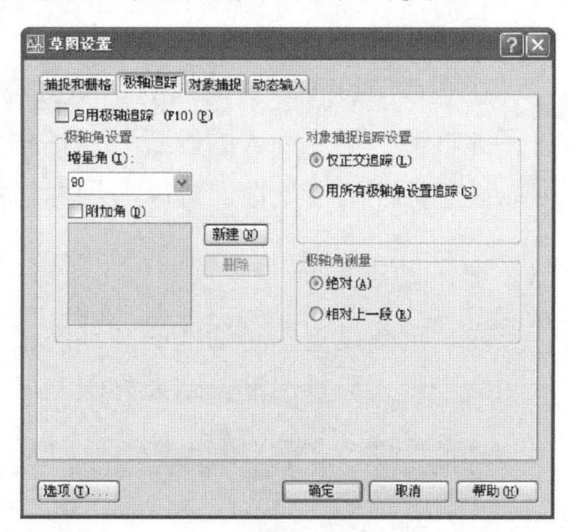

图11-8 “极轴追踪”选项卡

(3) 使用自动追踪功能绘图

使用自动追踪功能可以快速而且精确地定位点，在很大程度上提高了绘图效率。在AutoCAD中，要设置自动追踪功能选项，可打开“选项”对话框，在“草图”选项卡的“自动追踪设置”选项组中进行设置，其各选项功能如下。

“显示极轴追踪矢量”复选框：设置是否显示极轴追踪的矢量数据。

“显示全屏追踪矢量”复选框：设置是否显示全屏追踪的矢量数据。

“显示自动追踪工具栏提示”复选框：设置在追踪特征点时是否显示工具栏上相应按钮的提示文字。

11.1.6 使用动态输入

在AutoCAD 中，使用动态输入功能可以在指针位置处显示标注输入和命令提示等信息，从而极大地加强了绘图的精确性。

(1) 启用指针输入

在“草图设置”对话框，如图11-9的“动态输入”选项卡中，选中“启用指针输入”复选框可以启用指针输入功能。可以在“指针输入”选项组中单击“设置”按钮，使用打开

的“指针输入设置”对话框，如图11-10，设置指针的格式和可见性。

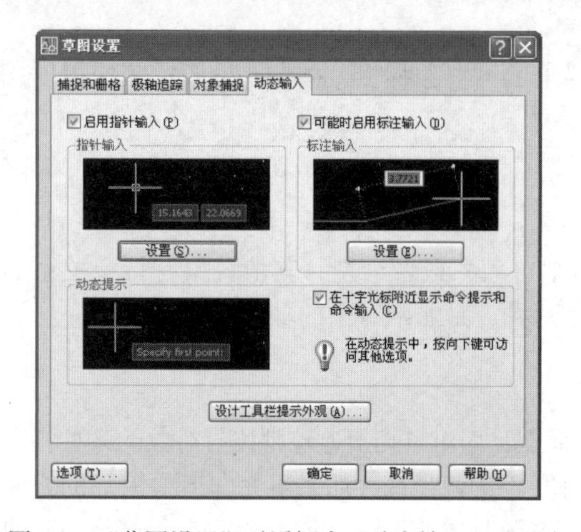

图11-9 “草图设置”对话框中“动态输入”选项卡

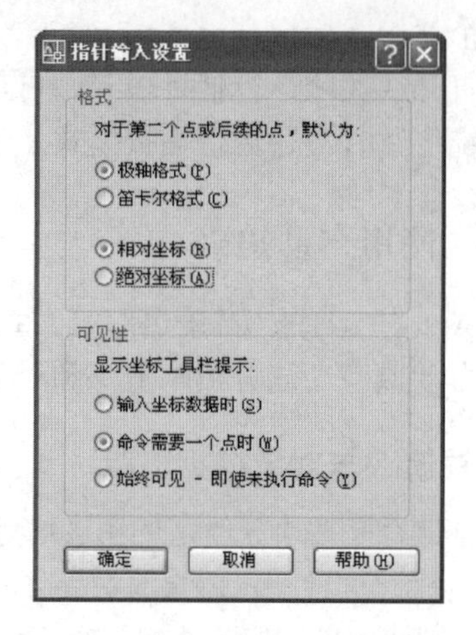

图11-10 “指针输入设置”对话框

(2) 启用标注输入

在“草图设置”对话框的“动态输入”选项卡中单击“标注输入”下方的“设置” 按钮，即打开“标注输入的设置”对话框，如图11-11。选中“可能时启用标注输入”复选框，可以设置标注的可见性，可以启用标注输入功能。

(3) 显示动态提示

在“草图设置”对话框的“动态输入”选项卡右下侧勾选“在十字光标附近显示命令提示和命令输入”复选框，结果如图11-12，绘图时能够具有动态输入追踪绘图参数的功能。

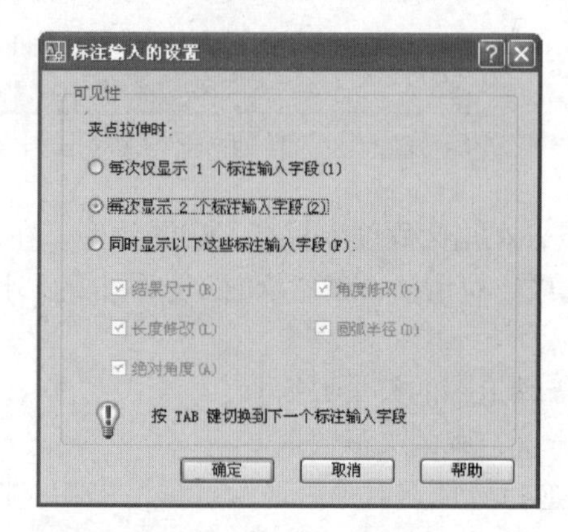

图11-11 “标注输入的设置”对话框

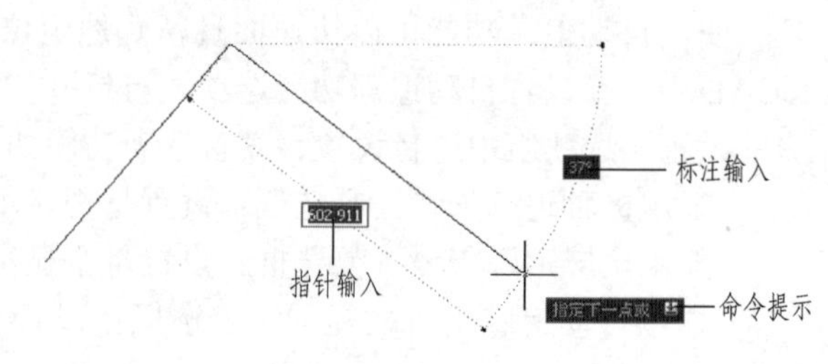

图11-12 动态输出

11.2 定 数 等 分

定数等分是指在对象上插入等分点，将选择的对象等分为指定的几段。使用该命令可以辅助绘制其他图形。

功能：可以将一条直线（或圆）等分为一定份数，并在等分点处插入点的符号或图块。

菜单：“绘图”→“点”→“定数等分”。

命令：定数等分，DIVIDE（DIV）。

选择要定数等分的对象： 输入线段数目或［块（B）］：B↙

输入要插入的块名：是否对齐块和对象？［是（Y）/否（N）］<Y>：

输入线段数目：

选项说明：

"对象"：选择要定数等分的对象。

"线段数目"：输入所需等分的数目。

"块（B）"：用块作为符号来定数等分对象，并在等分点处插入块。

"是否对齐块和对象？［是（Y）/否（N）］<Y>"：是否将块和对象对齐，默认值为对齐。

为了能清楚地表示等分点，则需要设置点样式（在第4章已学习）。

【例1】 将一直线等分成5份，如图11-13。

操作步骤：

① 在命令行输入"DIV"，回车。

② 在"选择定数等分的对象:"提示下，拾取要等分的直线。

③ 在"输入线段数目或［块（B）］:"提示下，输入等分数"5"，回车。

图11-13 直线的定数等分

如果在命令行输入"ME"，并回车，则选择直线后，应输入单位份数的距离值，并回车。这种方法称为"定距等分"。

【例2】 将一个圆等分成8份，如图11-14。

操作步骤同例1。首先绘制一个圆，单击"绘图"→"点"→"定数等分"，选择要定数等分的对象（圆），输入数字"8"，并插入等分点，如图11-14，则将圆分为等距离的8段圆弧。

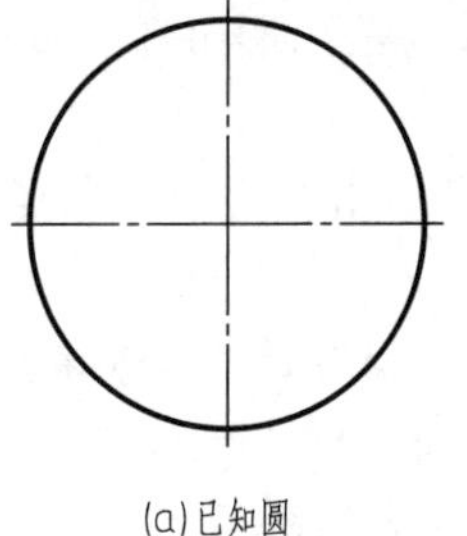

(a)已知圆

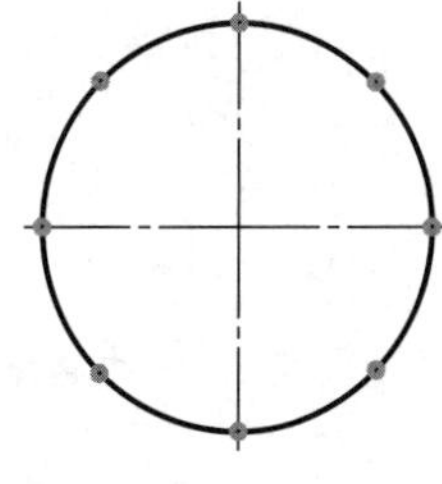

(b)圆周8等分

图11-14 圆的定数等分

11.3 计 算 面 积

AutoCAD包含了计算面积（面域）的功能。某一范围的面积是指定一组点或选择由几条封闭的多段线或圆或其他曲线和直线所构成的，要求计算各个面积。在专业图样（特别是建筑图样）中有时要求计算出某些建筑用地面积、建筑平面图中各个房间的净面积、装饰用料的粉刷面积或某些承重构件断面面积等。

AutoCAD中的面积查询命令可以计算一系列指定点之间的面积和周长，或计算多种对象的面积和周长。此外，该命令还可使用加、减模式来计算组合面积。命令的调用方法为：

菜单："工具"→"查询"→"面积"。

命令：AREA（AA）。

命令行提示：AREA指定第一个角点或［对象（O)/增加面积（S）］<对象（O）>：

选项说明：

“对象（O）”：用于查询圆、椭圆、样条曲线、多段线、面域、实体等任何一种封闭图形面积和周长，须将封闭图形转为块，再拾取选择该图形范围内某一点。

“加（A）”：可计算各定义区域和对象的面积、周长，也可计算所有定义区域和对象的总面积。

“减（S）”：选择该项可以从总面积中减去指定的面积。

（1）按图形边界点查询面积和周长

适用于由多段直线围成的几何图形，如图11-15。输入命令后，依次拾取（单击）图形边界的各点，即得该图形的面积和周长。

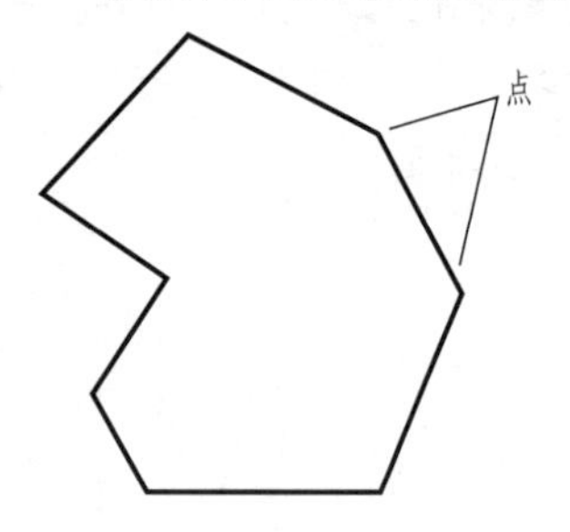

(a) 按图形边界点查询面积和周长

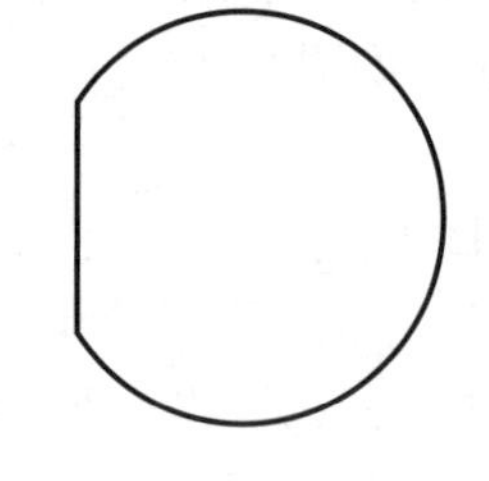
(b) 按图形对象查询面积和周长

图11-15　查询面积

操作步骤：

① 命令“AA”，回车。

② 指定第一个角点，依次拾取多边形的各个角点，如图11-5（a）。

命令行显示：面积 = 14741.2786，周长 = 501.1919。

（2）按图形对象查询面积和周长

如图11-15（b），操作步骤与按图形边界点查询相似。

① 命令“AA”，回车。

② 输入“O”，回车，分别单击左边两个角点和圆弧，如图11-5（b）。

命令行显示：面积=11041.1821，周长=492.7942。

注意：在计算某对象的面积和周长时，如果该对象不是封闭的，则系统在计算面积时认为该对象的第一点和最后一点间通过直线进行封闭；而在计算周长时则按对象的实际长度，不考虑对象的第一点和最后一点间的距离。

（3）组合图形面积的加和减

在通过上述两种方式进行计算时，均可使用“加（A）”和“减（S）”模式进行组合面积计算，如图11-16。

① 加（A）：使用该选项可计算多个面积的总和时，系统除了报告某一面积和周长的结果之外，还将显示总面积，如图11-16（a）。

操作步骤：分别输入命令“AA”，↙，“A”（加）↙，“O”↙，再分别选择（单击）各个图形的边，则命令行显示“总面积=11430.8254”。

② 减（S）：使用该选项可计算从某个面积中减去另一个面积。系统除了报告各个面积和周长结果之外，还显示从总面积中减去该面积获得的余值，如图1-16（b）。

操作步骤：分别输入命令“AA”，↙，“S”（减）↙，“O”↙，再分别选择（单击）各个图形的边，则命令行分别显示“面积=18459.2111”“周长=486.6277”和“面积=2121.9067”“周长=163.2932”。计算面积差为“16337.3044”，即图中绘制材料图例范围的面积。

系统变量AREA存储由“AREA”命令计算的最后一个面积值。还可以存储利用“DB-LIST”和“LIST”命令计算的最后一个周长值。

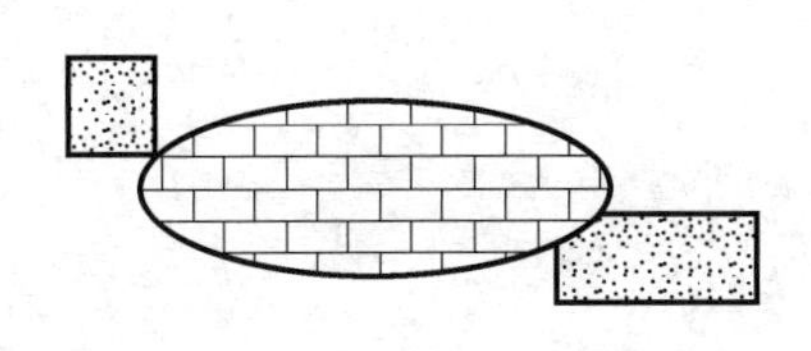

(a)使用加模式计算组合总面积

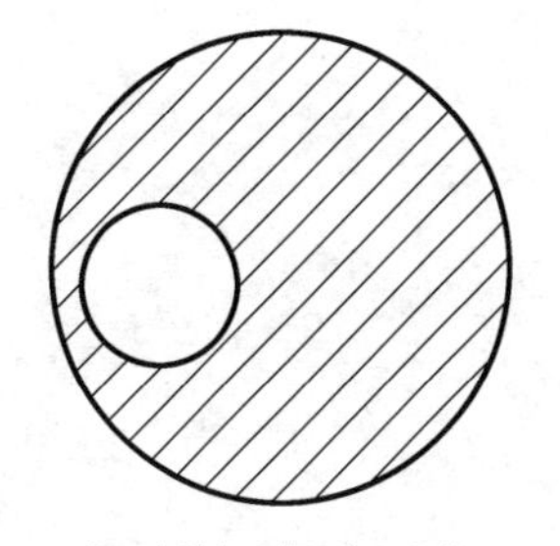

(b)使用减模式计算组合面积差

图11-16　计算组合面积

11.4　实训练习

(1) 填空

① 精确定位的主要功能是（　　）、（　　）。

② 计算某一区域的面积应先输入（　　）命令进行操作。

③ 定数等分的操作步骤顺序为（　　）/（　　）/（　　）。

④ “草图设置”对话框包括（　　）、（　　）、（　　）、（　　）选项卡。

⑤ 二维绘图环境下，栅格X轴间距为图形界面的（　　）方向距离，默认为（　　）；而栅格Y轴间距为图形界面的（　　）方向距离，默认为（　　）。

(2) 简答

① 绘图时选择“对象捕捉”中的某些项分别有什么影响？举一项进行简单说明。

② “捕捉”和“栅格”选择后对绘图分别有什么影响？

(3) 计算面积

计算下列图形的组合面积，并简单叙述其一的操作步骤（自定尺寸绘制图形）。

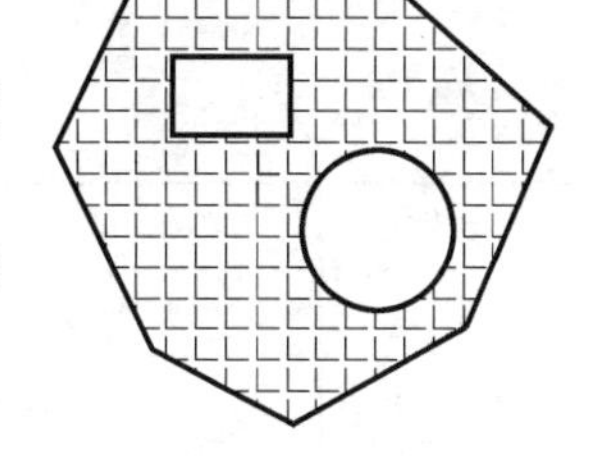

题图11-1

题图11-1：计算多边形的面积和周长；再计算绘制材料图例部分的面积。

题图11-2：计算绘制材料图例范围的面积和周长。

题图11-3：计算三角形中除去圆剩余图形的面积。

题图11-4：计算两部分绘制材料图例的总面积，再计算空白部分的面积。

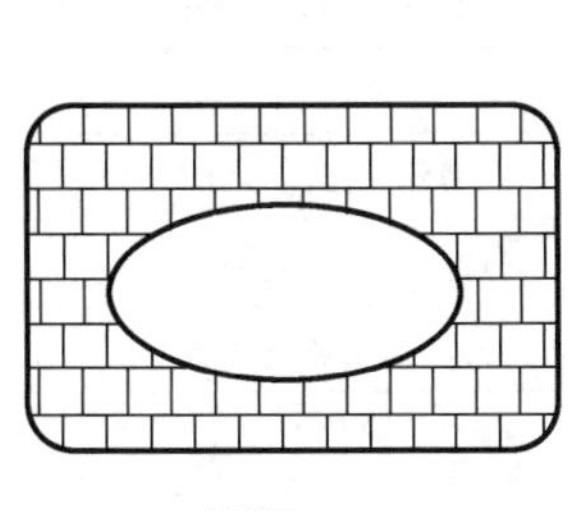

题图11-2

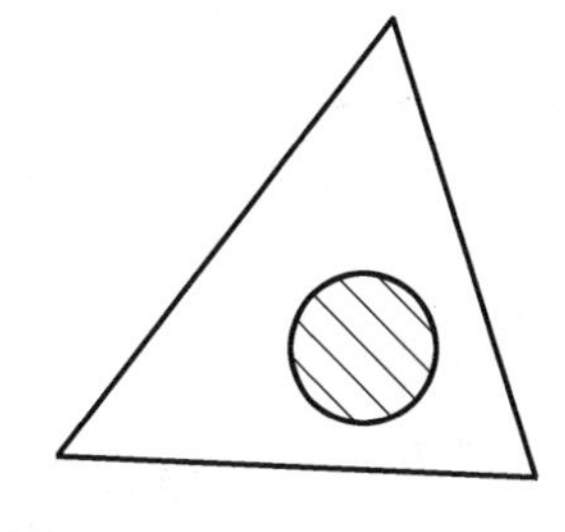

题图11-3

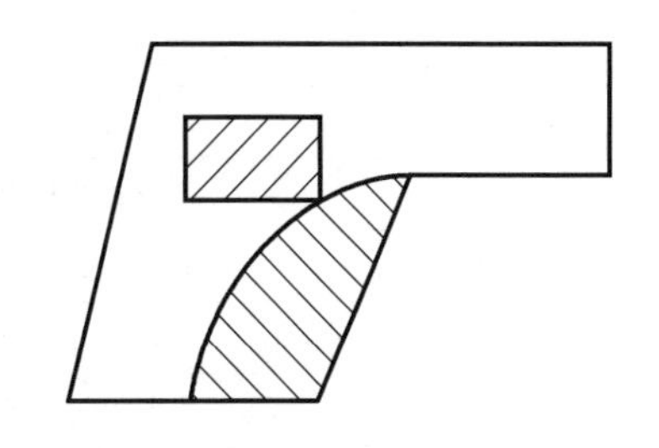

题图11-4

第12章 AutoCAD快捷键

12.1 常用功能键

名称	功能	名称	功能
F1	获取帮助	F7	栅格显示模式控制
F2	实现作图窗口和文本窗口的切换	F8	正交模式控制
F3	控制是否实现对象自动捕捉	F9	栅格捕捉模式控制
F4	数字化仪控制	F10	极轴模式控制
F5	等轴测平面切换	F11	对象追踪模式控制
F6	控制状态行上坐标的显示方式	F12	动态输入模式

12.2 常用Ctrl快捷键

名称	功能	名称	功能
Ctrl+A	选择图形中的对象	Ctrl+R	在局部视口之间循环
Ctrl+B	栅格捕捉模式控制(F9)	Ctrl+S	保存文件
Ctrl+C	将选择的对象复制到剪切板	Ctrl+U	极轴模式控制(F10)
Ctrl+F	控制是否实现对象自动捕捉(F3)	Ctrl+V	粘贴剪切板上的内容
Ctrl+G	栅格显示模式控制(F7)	Ctrl+W	对象追踪模式控制(F11)
Ctrl+J	重复执行上一步命令(回车)	Ctrl+X	剪切所有选择的内容
Ctrl+K	超级链接	Ctrl+Y	重做
Ctrl+L	正交模式控制(F8)	Ctrl+Z	取消前一步的操作
Ctrl+M	打开“选项”对话框	Ctrl+1	打开“特性”对话框
Ctrl+N	新建图形文件	Ctrl+2	打开图像资源管理器
Ctrl+O	打开图像文件	Ctrl+6	打开图像数据原子
Ctrl+P	打开“打印”对话框		

12.3 字母快捷键

字母	功能	字母	功能	字母	功能
A	绘制圆弧	L	直线	Z	缩放
B	定义块	M	移动	AA	计算选定区域的面积和周长
C	绘制圆	O	偏移	AL	对齐(ALIGN)
D	打开标注样式管理器	S	拉伸	AP	加载/卸载应用程序
E	删除	T	文本输入	AV	打开视图对话框(DSVIEWER)
F	圆角	U	恢复上一次操作	DT	文本的设置(DTEXT)
G	对象组合	V	设置当前坐标	DI	测量两点间的距离
H	填充	W	写块	OI	插入外部对象
I	插入	X	分解		

12.4 其他组合快捷键

快捷键组合	功能	快捷键组合	功能
Alt + A	排列	Shift + Z	撤销视图操作
Alt + B	视图背景	Alt + Ctrl + B	背景锁定
Alt + F	全部冻结	Alt + Ctrl + Z	缩放范围
Alt + N	约束法线移动	Alt + Shift + Ctrl + B	水平翻转
Alt + X	透明显示所有物体(开关)	Alt + Shift + Ctrl + V	垂直翻转
Ctrl + D	分离边界点	Alt + Shift + Ctrl + J	水平移动
Ctrl + E	是否显示几何体内框(开关)	Alt + Shift + Ctrl + K	垂直移动
Ctrl + H	放置高光	Alt + Shift + Ctrl + I	水平缩放
Ctrl + I	显示最后一次渲染	Alt + Shift + Ctrl + O	垂直缩放
Ctrl + T	贴图材质修正	Alt + Shift + Ctrl + N	水平镜像
Shift + A	回到上一视图操作	Alt + Shift + Ctrl + M	垂直镜像
Shift + C	显示/隐藏相机	Alt + Shift + Ctrl + R	平面贴图面/重设
Shift + H	显示/隐藏帮助	Alt + Ctrl + S	编辑状态切换
Shift + I	间隔放置物体	Alt + Ctrl + Z	视图扩展到全部显示
Shift + L	显示/隐藏光源	Ctrl + Alt + F	取回
Shift + O	显示/隐藏几何体	Ctrl + Alt + H	暂存
Shift + P	显示/隐藏粒子系统	Shift + Ctrl + C	显示曲线
Shift + R	渲染配置	Shift + Ctrl + S	显示表面
Shift + W	显示/隐藏空间扭曲		

第三部分
设计制图与实训

第13章 天正建筑软件入门

天正建筑软件TArch是在AutoCAD基础上比较早二次开发的建筑设计软件之一。该软件至今已经发展并覆盖了建筑设计、装饰装修设计、暖通空调、给水排水、建筑电气、建筑结构、建筑系列概预算等专业领域，是设计者通用、易作、灵活、可靠、快捷、高效的绘图工具。

天正建筑软件TArch具有分布式工具集的建筑CAD软件思路，该软件在运行操作中对AutoCAD常用命令的功能及使用操作没有任何限制，使AutoCAD通用软件进一步调整为操作更加简单的建筑CAD软件。

同时，天正建筑对象创建的建筑模型已经成为天正日照、节能、给排水、暖通、建筑、电气等系列软件的数据来源，天正建筑软件也为很多三维渲染图及三维模型的制作提供便捷。

学习天正建筑软件之前应该掌握AutoCAD的使用以及相关的操作。

13.1 天正建筑软件简介

13.1.1 天正建筑软件的安装

（1）天正建筑软件与AutoCAD的关系

天正建筑软件必须在某一版本AutoCAD 的基础上运行。在一些方面天正建筑软件比AutoCAD更智能化、规范化，有利于快捷绘图。两者可以兼容，但是采用天正建筑软件绘制的图样仅在AutoCAD中无法显示。

（2）天正建筑软件TArch8.0的安装

安装天正建筑软件TArch8.0时，放置天正建筑软件光盘后，打开“Setup.exe”文件，即可按提示步骤进行安装。“目标文件夹”是天正建筑软件的安装位置，用户也可以选择自定义位置安装。安装后，在Windows桌面上同时出现软件的快捷图标，如图13-1，即安装完毕。

天正建筑软件的安装可以采用网上下载进行安装，在下载文件中点击 TArch8 即打开安装界面，如图13-2 ，双击“TArch8安装盘”，即可按步骤进行安装。

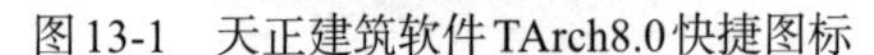

图13-1　天正建筑软件TArch8.0快捷图标　　图13-2　天正建筑安装界面

13.1.2　天正建筑软件TArch8.0的操作界面

天正建筑软件TArch8.0的用户界面如图13-3。该界面保留了AutoCAD所有常用命令工具栏及下拉菜单，在此基础上，也创建了天正建筑软件的菜单系统，包括：右键菜单、折叠式屏幕菜单、天正工具栏等。

（1）右键菜单

右键菜单也可称为快捷菜单。在绘图窗口单击鼠标右键，即弹出右键菜单，如图13-4。可以根据菜单内容选择选项，并可以在其对应的下拉菜单栏中继续按需进行选择。选择的同时，在AutoCAD命令行中会显示当前菜单选项的使用及说明。

（2）折叠式屏幕菜单

所谓“折叠式”即为三级（或三层）菜单，软件的主要功能全部列在此。上一级菜单可以经过单击展开下一级菜单，相同一级的菜单则互相关联。在操作时，当单击另外一个同级菜单时，原来已经显示的菜单自动关闭。

菜单的图标颜色不同，方便使用操作时记忆和区分。如果屏幕菜单在操作过程中不慎被关闭，可执行Ctrl+F12打开，重新使用。

若屏幕菜单在界面消失，可采用Ctrl+F12或在命令行输入“TMNLOAD”，再回车即可找回该菜单。

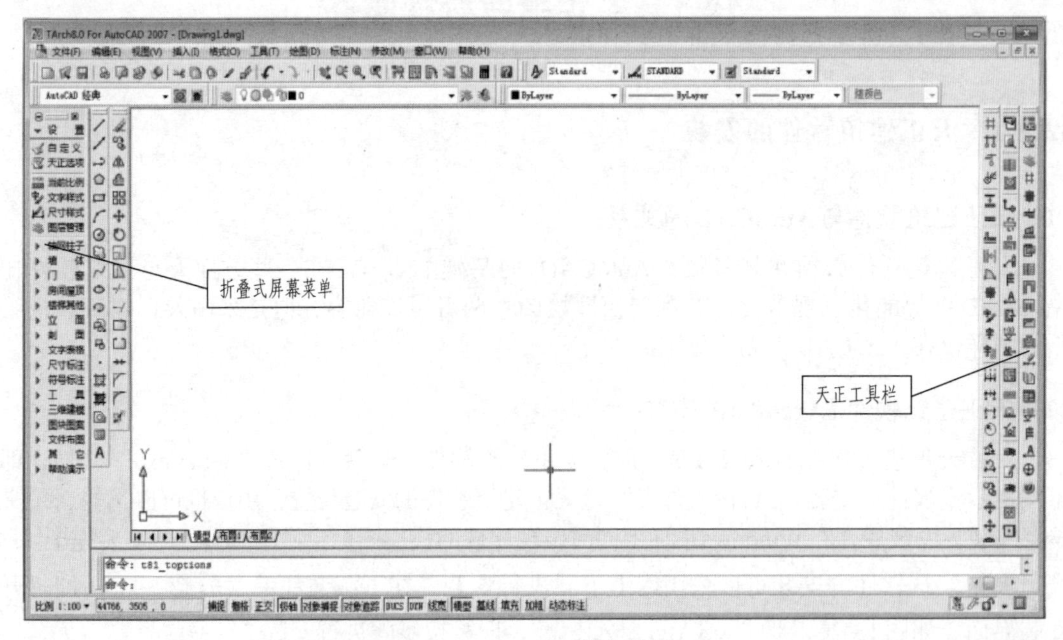

图13-3　TArch8.0用户界面

(3) 天正工具栏

图13-3中界面的右侧为天正工具栏，从左至右有：常用快捷功能1、常用快捷功能2、自定义工具栏等。使用时，可根据绘图需要，选择不同的某一功能按钮，并按照相关的对话框各选项进行操作。在此不再一一赘述。

可以在已经完全掌握AutoCAD的基础上继续了解天正TArc0h8.0，两者操作相似，比较容易掌握。

13.1.3 天正选项的设定

单击折叠式屏幕菜单的“设置”/“天正选项”命令即弹出“天正选项”对话框，如图13-5。分别单击“基本设定”“加粗填充”选项卡，可根据工程设计要求对各个参数进行设定，也可采用默认值。

图13-4 右键菜单

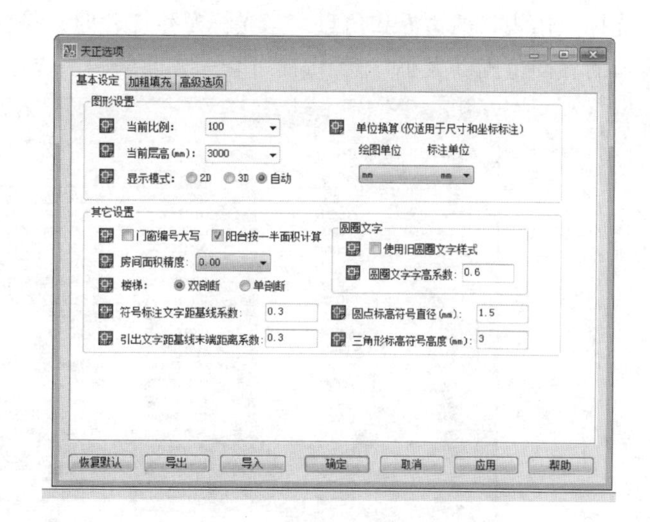

图13-5 “天正选项”对话框

13.2 天正建筑软件的属性设置

13.2.1 自定义设置

单击“设置”/“自定义”命令，即打开“天正自定义”对话框，如图13-6。

在该对话框中可以对“屏幕菜单”“操作配置”“基本界面”“工具条”“快捷键”等各项按需要做相关的设置，并可以在某一选项卡中通过开启或定义来激活某些命令。

13.2.2 图层设置

天正建筑软件为绘图便捷设置了默认的图层，绘图时会自动将绘制的图样放置在默认的图层上。

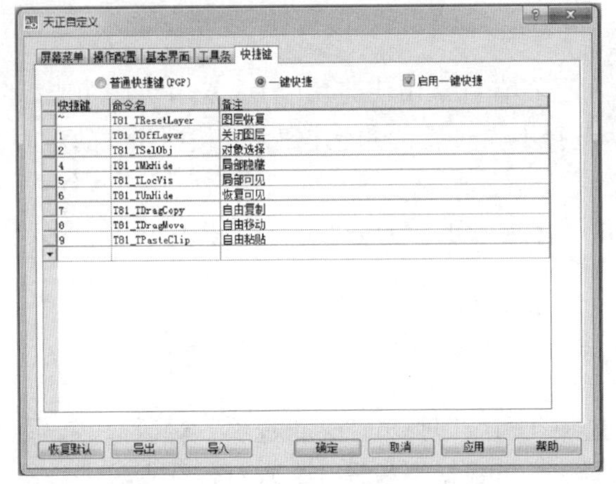

图13-6 “天正自定义”对话框

如果需要设置时，单击“设置”“图层管理”命令，即打开“图层管理”对话框，如 图13-7。在此对话框中可以看到默认的图层标准。在对话框的编辑区内，单击某一图层，可以对其“图层名”“颜色”“备注”等项目进行编辑或修改；也可以根据需要，单击“新建标准”按钮，设置新的图层。

13.2.3 视口控制

在绘图过程中可以设置多个视口（最多四个），在多个视口状态下可以借助AutoCAD主菜单中的“视图”→“视口”或“三维视图”命令将某一视口生成所限定的投影方向的视图，还可以使二维绘图和三维绘图进行转换。

用光标点击视口的边界和角点，当光标发生变化时，按住鼠标的左键并拖动，可以改变某一视口的界面范围（大小）。若将视口某一方向的两条边重合，可删除该视口。

图层管理

图层标准：当前标准(TArch)　置为当前标准　新建标准

图层关键字	图层名	颜色	线型	备注
轴线	DOTE	1	CONTINUOUS	此图层的直线和弧认为是平面轴线
阳台	BALCONY	6	CONTINUOUS	存放阳台对象，利用阳台做的雨蓬
柱子	COLUMN	9	CONTINUOUS	存放各种材质构成的柱子对象
石柱	COLUMN	9	CONTINUOUS	存放石材构成的柱子对象
砖柱	COLUMN	9	CONTINUOUS	存放砖砌筑成的柱子对象
钢柱	COLUMN	9	CONTINUOUS	存放钢材构成的柱子对象
砼柱	COLUMN	9	CONTINUOUS	存放砼材料构成的柱子对象
门	WINDOW	4	CONTINUOUS	存放插入的门图块
窗	WINDOW	4	CONTINUOUS	存放插入的窗图块
墙洞	WINDOW	4	CONTINUOUS	存放插入的墙洞图块
轴标	AXIS	3	CONTINUOUS	存放轴号对象，轴线尺寸标注
地面	GROUND	2	CONTINUOUS	地面与散水
墙线	WALL	9	CONTINUOUS	存放各种材质的墙对象
石墙	WALL	9	CONTINUOUS	存放石材砌筑的墙对象
砖墙	WALL	9	CONTINUOUS	存放砖砌筑的墙对象
充墙	WALL	9	CONTINUOUS	存放各种材质的填充墙对象
砼墙	WALL	9	CONTINUOUS	存放砼材料构成的墙对象
幕墙	CURTWALL	4	CONTINUOUS	存放玻璃幕墙对象
隔墙	WALL-MOVE	6	CONTINUOUS	存放轻质材料的墙对象

图层转换　颜色恢复　关 闭

图13-7 “图层管理”对话框

13.2.4 初始化设置

天正建筑软件TArch8.0具有设置初始化的功能，如图13-5，该功能包括基本设定、加粗填充、高级选项等，可以根据绘图自行确定或选择默认。

13.3 绘图方法与步骤的操作

13.3.1 绘图步骤

应用天正建筑软件TArch8.0绘制建筑施工图与采用AutoCAD的绘图步骤相似，以建筑平面图为例，其绘图步骤如下：

① 根据建筑总面积确定图幅及比例，并绘制轴网。

② 绘制墙体。

③ 绘制门和窗。

④ 绘制室内、室外其他设施。

⑤ 尺寸标注及图例、符号、文字的注写。

⑥ 插入图框（选定图幅）以及调整图样的位置

⑦ 确定打印输出比例，进行打印。

下面仅以“绘制轴网”为例介绍天正TArch8.0的使用和操作，其他相关图样的绘制方法与步骤仍以AutoCAD为主。

13.3.2 绘制轴网

建筑平面图（详见第14章第3节）中定位轴线的布置，即轴线构成的网格称为“轴网”。轴线是建筑物各个结构组成的依据，也是设计绘图、施工放线、打桩定位、确定开间及进深标注尺寸的基准。轴网包含：轴线、轴线编号和轴间尺寸。下面学习轴网的设置与操作。

（1）轴线

轴线的绘制比较灵活，应根据拟定设计思路以及确定的轴线间距来设置，如图13-8。

首先选择轴线的图层，天正TArch8.0轴线默认图层为“DOTE”，线型为细实线，在出图打印前可以应用“轴改线型”命令更改为规定的线型——单点长画线，也可以利用AutoCAD轴线图层来设置。

创建方法：

① 在屏幕菜单中选择“轴网柱子”/“绘制轴网”命令绘制直线或弧线轴网。

② 若已知平面图，可选择“墙生轴网”命令绘制轴网。

③ 在天正轴线图层设置层绘制轴网。

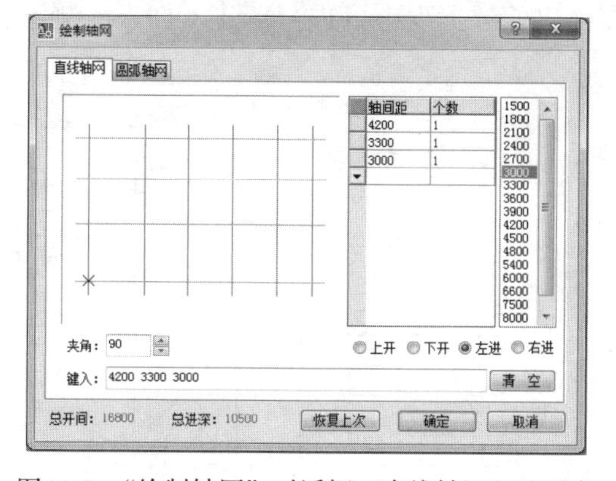

图13-8 “绘制轴网”对话框“直线轴网”选项卡

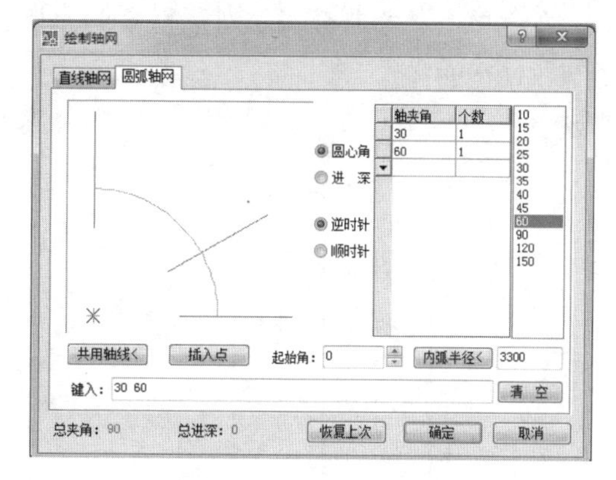

图13-9 “绘制轴网”对话框“圆弧轴网”选项卡

选项说明：

“直线轴网”选项卡：绘制水平、垂直两个方向的轴线，如图13-8。

“圆弧轴网”选项卡：绘制圆形（同心圆）指向圆心方向的轴线，如图13-9。

“轴间距”：在如图13-8所示右侧一列常用轴间距尺寸中选择需要的尺寸，则可自动输入在“轴间距”下方，同时“个数”下方自动输入1。也可以自行按需输入尺寸。此处“个数”表示相同或不同“轴间距”的数量。

“轴夹角”：轴线相对于水平方向的倾斜角度，默认为90°。假如改变角度值，则会改变某一方向的轴线与另一方向轴线的倾斜角度。注意其中倾斜方向默认为逆时针方向，如图13-10。

若选项卡为“圆弧轴网”，则界面“夹角”一行改变为：“共用轴线”“插入点”“起始角”(默认为0，可数任意值、旋转角度方向为逆时针方向)、“内弧半径”等（如图13-9）。

“直线轴网”选项卡中：“上开”指平面图后（上）方定位轴线间距（即开间尺寸）；“下开”指平面图前（下）方定位轴线间距（即开间尺寸）；“左进”指平面图左方定位轴线间距(即进深尺寸)；“右进”指平面图右方定位轴线间距（即进深尺寸），如图13-11。

若平面图左右、前后各定位轴线间距分别一致，则无须单选某一项，按照默认设置即可。

“圆心角”：以起始角度为基准，按旋转方向输入角度确定圆弧开间的定位轴线。

“进深”：径向方向由圆心至外圆的尺寸。

“共用轴线”：径向的弧线（轴线）与直线轴网的某一条轴线为共用的，选取时通过拖动圆弧轴网确定连接的位置。

“插入点”：单击后插入点直线即在水平方向0°线上。

“起始角”：第一条圆弧轴线的位置，若默认（0°）时，即为水平轴线。

“内弧半径”：“共用轴线”相对于圆心的半径，可按需输入值。

“键入”：可在其右侧空白条内输入相应的数值，回车后可直接保存于电子表格中。

“总开间”：水平方向起始轴线至终止轴线的总尺寸，但不是房屋的总长。

“总进深”：竖直方向起始轴线至终止轴线的总尺寸，但不是房屋的总宽。

“恢复上次”：单击后恢复上一步的操作。

“确定”：完成操作。单击“确定”后保存数据。

“取消”：取消绘制轴网操作设置，并放弃输入数据，返回原工作状态。

右键单击“绘制轴网”对话框中的表格，在弹出的数据列中可进行新建、插入、删除、复制数据行的操作。

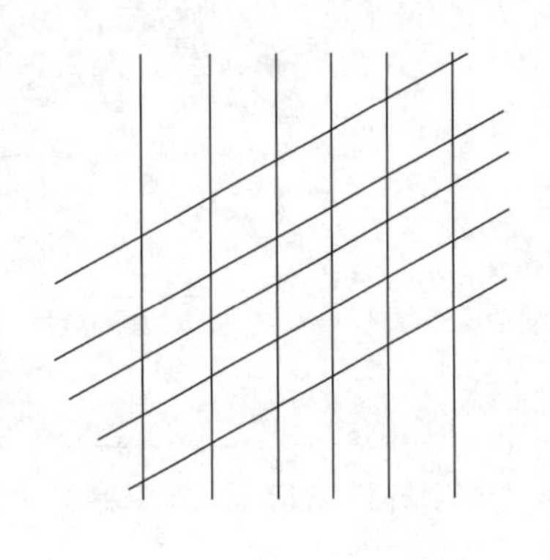

图13-10　绘制斜交轴网

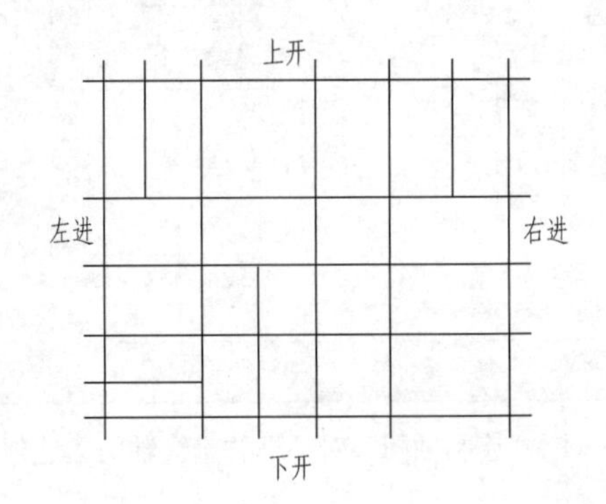

图13-11　绘制不同开间、进深的正交轴网

当仅输入单向轴间尺寸数据后，单击“确定”，命令行显示：单向轴线长度，即轴间总长。当输入所有的数据后，单击“确定”，命令行显示：选取位置或［转90度（A)/左右翻(S)/上下翻（D)/对齐（F)/改转角（R)/改基点（T)］〈退出〉:。这时可拖动基点，插入轴

网，直接点击需要插入的轴线位置，或按命令行提示进行操作。

（2）轴线编号及轴间尺寸

按照国家标准《房屋建筑制图统一标准》规定绘制轴线编号，默认为在已绘制完成的轴网各轴线的双侧标注或单侧标注。当遇到轴线编号与国家标准规定不一致或需要调整时，则选用天正“轴网柱子”选项下相关各功能进行编辑与修改，也可选择需要编辑或修改的轴号，拖动夹点可以实现修改轴线编号位置、改变引线长度和横线位移等。

轴网标注
起始轴号 ○单侧标注
□共用轴号 ⊙双侧标注

图13-12 “轴网标注”对话框

创建方法：

① 在屏幕菜单中选择“轴网柱子”/“两点轴标”，弹出“轴网标注”对话框，如图13-12。这种标注方法同时标注轴线编号及轴间尺寸。

② 在屏幕菜单中选择“轴网柱子”/“逐点标注”，单击标注的轴线端点，并输入轴线编号，而轴间尺寸另行标注。

选项说明：

“起始轴号”：按国家标准规定，“起始轴号”默认为1和A（也可在命令行输入）。

“共用轴号”：勾选该选项后，当图中具有“共用轴线”时生效。

“单侧标注”：激活该选项后，轴线及尺寸标注选择单击图样的哪一侧，即在所选择的一侧标注。

“双侧标注”：激活该选项后，同一方向的轴线两侧同时标注轴线编号及轴间尺寸。

当图样的同一方向两侧轴线编号不一致时，必须选择“单侧标注”，如图13-13。而当图样的同一方向两侧轴线编号一致时，也可以选择“单侧标注”或“双侧标注”。

轴线编号的注写还有重排轴号、添补轴号、删除轴号以及编辑等，在此不详述。

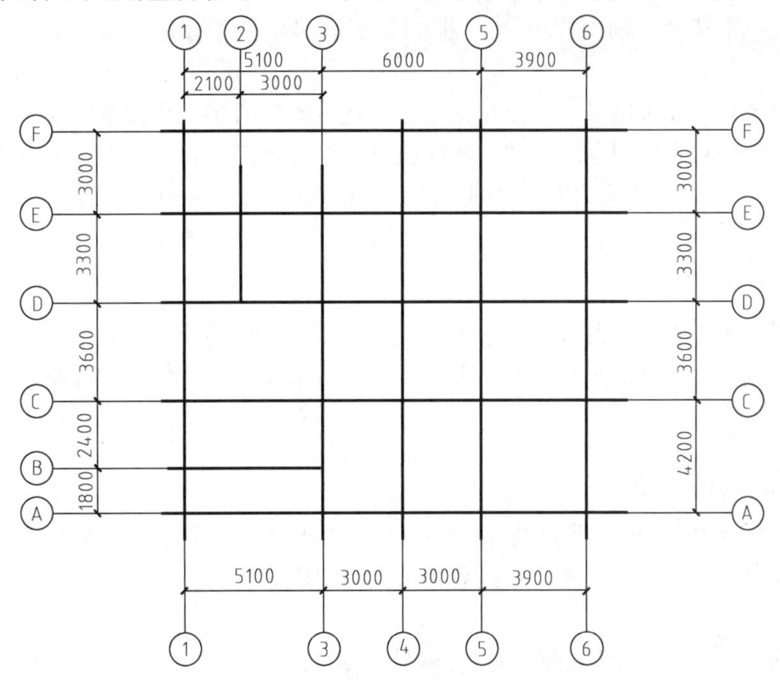

图13-13 轴线编号及尺寸标注

（3）添加轴线

创建方法：

在屏幕菜单中选择“轴网柱子”/“添加轴线”。添加轴线就是在已经绘制好的轴网的某一位置增加一定轴间距的定位轴线。

首先在已经绘制好的轴网上选择一条轴线作为参考轴线，即单击某一轴线。

命令行提示：

新增轴线是否为附加轴线［是（Y)/否（N)］<N>：（回车）

偏移方向<退出>：（指定添加轴线的位置，即相对于所选择的参考轴线的位置）

再次回车后，输入轴间尺寸，并回车，即完成添加轴线。

这一操作也适用于圆弧轴线，同上述添加直线轴线操作相似，仅将指定添加轴线的位置这一步改为指定圆弧轴线的转角（逆时针方向为正值；顺时针方向为负值)，再回车。

（4）轴线裁剪

创建方法：

在屏幕菜单中选择“轴网柱子”/“轴线裁剪”。该功能可以根据轴网（多边形）裁剪内部轴线，或者裁剪直线某一侧的轴线。

执行该命令后，命令行提示：

矩形的第一个角点或［多边形（P)/ 轴线对齐（F)］<退出>：

① 选择“F”，并点击某一轴线的两端点，则该轴线的某一侧其他轴线（与被选择轴线不同方向的）均被裁剪。

② 选择“P”，即拖放矩形选择窗口（矩形的对角线)，在窗口内的所有轴线均被裁剪。

（5）轴改线型

在屏幕菜单中选择“轴网柱子”/“轴改线型”。其功能为在细实线和单点长画线之间进行切换。

选择该命令后，在轴网某一交点单击鼠标左键，即所有轴线均由细实线切换为单点长画线。如果打印图样时为模型空间出图，则默认当前线型比例为1∶10；如果出图比例为1∶100，则线型比例为1∶1000；如果为图纸空间出图，天正建筑软件TArch8.0则自动缩放。

13.3.3 绘制柱

柱的绘制主要考虑柱的截面形状、定位及材料填充。柱的截面一般常用的有：矩形、圆形、正六边形或异形。柱的定位常常用夹点功能进行编辑，比较快捷和方便，也可以选用其他编辑功能。

（1）柱的夹点功能与使用

① 矩形截面的柱。矩形截面共有9个夹点，如图13-14（a)。移动某一角点可同时改变柱的横向和纵向尺寸；移动边中点可以分别改变横向或纵向尺寸；移动中心点可以移动或旋转整体。

② 圆形截面的柱。圆形截面共有5个夹点，如图13-14（b)。移动任一圆周点都可以改变圆形截面的大小；移动中心点可以位移柱的位置。

③ 正六边形截面的柱。正六边形截面共有6个夹点，如图13-14（c）。各角点不可移动，因为移动任一角点都会改变正六边形的形状；移动任意一条边线都可以改变其位置。

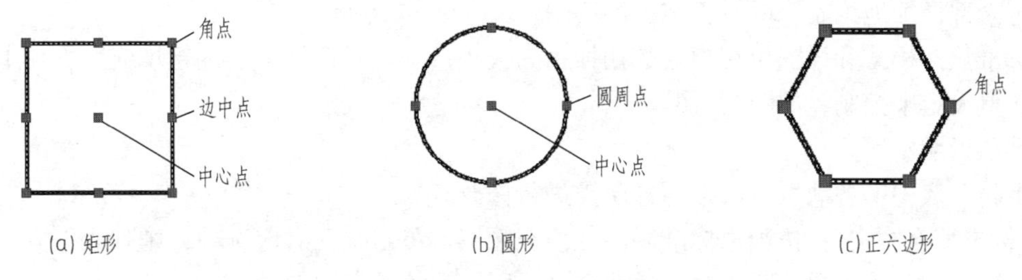

图13-14　柱的截面夹点功能

（2）柱与墙的连接及材料填充

绝大多数柱的材料为钢筋混凝土，其他的还有钢材、铝塑、木质等。柱与墙的连接方式与材料填充有关。材料填充分为两种模式：标准填充模式和详图填充模式。如图13-15（a）、（b）分别为两种模式的成图。

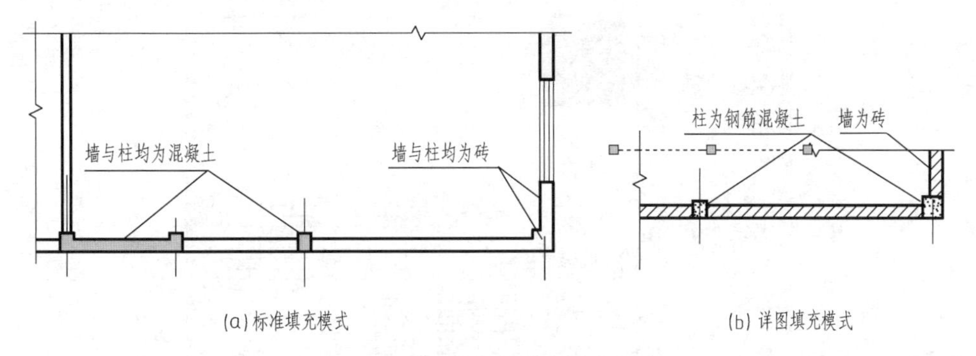

图13-15　柱的填充模式

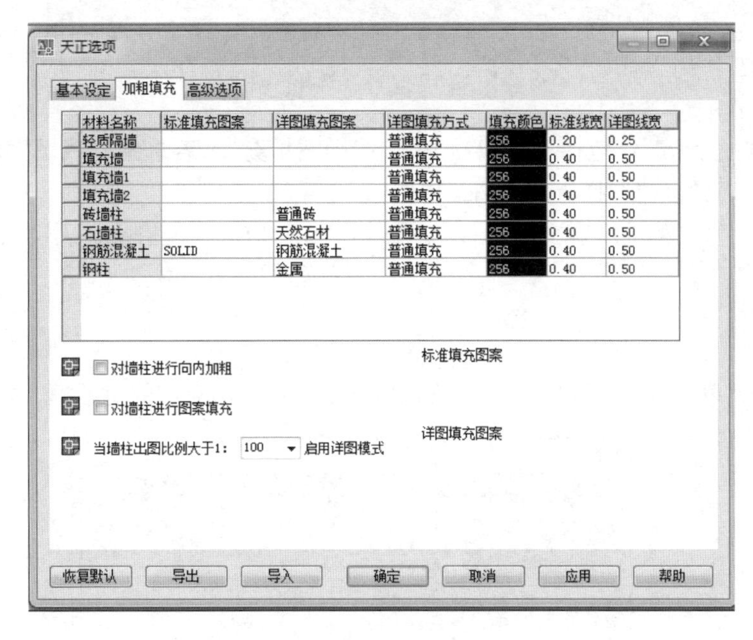

图13-16　“天正选项”对话框

图13-15（a）为标准填充模式，对于绘图比例较小的图样采用此模式为宜，因为砖墙可省略填充；图13-15（b）为详图填充模式，在各类详图中需要将不同的材料图例按照国家标准规定全部详细地绘制，以便于施工和读图。

标准填充模式和详图填充模式的切换由“天正选项”对话框下“加粗填充”选项卡中不同的比例设定来控制，如图13-16。

选项说明：

下拉列表中的各项可以根据图样所需进行修改。

“标准填充图案”：按国家标准制图的填充图案。单击某一对应选项，则列表下方右侧的“标准填充图案”“详图填充图案”随即会显示所选项的图案样例。

“详图填充图案”：同上。当需要更改材料图案时，可单击所选项（表格某一格）右侧的图标“□”，即打开“图案选择”对话框，如图13-17。在此选择需要的材料样例后，单击该对话框上方的“确定”按钮，即可添加到对应的表格内。

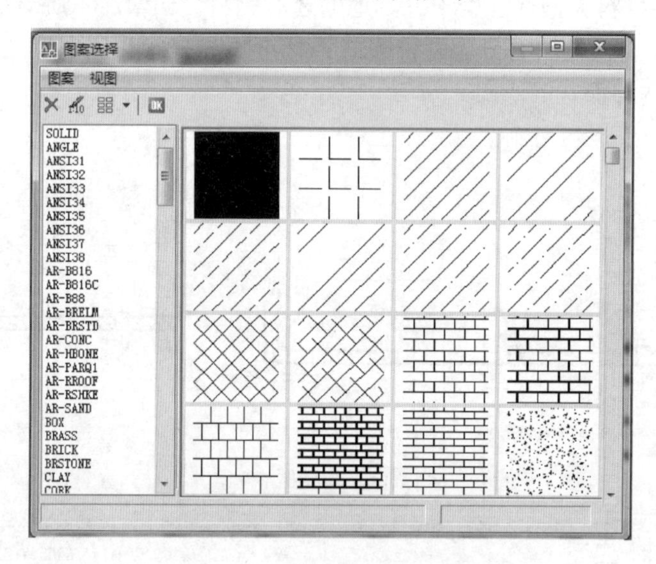

图13-17 “图案选择”对话框

“详图填充方式”：包括“普通填充”“线图案填充”。若选择“线图案填充”时，可在“图案选择”对话框内选择所需的图案样例。

“填充颜色”“标准线宽”“详图线宽”：均可在对应选项表格某一项输入颜色数值，以改变其状态。

（3）创建柱

在屏幕菜单单击“轴网柱子”/“标准柱”命令后弹出对应的对话框，如图13-18。

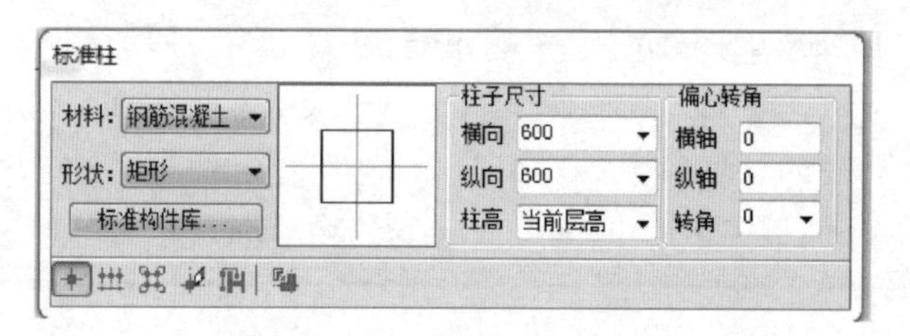

图13-18 “标准柱”对话框

选项说明：

①“材料”：包括砖、石材、钢筋混凝土（默认）、金属等，单击选项右侧三角按钮就可进行选择。

②“形状”：包括矩形、圆形、正三角形、正五边形、正六边形、正八边形、正十二边形、异形柱等。

③“标准构件库”：可以从柱构件库中选择所需的尺寸和样式，如图13-19所示“天正构件库”对话框。构件库里的异形柱（不同断面尺寸的工字形）需要绘图创建、存储。

④“柱子尺寸”：选值或输入柱的断面尺寸。横向——X轴；纵向——Y轴；柱高——选择或输入当前层的实际高度。

⑤“偏心转角”：相对于轴线的偏移距离。“横轴”对应输入正值，柱向右侧位移，输入负值，柱向左侧位移。“纵轴”对应输入正值，柱向上方位移，输入负值，柱向下方位移。“转角”可选择值或输入值：选择或输入正值，柱沿逆时针转角；选择或输入负值，柱沿顺时针转角。

最下面一行从左至右依次为：点选插入柱子、沿一根轴线布置柱子、在指定的矩形区域内轴线交点插入柱子、替换已插入柱子（可进行编辑）、创建异形柱、拾取柱子形状或已有柱子等，可选择不同的需要绘制图样中的柱子。

除了采用“标准柱”对话框的方式创建柱外，天正建筑TArch8.0中还有角柱、构造柱、柱齐墙边等方式绘制柱，在此不详述。

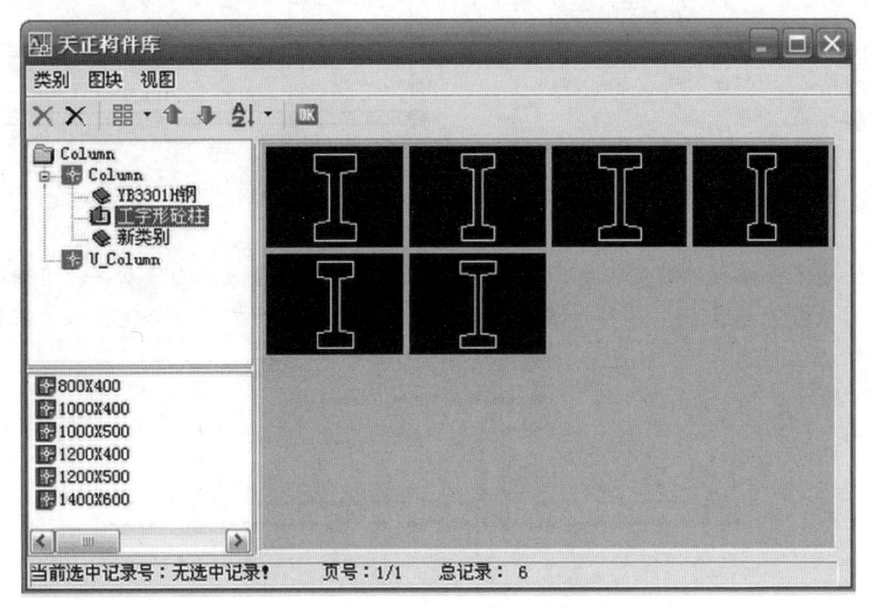

图13-19 “天正构件库”对话框

13.3.4 绘制墙体

墙体是建筑的主要组成部分，绘图时重要的是墙厚度、高度和位置。同时，墙还分为内墙、外墙。常见的是直墙，当然也有弧墙、转角墙等。

创建墙体常用的方法有两种：绘制墙体、单线变墙。

创建方法：

① 在屏幕菜单中选择“墙体”→“绘制墙体”，弹出对话框，如图13-20。在该对话框

中可以设定所需绘制的墙体参数。

选项说明：

a.“高度”：默认为“当前层高”，也可赋值，即确定墙底到墙顶的高度。

b.“底高”：绘制墙底面的标高。

c.“材料”：与在“天正选项”中设置的一致。

d.“用途”：墙的类型。其中矮墙是新增加项，具有不加粗、不填充的特殊性。

e.“左宽”“右宽”：墙边线距轴线的间距。数值可选择，也可输入。

当选择最下面一行的第三个按钮，即“矩形绘墙”时，“左宽”“右宽”则自动改为“内宽”“外宽”，其含义相同。其值可为正、负或零。

数值小窗口的下方为“左”“中”“右”“交换”，控制墙宽，称为墙体轮廓线。左、右值的总和是墙厚，例如：图13-20中数值为120、120，即为点击“中”；点击“左”，则为240、0；点击“右”，则为0、240；也可以点击“交换”，实现左、右互换的目的。

最下面一行从左至右依次为：绘制直墙、绘制弧墙、矩形绘墙、自动捕捉、模数开关。

如图13-21，单击“绘制直墙”，捕捉柱边线与轴线的交点在两柱之间绘制墙体轮廓线。

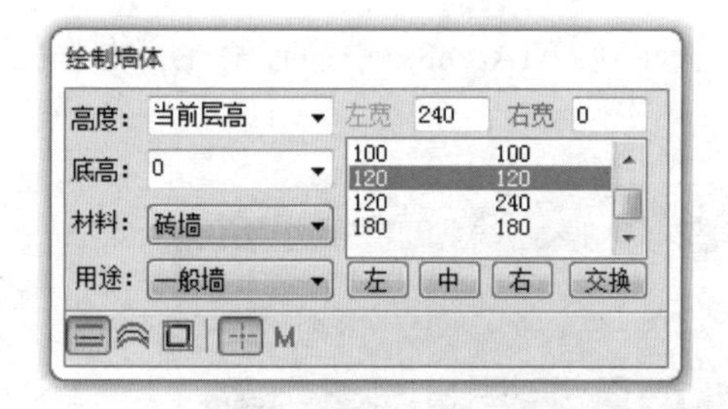

图13-20 “绘制墙体”对话框

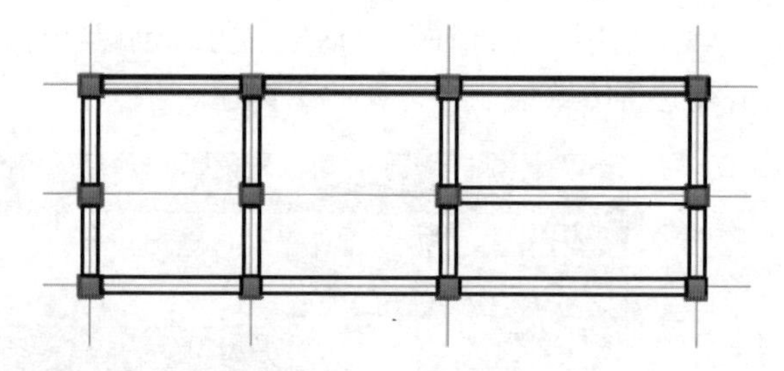

图13-21 绘制墙体

注意：墙基线即墙体的定位线，一般绘制墙体时均选择轴线作为墙基线，有时也以外墙体的外轮廓线作为墙基线，这种情况下，“左宽”或“右宽”其一为负值或零。如图13-22，墙基线为外墙体外轮廓线，夹点显示的为墙基线。

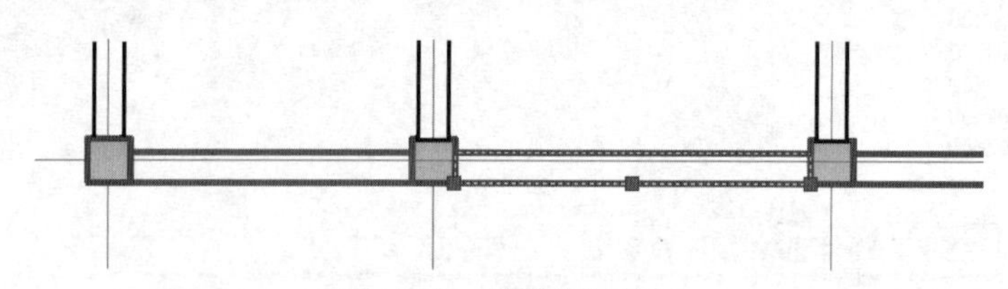

图13-22 墙基线的选择

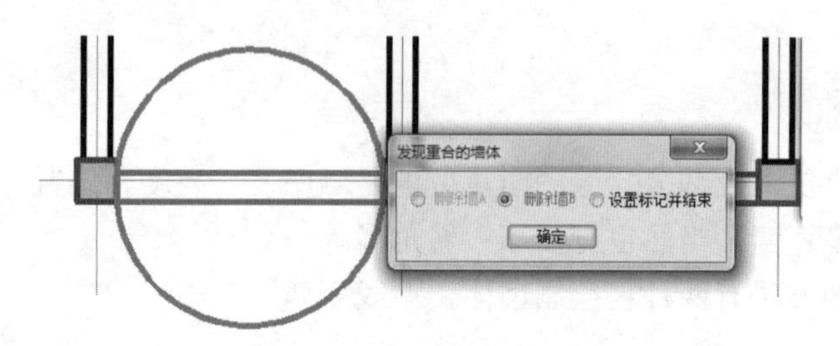

图13-23 重合墙体的提示

墙基线也是确定门窗位置的基准；同时，墙基线还是编辑墙体的基准，如拉伸、修剪、连接相交等。

当绘制墙体出现重合墙体时，系统会提出警告，如图13-23，这时需要删除或修改重合的墙体线。

② 在屏幕菜单中选择“墙体”/“单线变墙”，弹出对话框，如图13-24。该命令具有以下两种功能：

a. 可将直线命令LINE、ARC、PLINE绘制的单线转为墙体对象，其墙体的基线与单线重合。

b. 在已经设置完成的轴网基础上创建墙体，再进行相关的编辑。

在该选项卡中包含以下几个创建墙体的参数。

“外墙外侧宽”：外墙外轮廓线与轴线之间的距离，图13-24中为240。

“外墙内侧宽”：外墙内轮廓线与轴线之间的距离，图13-24中为120。

“内墙宽”：轴线居中的内墙，图13-24中为240。

“轴线生墙”：勾选此项，必须选择轴网图层，此时命令行提示：

选择要变墙体的直线、圆弧、圆或多段线：

用鼠标单击框选轴网的任意组对角线的两点，并回车，即完成此轴网下的所有的墙体线，如图13-25。

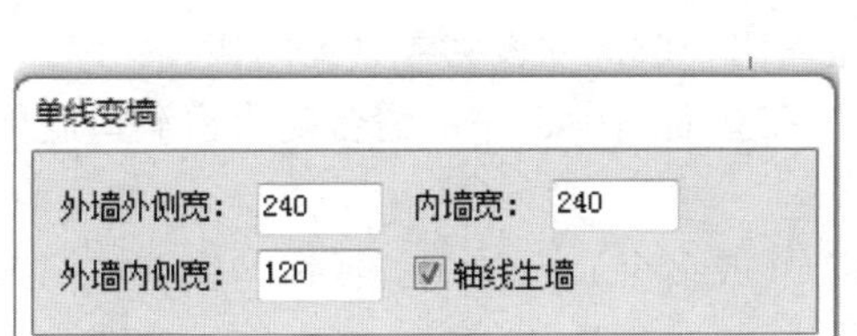

图13-24　“单线变墙”对话框

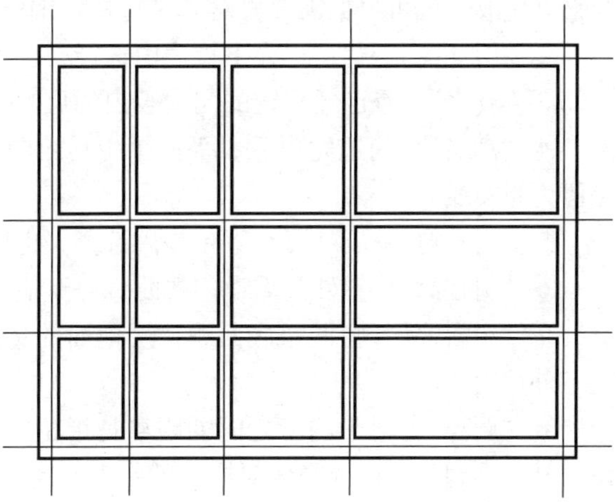

图13-25　利用“单线变墙”绘制墙体

建筑的墙体是多变的，天正建筑软件具有对墙体的编辑功能，例如墙体分段、墙体造型、净距偏移、转为幕墙，以及倒墙角、倒斜角、修墙角、基线对齐、边线对齐、墙保温层墙体工具、墙端封口、墙体立面等，在此不赘述。

13.3.5　绘制门窗

门和窗即由在墙体上开洞口而成。天正建筑软件TArch8.0可绘制带有门、窗代号，且能够自定义的对象，使墙体与门窗建立了智能的联动关系，系统定义了两类创建门窗的方式：

① 绘制的门窗仅附属于一段墙体，而不能跨越具有转角的墙体。门窗与墙体联动关系紧密，当确定门窗在墙体中的位置时，墙基线能够在设计和编辑过程中自动包含在墙体中。即可将相同尺寸、类型的门窗进行复制和移动。

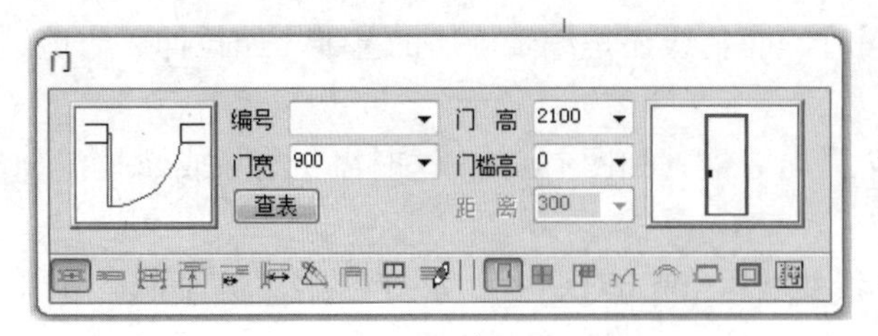

(a) 门

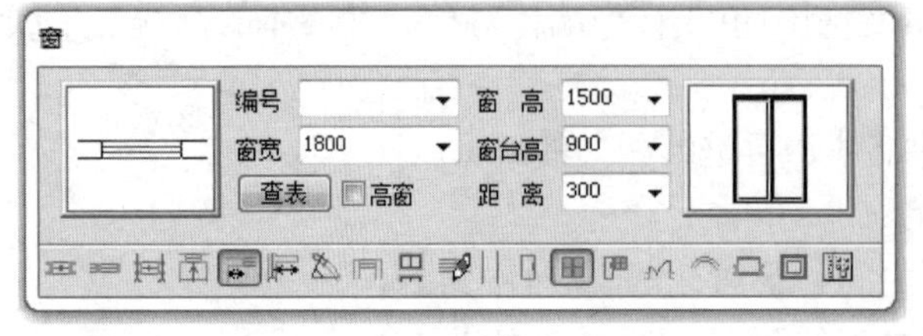

(b) 窗

图13-26 “门”“窗”对话框

② 绘制的门窗可附属于多段墙体，可跨越具有转角的墙体。由于受限于形状、尺寸的复杂性，因此，这一类门窗不可编辑，即若脱离原来所属的墙体，则不可用。

（1）普通门窗

在平面图中，对软件图库中已有的门的块直接选择插入，可以根据设计需要选择适合的二维形式的门。

创建方法：

在屏幕菜单中选择“门窗”/“门窗”，弹出“门”和“窗”的对话框，如图13-26。

选项说明：

选项卡的左方为门或窗的定位模式，也是门或窗平面图的画法；右侧为门或窗的类型图标，也是立面图的画法。

①“编号”：系统中仅有自动编号，门窗编号是对象的文字编辑。插入门窗时编号随命令自动生成，也可根据需要再对其进行特殊编辑。

②“门（窗）宽”：可在下拉表内选择，也可输入值。

③“查表”：查已经拟定的门窗表内的尺寸。

④“高窗”：勾选此项后，平面图中的绘制无明显差异，只是窗线变为虚线，墙体线仍保留为粗实线。

⑤“门（窗）高”：可在下拉表内选择，也可输入值。

⑥“门槛高”：室外门需设门槛时，可赋值；室内门一般此项设为零（无门槛）。

⑦“窗台高”：窗洞口底面距该层地面的高度。在立面图中，一层窗台高为窗洞口底面距室外地面的高度。

⑧“距离”：对于门窗之间的距离是指相邻两个（或多个）门与门，或窗与窗，或门与窗的某一点到另一门或窗的对应点的水平距离。

图13-27 “门”“窗”对话框工具栏

“门”“窗”对话框的最下方一行为工具栏（图13-27），其各项分别是：自由插入、沿直墙顺序插入、依据两点取相邻轴线间距居中插入、在选取的墙上等分插入、轴线定距插入、按角度插入弧墙上的窗、整个墙段插满窗（即连窗）、插入上层门窗、替换已经插好的门窗；插门、插窗、插门连窗、插自母窗、插弧窗、插凸窗、插矩形洞、标准构件库。

门的开启方向可以按“Shift”键转换。其他类型的“门”“窗”对话框不再列举，读者可在学习软件中慢慢了解并掌握。

（2）门窗插入墙体

首先选择门或窗的类型和定位模式，再设置选择或输入各参数。门或窗的画法及操作步

骤是相似的，如图13-28。

在墙体上居中定位的门或窗是最方便插入的，选取墙线的中点插入即可，只需注意门窗代号的位置，一般书写在墙体外侧，而且插入的门窗可以复制和移动。

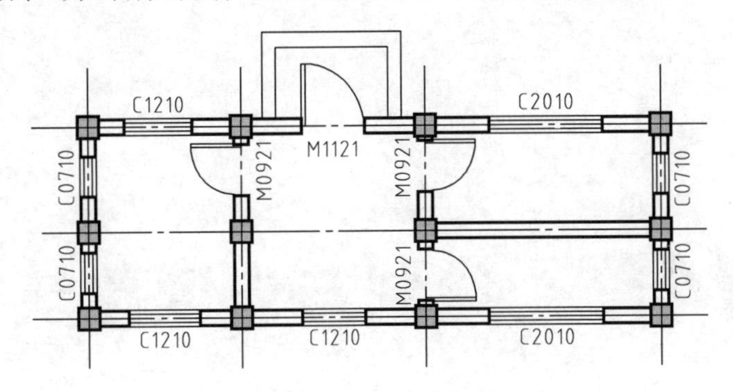

图13-28　门窗的绘制

门窗插入墙体的定位不可能都是相对于某一墙体居中的，插入不居中定位的门窗时可按“Tab”键，并利用动态输入（DYN）赋值，再根据尺寸数值拉伸来定位，如图13-29。

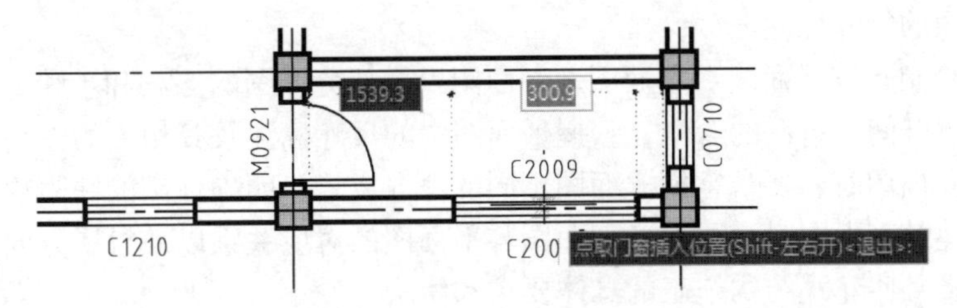

图13-29　门窗的定位

（3）其他构造

房屋的建筑平面图除了柱、墙、门窗外，还有楼梯、阳台、雨篷、挑檐以及必要的装饰装修等，在此不赘述。

第14章 绘制与识读建筑施工图

本章主要学习绘制和识读建筑施工图的方法和步骤。根据实际图样的图示内容，进一步了解建筑施工图的尺寸标注。

要求掌握绘制建筑平面图、立面图、剖面图以及部分详图的方法和步骤。绘制建筑平面图时，要求理解开间、进深的含义，掌握平面图中的尺寸标注及其相关的一些规定。

绘制建筑立面图时，要求掌握立面图不同的命名方式，明确标高的注写规定以及应注意的问题。绘制建筑剖面图时，要注意剖面图与平面图的对应关系以及投影方向。绘制建筑详图时，应该熟悉某些建筑结构施工的具体要求和做法。

必须明确掌握建筑施工图的用途及作用，详细了解并能够读懂建筑总平面图的相关内容及尺寸标注。

14.1 概　　述

14.1.1 房屋的组成及各自的作用

大多数民用建筑的基本构造、组成内容都是相似的。以图14-1一幢住宅为例，房从下向上数为第一层（也叫底层、首层）、第二层、第三层……顶层（本例的第四层即为顶层）。由图可知一幢房屋由基础梁、墙或柱、楼面与地面、楼梯、门窗、屋面等6大部分组成，它们各处在不同的部位，发挥着各自的作用。

（1）基础

它是建筑物与土层直接接触的部分，它承受建筑物的全部荷载，并把它们传给地基（地基是基础下面的土层，承受由基础传来的整个建筑物的重量），但地基不是房屋的组成部分。

（2）墙

墙是房屋的承重和围护构件。位于房屋四周的墙称为外墙，其中位于房屋两端的外墙也称为山墙。外墙有防风、雨、雪的侵袭和保温、隔热的作用，故又称外围护墙。位于房屋内

部的墙称为内墙，主要起分隔房间和承重的作用。另外沿建筑物宽度方向布置的墙称为横墙，沿建筑物长度方向布置的墙称为纵墙。直接承受上部传来荷载的墙称为承重墙，不承受外来荷载的墙称为非承重墙。

(3) 楼面与地面

楼面与地面是分隔建筑空间的水平承重构件。楼面是二层及以上各层的水平分隔，承受家具、设备和人的重量，并把这些荷载传给墙和柱。地面是指第一层使用的水平部分，它承受第一层房间的荷载以及整个房屋的荷载。

(4) 楼梯

楼梯是楼房的垂直交通设施，供人们上下楼层和紧急疏散之用。台阶是室内外高差的构造处理方式，同时也供室内外交通之用。

(5) 门窗

门主要用作交通联系和分隔房间，窗主要用作采光、通风。门和窗作为房屋围护构件，还能阻止风、霜、雪、雨等侵蚀和隔声。门窗是建筑外观的一部分，它们还对建筑立面处理和室内装饰产生影响。

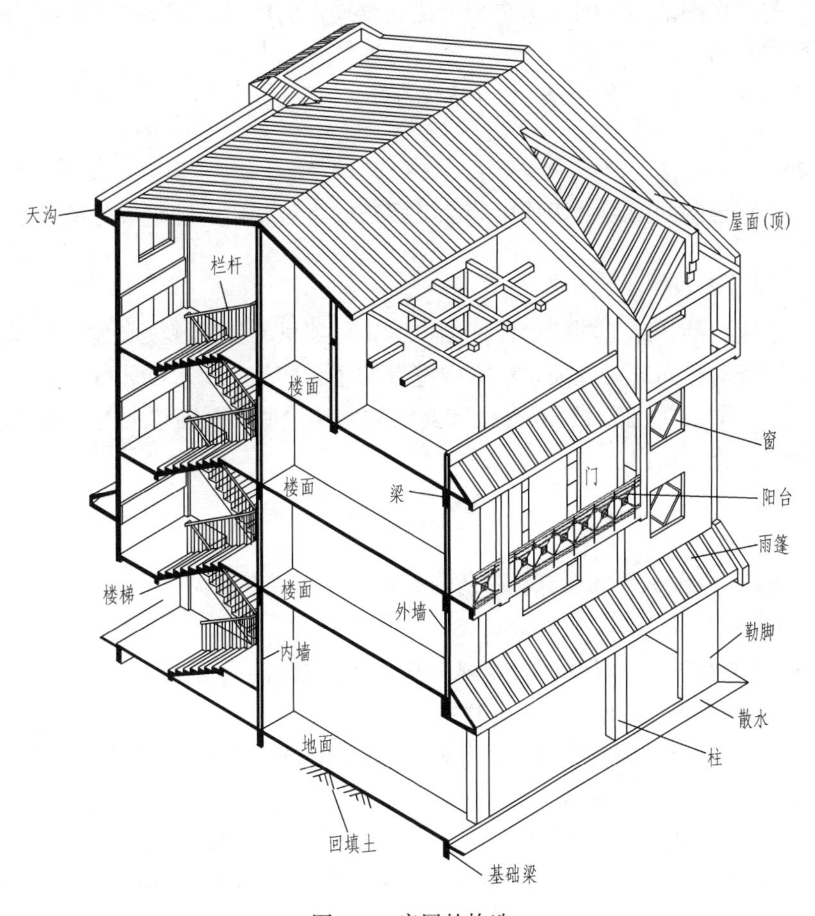

图14-1　房屋的构造

（6）屋面

屋面（亦称屋顶）是房屋顶部的围护和承重构件，由承重层、防水层和其他构造层（如根据气候特点所设置的保温隔热层、为了避免防水层受自然气候的直接影响和使用磨损所设置的保护层，为了防止室内水蒸气渗入保温层而加设的隔汽层等）组成。

此外，天沟、雨篷、雨水管、勒脚、散水、明沟等起着排水和保护墙身的作用。阳台供远眺、晾晒之用，同时也起到立面造型的效果。

14.1.2 房屋建筑图的功能

房屋建筑图是初步设计、施工图设计、施工及施工验收等整个过程中不可缺少的技术文件。为了使建筑工程图的设计在全国范围内表达统一，便于绘制、识读和技术交流，对图纸幅面、比例、字体、图线线型、尺寸标注和图样画法等都有统一的规定，应满足国家相关的一系列标准和规范。

14.1.3 房屋建筑图的构成及分类

由于专业分工不同，房屋建筑图一般分为建筑施工图、结构施工图和设备施工图。各专业的图纸又分为基本图纸和详图。基本图纸描述全局性的内容，详图描述某些构件或某些局部详细尺寸和材料构成等。

一套完整的施工图，一般可分为以下5部分。

（1）图纸目录

其中列出了新绘制的图纸、所选用的标准图纸或重复利用的图纸等的编号及名称。

（2）设计总说明（即首页）

其内容一般应包括：施工图的设计依据；本工程项目的设计规模和建筑面积；本项目的相对标高与总图绝对标高的对应关系；室内室外的用料和施工要求说明（可用文字说明或用表格说明），采用新技术、新材料或有特殊要求的做法说明，门窗说明等。小型工程的设计总说明可放在建筑施工图内。

建筑设计说明

① 设计依据

a. 我院与××市××投资有限公司签订的设计委托书、设计合同。

b. ××市××投资有限公司提供的方案。

c. ××市××投资有限公司提供的城市规划用地地形图。

d. 国家及地方颁布的现行建筑设计规范。

e. 本工程所采用的标准图集及通用图集不论采用其全部详图或局部节点均按有关说明办理。

② 工程概况

本工程为××投资有限公司×××二期综合改造工程房建第1A幢户型，底层门面层高4.2m，以上各层层高3.0m，室内外高差0.15m，建筑总高度为14.70m，总建筑面积为765.45m^2。

a. 本工程±0.000为相对标高，建筑总平面图为绝对标高。

b. 本工程采用框架结构，建筑安全等级为二级，耐火等级为二级。

c. 本工程抗震设防烈度为6度，设计合理使用年限为50年。

d. 墙体

墙体采用190mm（除注明外）厚加气混凝土砖，墙中心线与轴线重合。

穿墙管线之预留洞在管线安装完毕后，用C15细石混凝土填实，砖墙上小于150mm×150mm的孔洞不预留。

e. 室外装修：室外装修做法依据《西南地区通用民用建筑配件图集》。

外墙面：均采用浅蓝色外墙漆，具体做法见设计说明。

散水：散水宽为800mm，做法见西南J812第4页①，每6m及转角处留缝，缝宽15mm，1:1沥青砂浆嵌缝。

台阶：做法见西南J812第6页1a，面层为水泥石屑地面。

屋面：采用坡屋面结构，屋面贴青灰色彩瓦，屋面防水等级为Ⅲ级。

楼梯：采用金属空花栏杆，塑料扶手，做法见西南J412第41页1。

f. 门窗

底层商店采用透空式卷闸门，入户门采用古铜色防盗门；窗均采用铝合金窗。

g. 室内装修

凡有水的房间（厨房、厕所），楼地面必须做好排水坡度，不得出现倒流或局部积水；厨房、卫生间楼面低于相应楼面20mm。

h. 其他：木砖应刷防腐沥青，铁件应刷防锈漆。

i. 本工程建筑施工图纸应与结构、水、电等专业施工图纸密切配合施工。

j. 未尽事宜在施工中均应遵照现行的有关施工及验收规范进行施工。

（3）建筑施工图（简称建施）

包括基本图和详图，其中：基本图有建筑总平面图、平面图、立面图和剖面图等；详图包括墙身、楼梯、门窗、厕所、檐口以及各种装修、构造的详细做法。门窗统计表见表14-1。

表14-1 门窗统计表

类别	编号	型号	洞口尺寸/mm		数量					选用标准图集或说明
			宽	高	底	二	三	四	合计	
门	M-1	FM1021	1800	2400		2	2	2	6	铝合金推拉门
	M-2	Ja-0921	900	2100		4	4	4	12	夹板门
	M-3	Ja-0821	800	2100		2	2	2	6	夹板门
	M-4	Ja-0721	700	2100		2	2	2	6	夹板门
	M-5	Ja-1524	1500	2400			2	2	4	门连窗
	M-6	LC2424	2400	2400			2	2	4	绿玻白色铝合金推拉门
	M-7		3000	3600	2				2	卷闸门
	M-8		4400		2				2	卷闸门
窗	C-1	LC1515	1500	1500	4	6	4	4	18	绿玻白色铝合金推拉窗
	C-2	LC1215	1200	1500	1	1	1	1	4	绿玻白色铝合金推拉窗
	C-3	LC2415	2400	1500		2			2	绿玻白色铝合金推拉窗

（4）结构施工图（简称结施）

包括基础平面布置图、柱网平面布置图、楼层结构平面布置图、屋顶结构平面布置图等。构件详图包括柱、梁、楼板、楼梯、雨篷等的配筋图或模板图。

（5）设备施工图（简称分别为水施、暖施、电施等）

主要表达管道（或电气线路）与设备的布置和走向、构件做法和设备的安装要求等。基本图由平面图、轴测系统图组成。详图有构件、配件制作或安装图。

14.2 建筑总平面图

14.2.1 图示方法及作用

在地形图上将拟建工程四周一定范围内的新建、拟建、原有和拆除的建筑物、构筑物连同其周围的地形地物状况绘制成的图样，称为建筑总平面图，简称总平面图，如图14-2。

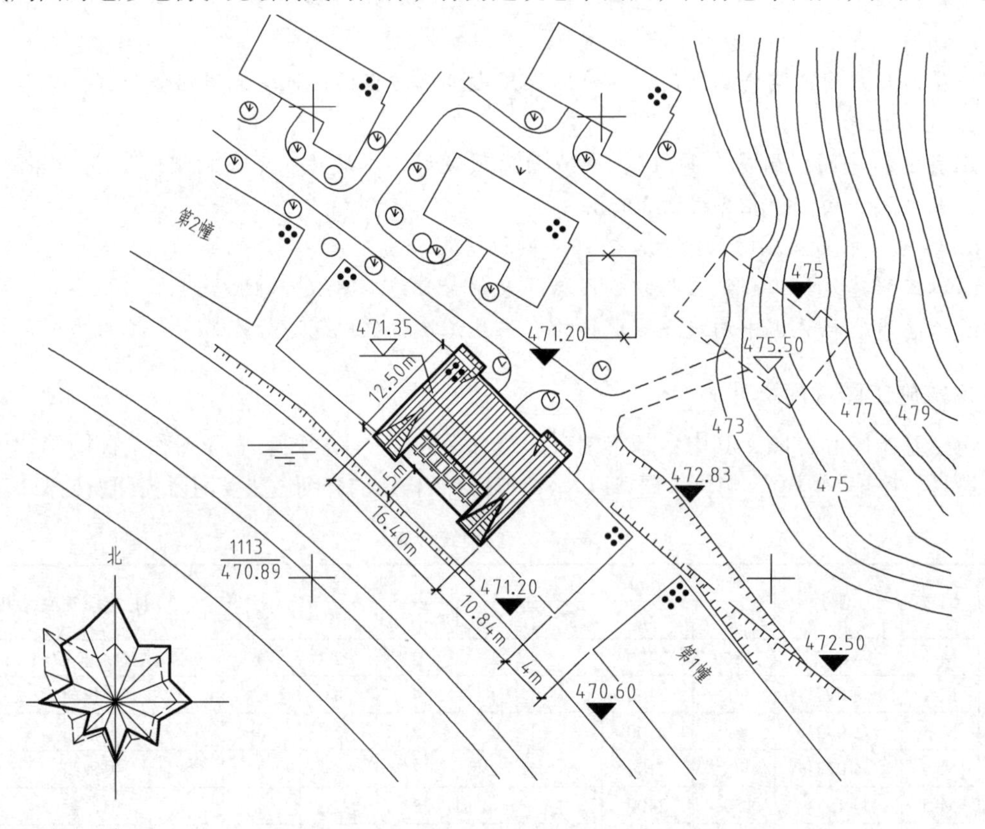

图14-2 建筑总平面图

建筑总平面图能反映出上述建筑的平面形状、位置、朝向和与周围环境的关系，因此成为拟建的建筑物定位、施工放线、土方施工以及绘制水、暖、电等管线总平面图的依据。

14.2.2 图示内容及有关规定

总平面图的图示内容及有关规定包括以下几点。

（1）注明图名、比例及有关文字说明

总平面图包括的地理范围较广，所以绘制时往往采用较小比例，如1∶500，1∶1000，1∶2000，根据图中包含范围的大小、图样要求的详细程度适当选用。总平面图中所画图例必须采用国家标准规定图例（如表14-2）。在较复杂的总平面图中，若用到国标中没有规定的图例，则必须在图中另加说明。

表14-2 总平面图常用图例

名称	图例	说明
新设计的建筑物		1.右上角以点数或数值(高层建筑)表示层数 2.用粗实线表示，小于1∶2000时不画入口
原有建筑物		用细实线表示
计划扩建的预留地或建筑物		用中粗虚线表示
拆除的建筑物		用细实线表示
围墙及大门		
护坡		
挡土墙	5.00 1.50	挡土墙根据不同设计阶段的需要标注 墙顶标高 墙底标高
坐标	1. X=105.00 Y=425.00 2. A=105.00 B=425.00	1.表示地形测量坐标系 2.表示自设坐标系 坐标数字平行于建筑标注
原有道路		
拆除的道路		
新建的道路	R=6.00 0.30% 100.00 107.50	1."R=6.00"表示道路转弯半径 2."107.50"为道路中心线交叉点设计标高，两种表示方式均可，同一图纸采用一种方式表示 3."100.00"为变坡点之间距离，"0.30%"表示道路坡度，一表示坡向

续表

名称	图例	说明
公路桥		
铁路桥		
指北针		指北针圆圈直径一般以24mm为宜，指北针下端的宽度约3mm
风向频率玫瑰图	北	1．风向频率玫瑰图是根据当地多年平均统计的各个方向吹风次数的百分数按一定比例绘制的 2．实线表示全年风向频率 3．虚线表示夏季风向频率，按6月、7月、8月三个月统计

(2) 根据尺寸了解房屋的位置

表明所建工程的性质与总体布置，建筑物或构筑物的位置、道路、场地、绿化等布置情况，以及建筑物的层数等。

拟建房屋需绘制平面的外包尺寸。总平面图上的尺寸以m为单位，保留两位小数，不足时以零补齐。房屋层数在房屋平面外轮廓线的右上角内用小黑点表示（对于高层建筑则用数字表示），单层可不注层数。

(3) 明确新建工程或扩建工程的具体位置

常用定位方法有：

① 根据坐标定位。对工程项目较多、规模较大的拟建建筑物，由于地形复杂，为了保证定位放线的准确性，通常采用坐标系定位建筑物、道路和管线的位置。在总平面图上，会遇到两种坐标系统——测量坐标系统和施工坐标系统。坐标网格线采用细实线绘制。

a. 测量坐标网。其表示方法是在坐标网的十字交叉处画出短的十字细线。网线间距为100m。测量坐标网的直角坐标轴用"X,Y"表示。X为南北方向轴线，Y为东西方向轴线。为便于坐标换算，这里设X轴的正向指北，负向指南；Y轴的正向指东，负向指西。测量坐标网一经确定，则指定的区域中诸如道路、铁路、桥梁、涵洞、建筑物、构筑物、空场地、绿化等地形、地物和地貌等，都可以以测量坐标网为基准，定出它们的坐标位置。其他地物可通过连系尺寸注出，以确定其位置。

b. 施工坐标网。为了便于施工，在总平面图中常设定施工坐标网。在选取施工坐标网的两个直角坐标轴时，应令其平行于施工平面图的矩形墙边（或至少平行于一条道路）。施工坐标网的表示方法与测量坐标网不同，它是在总平面图上画成直角相交的细实线坐标网格。网线间距与测量坐标网线间距相同，以便于坐标换算。施工坐标的代号，通常用"A,B"表示。

② 根据原有建筑物或道路定位。对规模小、工程项目较小的拟建建筑物，总平面图常以公路中心线为基准来标注区内建筑物或构筑物的定位尺寸。其余建筑物和构筑物，再以此建筑物或构筑物为"次基准"标注连系尺寸，并以m为单位注出定位尺寸。

（4）绘制等高线

为了表达地面的起伏变化状态，有的平面图上绘有等高线，同时也注明了各条等高线的高程，这类图称为地形图。

（5）标明规划红线（又称建筑红线）

在城市规划图上划分建筑用地和道路用地的分界线一般用红色线条表示，故称为规划红线。规划红线由当地规划管理部门确定，是建造沿街建筑和埋设地下管线、确定位置的标志线。

（6）注明标高

新建房屋以其底层的主要房间的室内地面作为设计标高的零点，这种标高称为相对标高。我国把黄海的平均海平面定为标高的零点，其余各地都以此为基准，这种标高称为绝对标高。

由新建房屋底层室内地面和室外地坪的绝对标高可知室内外地面的高差，及正负零与绝对标高的关系。总平面图上的标高为绝对标高，以m为单位，取到小数点后两位，如图14-2。标高符号形式和规定画法如图14-3。

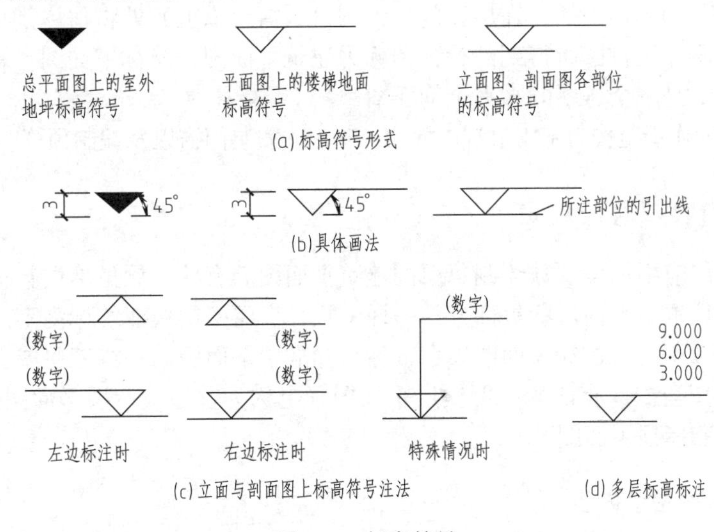

图14-3　标高符号

（7）绘制风向频率玫瑰图和指北针

风向频率玫瑰图和指北针的绘制要点见表14-2。对上述内容应根据工程特点和实际情况增补或删减。对一些简单的工程可不绘制等高线、坐标网或绿化规划和管道的布置。

14.2.3　阅读建筑总平面图

① 先看图标、图名、比例、图例及有关的文字说明。总平面图上标注的尺寸，一般以m为单位。图中使用较多的图例符号，必须熟悉它们的含义。国标中所规定的几种常用图例，如表14-2所示。

② 了解工程的性质、用地范围和地形地物等情况。从图14-2可知该总平面图表示某生活区的一片区域，图中粗实线表示的拟建房屋是一幢住宅楼，住宅有1个单元。从图中可明确拟建房屋的位置：建在两栋四层楼高的房屋之间，前面是一堰沟堤坝，坝上可供通行。

③ 了解地形高低。总平面图上所注标高，注至小数点后两位，均为绝对标高。从图中

所注写的标高可知该地区的地势高低，及雨水排除方向。

拟建房屋底层室内地面的标高为471.35m，即室内±0.000相当于绝对标高471.35m，这是根据房屋所在位置附近的标高决定的。图中圆点数表示拟建房屋的层数（此处为四层）。注意室内外地坪标高标注符号不同。

④ 图中该地区全年最大风向频率为北风，夏季为西北风，玫瑰图所表示的风向，是指从外面吹向地区中心。

⑤ 从图中可了解到周围环境的情况，如新建建筑的东北方向有一计划建的建筑及道路，正北方向有一待拆建筑，周围还有许多标有层数的原有建筑。

14.3 建筑平面图

14.3.1 图示方法及作用

用一假想水平的剖切平面，在房屋门、窗洞口（窗台以上）处将房屋剖切开，移去上部分房屋，从上向下作正投影所得到的投影图称为建筑平面图，简称平面图。平面图（除屋顶平面图外）实际上是一个房屋的水平全剖面图。

建筑平面图的作用是作为施工过程中放线、砌墙、安装门窗以及编制预算、备料等的依据。

14.3.2 图示内容及有关规定

一般多层房屋应根据楼层数绘制每层的建筑平面图。有些房屋虽然层数很多，但二层及以上每层的房间位置、平面形状等部分都一样，只是房屋楼层板建筑标高不同，这样二层及以上的平面图可以用一张建筑平面图表示，称为标准层平面图。一幢三层或者三层以上的房屋，其建筑平面图至少应有四幅，即底层平面图（也称为首层或一层平面图）、标准层平面图、顶层平面图和屋顶平面图。

(1) 建筑平面图的图示内容

① 表明建筑物的形状、内部的布置及朝向。包括建筑物的平面形状、规格类型，各房间的功能、布局及相互关系，各入口、门厅、走廊、室内楼梯的位置等；标明墙、柱的定位轴线、位置、厚度和所用材料，以及门窗的类型、位置及编号，还有室外台阶、阳台、雨篷、散水的位置，室内外地面标高，剖面图的剖切位置（底层）等情况。

② 标明建筑物的尺寸。在建筑平面图中，用轴线和尺寸线表示各部分的长、宽尺寸和准确位置。外墙尺寸一般分三道尺寸标注：最外一道是总体尺寸，表示建筑物总长和总宽：中间一道是轴线间距尺寸，表示开间（一般为平面图中的长）和进深（一般为平面图中的宽）尺寸，为定位尺寸；最里一道是建筑细部尺寸，表示门、窗洞口、墙垛、墙厚等详细尺寸，为定形尺寸。内墙需注明与轴线的关系、墙厚、门窗洞口尺寸等。各层平面图还应表明墙上预留洞的位置、大小、洞底标高。

③ 表明建筑物结构形式及主要建筑材料。

④ 注写各层的地面标高。各层均注有地面标高（为相对标高），有坡度要求的房间内还应注明地面坡度。

⑤ 表明门、窗及过梁的编号和门的开启方向。门的代号为M，窗的代号为C（若有高

窗则以虚线表示，并注明窗洞下端距地面的尺寸）。

⑥ 表明局部详图的编号、位置及所采用的标准构件、配件的编号。

⑦ 综合反映其他各工种（工艺、水、暖、电）对土建的要求。对于各工种要求的坑、台、水池、地沟、电闸箱、消火栓、雨水管等及在墙或楼板上的预留洞，应在图中表明位置及尺寸。

⑧ 表明室内装修做法。包括室内地面、墙面及顶棚等处的材料及做法均应注明。一般简单的装修，在平面图中直接用文字注明；较复杂的工程则需要另列房间明细表和材料做法表，或另外绘制建筑装修图。

⑨ 文字说明。平面图中用图线不易表明的内容，如施工要求、砖及砂浆的强度等级等需用文字加以说明。

（2）建筑平面图的有关规定

① 底层（首层）平面图。底层平面图中需特别表明剖面图剖切符号的位置及编号，以便于和剖面图对照查阅。以指北针表明建筑物的朝向，指北针的形式如表14-2所示，圆圈直径为24mm，指北针尾部宽3mm，线型为细实线。此外，底层平面图上还要表明室外台阶、散水等尺寸与位置，以及明沟、花坛、雨水管等构件（可以在墙角的局部分段标注出散水和明沟的位置），参照图14-4。底层地面标高一般定为±0.000，并注明室内外不同地面、地坪标高。

② 标准层平面图。标准层平面图遵循隔层看不见的原则，故不能绘制首层平面图中的散水、台阶，而应绘制雨篷、阳台等构件的投影。其他同首层平面图基本一致。

③ 顶层平面图。主要表示楼梯间的变化，在顶层平面图中可以观察到楼梯的安全栏板。

④ 屋顶平面图。屋顶平面图是顶层门窗洞口水平剖切面以上的部分，从屋顶向下的水平投影图。

主要表示屋面的排水方式、屋面坡度、坡向、找坡形式、落水管位置以及排水方式等。其他还应包括如维护构造措施、上下屋面的空间布置、绿化措施等，以及女儿墙、檐口（沟）、烟囱、通风道、屋面检查入口、避雷针的位置等内容。

有些部位的细部构造需用详图表示，如：檐口（沟）、泛水、变形缝、雨水口等。

⑤ 平面图的尺寸标注（屋顶平面除外）。如果房屋的前后或左右对称，则应将房屋的纵向或横向的三道尺寸线及轴线编号标注在房屋的前侧及左侧；如果房屋的前后或左右不对称，则亦需在上方或右侧标注三道尺寸，相同的不必重复。另外，台阶、花坛及散水（明沟）等细部尺寸，可单独标注。

三道尺寸线彼此间的距离7~10mm，最内层尺寸线距建筑物外轮廓线10~15mm。对明显可看出的一些尺寸可省略，对墙厚等尺寸，也可在说明中加以体现。

对于室内地面、室外地面、室外台阶、卫生间地面、楼梯平台、阳台等部位均应注明其标高。屋顶平面图仅要求标出主要轴线及屋面结构标高。

⑥ 定位轴线。在绘制施工图时必须绘制房屋的基础、墙、柱、墩和屋架等承重构件的轴线，并进行编号，以便于施工时定位放线和查阅图纸。这些轴线称为定位轴线。

根据国标规定，定位轴线采用单点长画线表示。轴线编号的圆圈用细实线，直径为8~10mm，如图14-5。轴线编号写在圆圈内，在平面图上水平方向的编号采用阿拉伯数字，从左向右依次编写。垂直方向的编号，用大写拉丁字母自前而后顺次编写，如图14-4。拉丁字母的I、O及Z三个字母不得用作轴线编号，以免与数字1、0及2混淆。

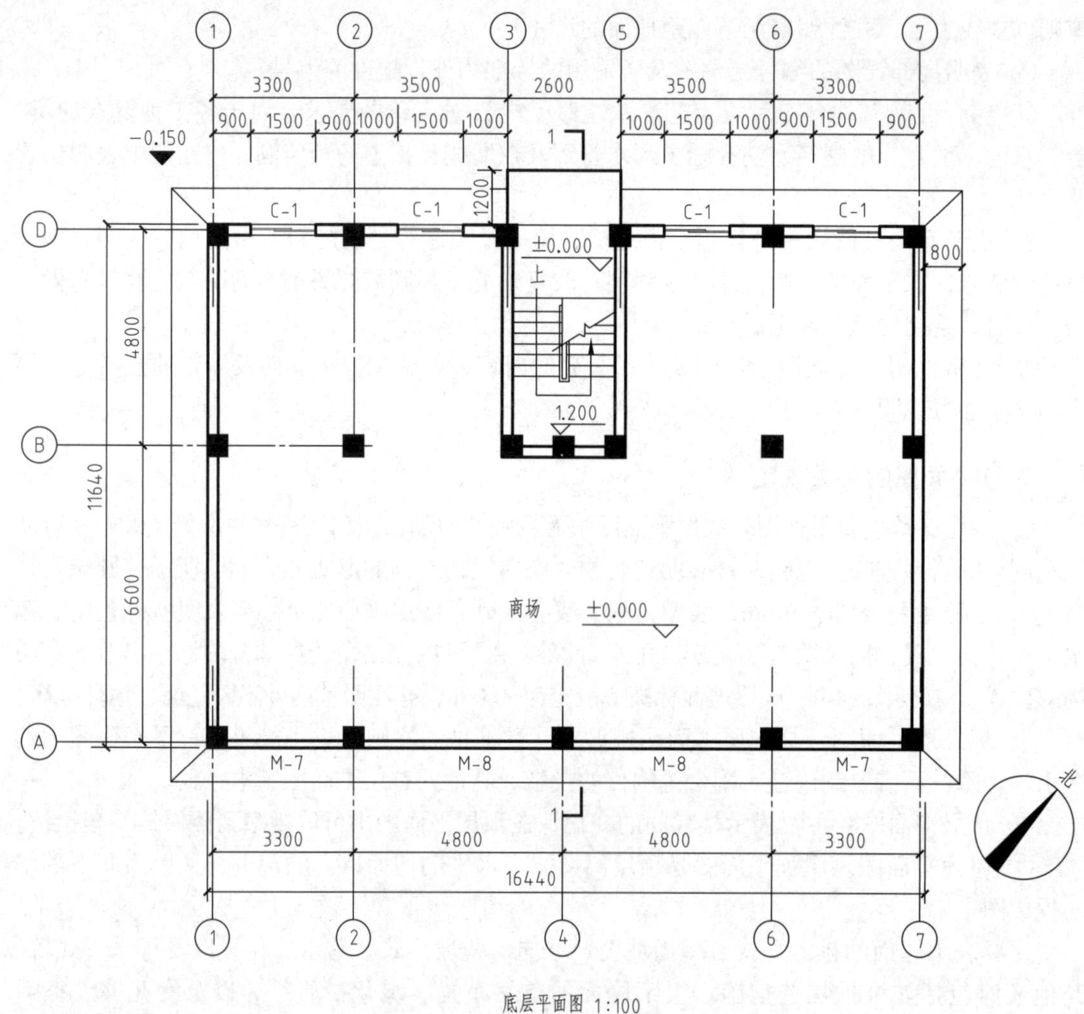

图14-4　底层平面图

对于次要的墙或承重构件，它的轴线可采用附加轴线，用分数表示编号，这时的分母表示前一轴线的编号，分子表示附加轴线的编号，用阿拉伯数字顺序编号，如图14-5（a）。在绘制详图时，如一个详图适用于几个轴线时，应同时将各有关轴线的编号注明，如图14-5（c）、（d）、（e）。

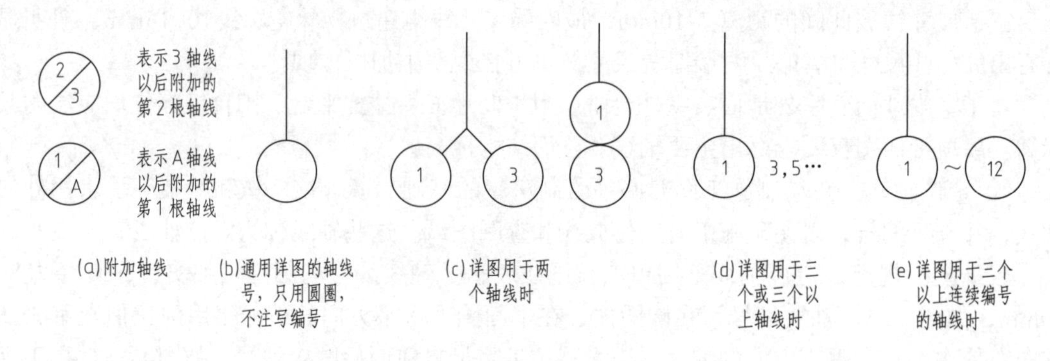

图14-5　定位轴线的各种注法

⑦ 标高符号。在总平面图、平面图、立面图和剖面图上，经常用标高符号表示某一部位的高度。各图上所用标高符号应按图14-3所示形式以细实线绘制。标高数值以m为单位，一般注至小数点后三位数（总平面图中为二位数）。如标高数字前有“–”的，表示该处低于零点标高；如数字前没有符号的，则表示高于零点标高。如同一位置表示几个不同标高时，数字可按图14-3（d）中的形式注写。

⑧ 对称建筑的简便画法。若建筑物平面图左右对称时，可将两个不同层平面图画在同一个平面上，中间画一个对称符号作为分界线，并在图的下面分别注明图名。

⑨ 线型。凡是被水平剖切平面剖到的断面轮廓均用粗实线b绘制，没有被剖切到的用中实线$0.5b$绘制（如窗台、台阶、明沟、花坛、楼梯等），粉刷线在大于1:50的平面图中用细实线$0.25b$绘制。

⑩ 比例。平面图的比例一般采用1∶50，1∶100，1∶150或1∶200。尽管这些比例比总平面图大得多，但仍不足以准确详尽地表达建筑构造中的所有细节。为此可采用图例（如门窗、楼梯等）和索引详图的方法来表示某些细部构造。

⑪ 索引符号与详图符号。为方便施工时查阅图样，在图样中的某一局部或构件，如需另见详图时，常常用索引符号注明需要绘制的详图的编号以及详图所在的图纸编号，按国标规定，标注方法如表14-3所示。

⑫ 其他。建筑平面图中应注明各房间的名称，必要时还可注明其使用面积。

同一张图上有多个平面图时，各层平面图应按层数的顺序从左至右或从上至下布置。

表14-3　索引符号和详图符号

名称	表示方法	备注
索引符号	5/– ——详图的编号 ——详图在本页图纸内 5/4 ——详图的编号 ——详图所在的图纸编号 J103 5/3 ——标准图集的编号 ——详图的编号 ——详图所在的图纸编号	圆圈直径为10mm 细实线型
剖面索引符号	5/– ——详图的编号 ——详图在本页图纸内 5/4 ——详图的编号 ——详图所在的图纸编号 J103 5/3 ——标准图集的编号 ——详图的编号 ——详图所在的图纸编号	圆圈画法同上，粗短线代表剖切位置，引出线所在的一侧为剖视方向
详图符号	5 ——详图的编号（详图在被索引的图纸内） 5/4 ——详图的编号 ——被索引的详图所在图纸编号	圆圈直径为14mm 粗实线型

14.3.3　阅读建筑平面图

图14-4为该建筑一层平面图，比例为1∶100，室内整体可使用形状为凹字形，并且是

沿长、宽两个方向贯通的大宽度空间，可作为生活辅助空间。图14-6为二层平面图，比例为1∶100，总体平面形状为长方形。现以此图为例说明阅读建筑平面图的方法。

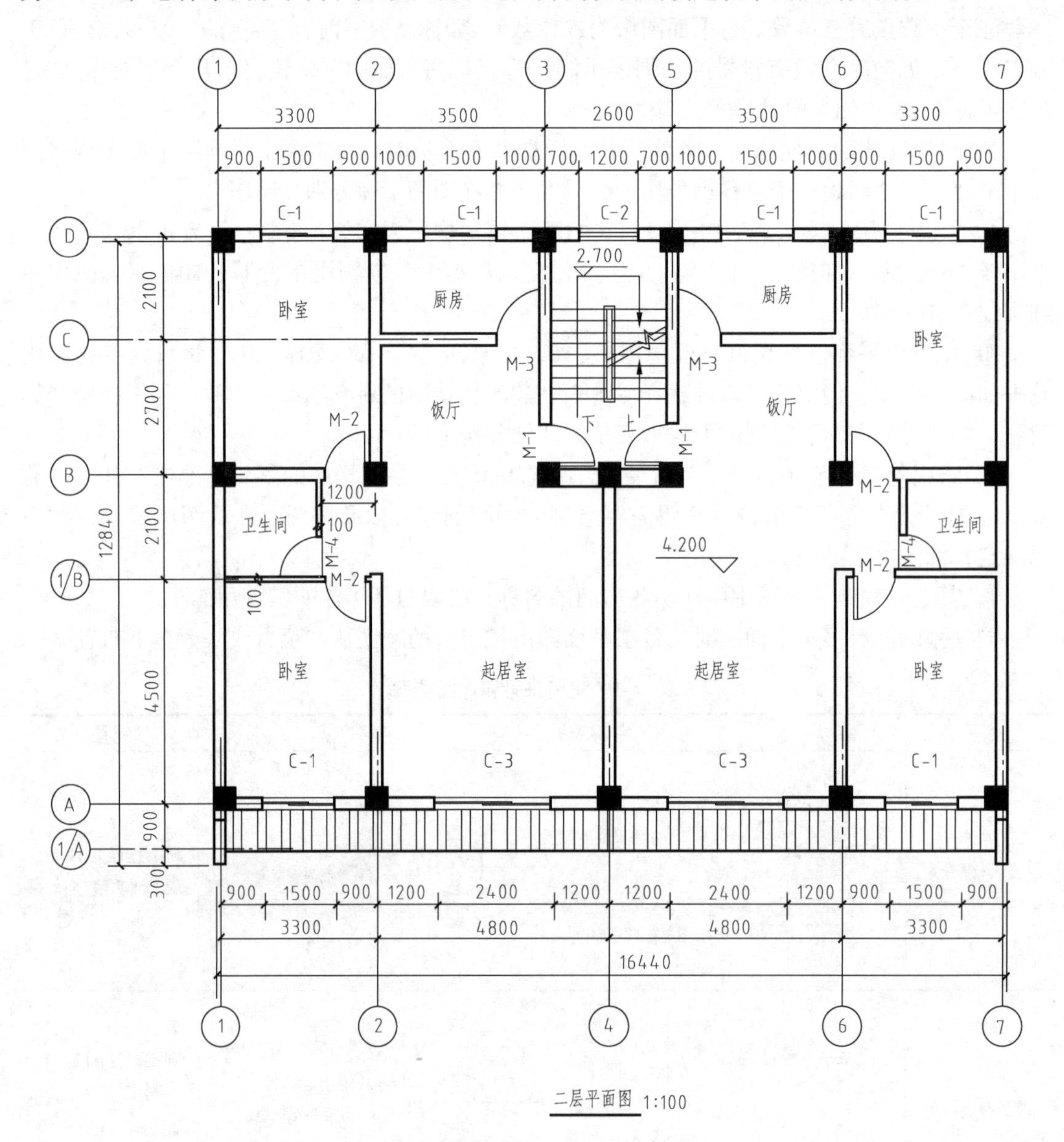

图14-6　二层平面图

平面图读图顺序按“先底层、后上层，先外墙、后内墙”的思路进行。

(1) 先阅读一层平面图（也叫底层平面图）的外墙部分

如图14-4所示，该建筑是以④轴为对称轴的左右对称建筑物。

一层建筑仅有外墙，无内墙。面对建筑的入口，从图中可见：其长度方向共有Ⓐ~Ⓓ四条轴线；而宽度方向共有①~⑦七条轴线，其中④轴为对称轴。入口为洞口（无门），入口所在的外墙相对于洞口左右对称，有四扇窗均为C-1，窗宽为1500mm。面对入口方向的左右外墙为实体墙，无其他门窗结构。与入口对应的外围构造有五根柱子，柱间结构为卷帘门。

面对该建筑的入口，迈上一级高为150mm的台阶进入楼梯间，台阶面标高为±0.000m。

第一梯段共8级，踢高均为150mm；到达第一、二梯段中间平台，标高为1.200m。第二、三梯段分别为9级，踢高为166.7mm；到达第二、三梯段中间平台标高为2.700m，而一、二层间的楼层平台标高为4.200m。可参照后续建筑剖面图（图14-9），及楼梯剖面图（图14-12）。

平面图中的尺寸16440mm和11640mm为房屋的总体尺寸即总长和总宽，称为第三道尺寸；从外向里数第二道尺寸为轴线间距的尺寸；第一道尺寸为门、窗洞口及其他细部尺寸。

该建筑一层外墙周围设有散水，宽度为800mm。四周外墙厚度均为200mm。

首层平面图中还画有指北针，可知该建筑的方向。另外从图中剖切符号可知剖面图的剖切位置。该建筑室外相对标高为–0.150m。

（2）阅读二层平面图

阅读该建筑二层平面图（图14-6）可知，该层与一层平面图相比较，增加了(1/A)轴线，即一层卷帘门上方雨篷的尺寸，宽为900mm。

该层为一梯两户，仍以④轴为对称轴，户型完全相同，面积相等，均为两室、两厅、一厨、一卫。内、外墙除卫生间部分墙厚为100mm外，其余墙厚均为200mm。

二层卧室的窗均为C-1，宽度为1500mm；厨房窗为C-1，宽度为1500mm；起居室窗为 C-3，宽度为 2400mm。

本着隔层看不见的原则，故不用画出散水与楼梯间入口台阶。不用画出指北针和剖切符号。Ⓓ轴为楼梯间休息平台外墙轴线，墙宽度为200mm，上面开有窗C-2。室内标高一层标高（±0.000）与二层标高（4.200m）不同。

现向右转推门进入一户室内。可知该户型为两室两厅布置，建筑物的东南侧有一间卧室和一间起居室。卧室门均为M-2平开门。厨房在餐厅西北侧，通过中间隔墙上的M-3平开门相通。在两间相对的卧室中间为卫生间，卫生间门口处一条线表示起居室与厕所的地面标高不同，卫生间地面比室内地面低20mm，以防止卫生间水外溢，门为M-4平开门。

需说明的是标准层的楼梯间不能代表顶层（四层）的楼梯间，因为顶层楼梯间的投影图是没有折断线的。

14.4　建筑立面图

14.4.1　图示方法及作用

用平行于建筑物某一外墙的平面作为投影面，向其作正投影所得到的投影图称为建筑立面图，简称立面图。

由于建筑物至少有四个方向的墙面，故建筑立面图的命名有多种方式。

① 按朝向命名。如某一外墙面朝南，即为南立面图，依此类推。这一命名方法是建筑立面图命名常用的一种方法。

② 按轴线命名。当建筑物的某一墙面朝向非正南或正北时，则应按立面图中的定位轴线编号命名。如图14-7，为⑦~①立面图。

③ 按主次命名。一般把建筑物的主要入口和反映建筑物主要特征的外墙面称为主立面图，其余称为次立面图。这一命名方法一般适用于临街建筑。

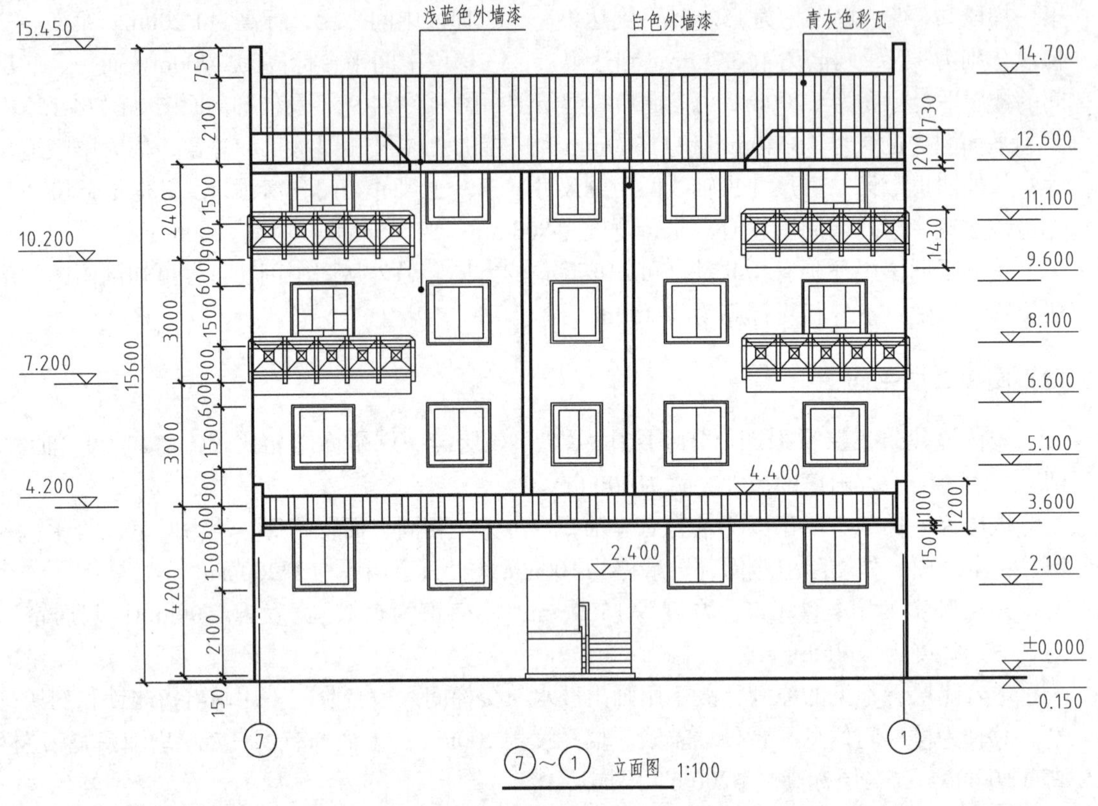

图14-7 建筑立面图（一）

建筑立面图在施工中主要作为建筑物门、窗、标高、尺寸及外墙面装饰等的依据。因此，建筑立面图要详细地反映建筑物各外墙面的装饰要求和装饰做法，并以国家标准规定的材料图例或用文字加以说明，因此在阅读施工图时不但应注意图例，还要注意文字说明。

14.4.2 图示内容及有关规定

（1）建筑立面图的图示内容

① 表明室外地面线及房屋的勒脚、台阶、花坛、门窗、雨篷、阳台、室外楼梯、墙、柱、外墙的预留洞口、檐口、屋顶（女儿墙或隔热层）、雨水管、墙面分隔线或其他装饰构件等。

② 表明外墙各主要部位的标高，如室外地面、台阶、窗台、门窗顶、阳台、雨篷、檐口、屋顶等处完成面的标高（建筑标高）。一般立面图上可不标注高度方向尺寸。但对于外墙预留孔洞，除注写标高外，还应注写其定形尺寸及定位尺寸。

③ 注写建筑物两端或分段的轴线及编号。

④ 标出各部分构造、装饰节点详图的索引符号。

⑤ 用图例、文字或列表说明外墙面的装饰材料及做法。

（2）建筑立面图的有关规定

① 立面图中所采用的比例一般应与平面图一致，如1：50、1：100或1：200等。

② 为了表现建筑立面图的整体效果，使之富有立体感，建筑立面图中的图线规定如下。

a. 建筑立面图中最外部的轮廓线（地平线除外）以及相对于投影方向具有转折处的轮廓线，均用粗实线绘制，线宽为*b*。

b. 建筑立面图中的地平线用加粗线绘制，线宽为1.2*b*~1.4*b*。

c. 建筑立面图中外轮廓线范围内具有明显凸凹起伏的结构轮廓，如门窗洞口及窗台、阳台（花饰及栏杆除外）、雨篷、室外台阶、花坛、突出外墙面的构造及门前装饰柱等，均用中实线绘制，线宽为0.5*b*。

d. 除上述外其他部分，如门窗分格线、外墙面装饰线，引出线、雨水管结构、文字说明、尺寸标注等，均用细实线绘制，线框为0.25*b*。

③ 立面图可省略的部分。

a. 若房屋为对称建筑，可只绘出一半并绘制对称符号，在下方各写出相应图名。

b. 立面图上完全相同的构件和构造做法如门窗、墙面装修、阳台等，可在局部详细绘制，其余可简化，只绘制外轮廓。

14.4.3　阅读建筑立面图

现以图14-7和图14-8所示的某住宅建筑为例说明阅读建筑立面图的方法。

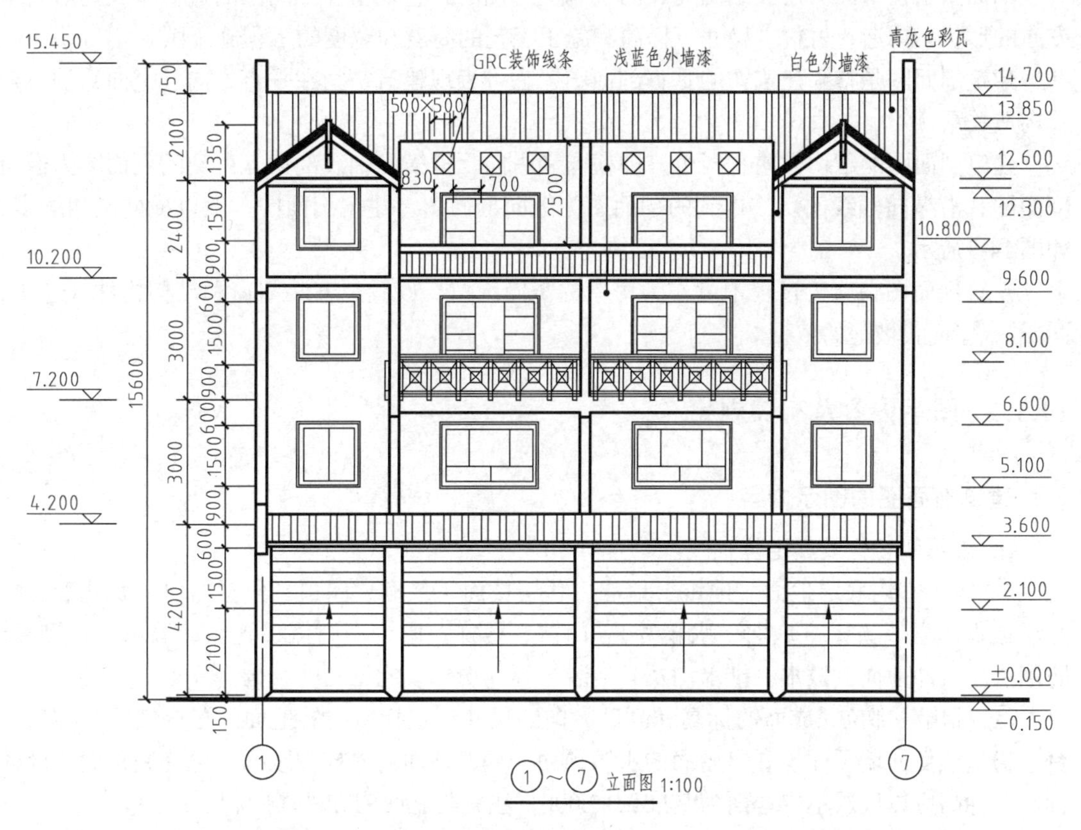

图14-8　建筑立面图（二）

图14-7为⑦~①立面图，该图绘图比例为1∶100。由图14-7可知：

① 有一个楼梯间入口，入口处有一台阶，且设有雨篷。

② 一楼有4个C-1窗：卧室有2个C-1窗，厨房有2个C-1窗。楼梯间C-2窗共有3个，

均为推拉窗。卧室通向阳台的门为M-5，有4个阳台。要注意结合平面图观察（本处省略）。

③ 楼3.600m标高处有坡檐。

④ 楼顶部为坡屋顶，有檐沟、雨篷。

⑤ 右侧标高分别为室外地平标高，每层窗口的下沿和上沿标高及屋脊、檐口的标高。

⑥ 各部位的装饰做法。

图14-8为①~⑦立面图，此图中可见到阳台、露台的形状与位置，其他内容不再赘述。

14.5 建筑剖面图

14.5.1 图示方法及作用

假想用一竖直剖切平面，将建筑物自屋顶到地面横向或竖向垂直切开，移去剖切面与观察者之间的部分，然后，将余下的部分向与剖切面平行的投影面作正投影而获得的图形称为建筑剖面图（简称剖面图）。

剖面图是在平面图已经绘制完成的基础上绘制的，它是基于平面图的进一步表达沿高度方向的形状、构造、材料、尺寸、标高和施工工艺的高度和宽度的工程施工图。

建筑剖面图是整幢建筑物的垂直剖面图，它可表现建筑空间在垂直方向（竖向）的组合及构造关系。

建筑剖面图的剖切方向有两个，即横向和纵向。沿横向轴线剖切，得到的剖面图为横向剖面图；沿纵向轴线剖切，得到的剖面图为纵向剖面图。建筑剖面图一般以横向剖切居多，如图14-9所示。

建筑剖面图在施工过程中可作为房屋的竖向定位、放线、安装门窗和结构构件（过梁、圈梁）、屋面找坡等的依据。

14.5.2 图示内容及有关规定

（1）建筑剖面图的图示内容

① 表示墙、柱及其定位轴线。

② 表示室内底层地面、地坑、地沟、各层楼面、顶棚、屋顶（包括檐口、女儿墙、隔热层或保温层、天窗、烟囱、水箱等）、门窗、楼梯、阳台、雨篷、孔洞、墙裙、踢脚板、防潮层、室外地面、散水、排水沟及其他装修等剖切到或能见到的结构。

③ 标出各部位完成面的标高和高度方向的尺寸。包括室内外地面、各层楼面与楼梯平台、檐口或女儿墙顶面、高出屋面的水箱顶面、烟囱顶面、楼梯间顶面、电梯间顶面等处的标高。标高应以底层室内地面为基准点±0.000，注意与立面图和平面图相一致。

a. 外部尺寸。门窗洞口（包括洞口上部和窗台）高度，层间高度及总高度（室外地面至檐口或女儿墙顶）可分别用三道尺寸表示。有时，后两部分尺寸可不标注。

b. 内部尺寸。表明地坑深度和隔断、隔板、平台、墙裙及室内门窗等的高度。

④ 表示楼、地面各层构造。一般可用引出线说明。引出线说明的部位可按其构造的层次顺序，逐层加注文字说明；也可在剖面图上引出索引符号，另画详图或加注文字说明；或

在“构造说明一览表”中统一说明。

⑤ 内部装修标注。表示被剖切到的屋面坡度的找坡形式和屋面坡度的大小。

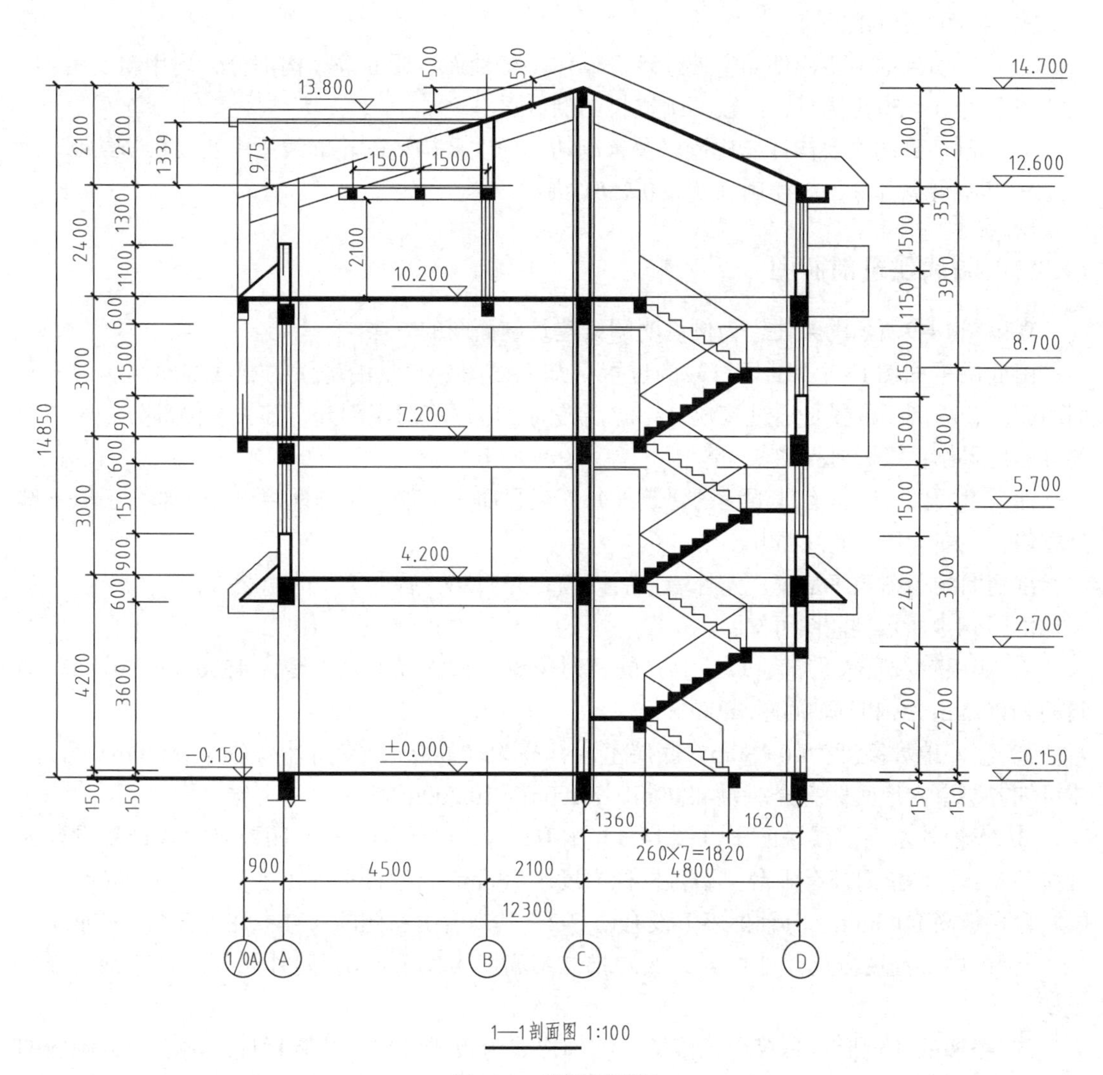

图14-9 建筑剖面图

（2）建筑剖面图的有关规定

① 剖面图的剖切位置。剖切位置应在平面图上选择能反映构造特征全貌以及有代表性的部位，或者在房屋内部构造较为复杂且有变化的部位处进行剖切。剖面图的剖切符号应在底层平面图中标出，如图14-4中剖切符号。剖切符号不应与任何图线相交。

对房间剖切应通过门窗洞口，这样可以在剖面图中表示门窗洞口的高度。对于多层建筑，剖切应通过门厅、楼梯间等部位，以反映上下层的联系和楼梯的形式、构造等。

② 剖面图的图名。剖面图的图名应与平面图上所标注的剖切符号的编号一致，如1—1剖面图、2—2剖面图等。

③ 剖面图的数量。剖面图的数量应根据建筑的复杂程度（内部结构）和建筑施工实际需要而定，以能够指导施工、给施工带来方便为原则。

④ 剖面图中一般不绘出基础部分。

⑤ 比例。剖面图所采用的比例一般应与平面、立面图一致，如1∶50，1∶100，1∶200，等等。

⑥ 剖面图中的图线。

a. 凡剖切到的主要构件如室外地坪、墙体、楼地面、屋面等结构部分，均用粗实线b绘制，当采用≤1∶50比例时，一般不画材料图例。

b. 凡剖切到的次要构件或构造以及未剖切到的主要构造的轮廓线用中实线0.5b绘制。

c. 其余可见部分，一律用细实线0.25b绘制。

14.5.3 阅读建筑剖面图

现以图14-9所示的某住宅为例说明阅读建筑剖面图的方法。

由底层平面图14-4中剖切符号的位置可知剖面图14-9是沿房屋的宽度方向剖切的横向剖面图。它的剖切位置是通过该建筑物的楼梯间、客厅将房屋剖开，移去右侧部分，对左侧部分的房屋作正投影所得的。

建筑剖面图（除具有地下室的建筑外）一般只需表达建筑室外地坪以上的部分，以下部分省略，在图中用折断线断开。

剖面图的读图顺序是按“先外墙，后内墙；先底层，后上层”的思路进行。

由图14-9所示剖面图可知：

① 四根轴线（Ⓐ、Ⓑ、Ⓒ、Ⓓ）的相对位置。如Ⓐ和Ⓑ轴间距为4500mm，Ⓑ和Ⓒ轴间距2100mm，Ⓒ和Ⓓ轴间距4800mm。

② 室外地坪高度为-0.150m，底层室内标高为±0.000m，室内外高差为150mm。另外，还可知各层室内地面标高分别为4.200m、7.200m、10.200m等。

③ Ⓐ轴外墙在二层平面图（图14-6）中有两个C-3的窗，三、四层对应该位置设计为推拉门M-6，推拉门外有阳台，阳台栏杆高度为900mm，栏杆顶部距上部梁底1500mm，四层露台栏板高1100mm。Ⓓ轴处墙上设有窗C-2，其高度由右侧的尺寸标注可知为1500mm。

④ 由内部高度方向尺寸可知，四层推拉门高度为2400mm，门外同等高处有钢筋混凝土架。

⑤ 楼梯的建筑形式为双跑式楼梯，结构形式为板式楼梯，装有栏杆。向右上方倾斜的梯段均用粗实线绘出，表示被剖切到；向左上方倾斜的梯段均用细实线绘出，表示未被剖切到但可见。

14.6 建筑详图

14.6.1 建筑详图概述

(1) 建筑详图的由来、作用与特点

建筑详图是建筑细部的施工图。因为建筑平、立、剖面图一般采用较小的比例尺绘制，因而某些建筑构件、配件（如门窗、楼梯、阳台及各种装饰等）和某些建筑剖面节点（如檐口、窗台、散水以及楼地面层和屋顶层等）的详细构造（包括样式、层次、做法、用料的详

细尺寸等）都难以表达清楚。根据施工需要，必须对房屋的细部结构、配件用较大的比例，仍然按照正投影的方法，并附以文字说明等必要的手段，将其形状、大小、材料和做法绘制出详细图样，才能表达清楚，这种图样称为建筑详图，简称详图。因此建筑详图是建筑平、立、剖面图的补充，是建筑施工图的重要组成部分，是施工的重要依据。建筑详图包括建筑构件、配件详图和剖面节点详图。对于采用标准图集或通用图样的建筑构件、配件和剖面节点，只要注明所采用的图集名称、编号或页次即可，不必再画详图。详图应当表达整个建筑在平、立、剖面图中所有未能表达清楚的部分。

（2）建筑详图的特点

比例较大，图示清楚，尺寸完整，说明详尽。

（3）建筑详图常采用的比例

常采用 1:1、1:2、1:5、1:10、1:20、1:50等，比例选择的原则是能够清楚表达细部构造。

（4）建筑详图的分类

① 局部构造详图。包括墙身、门窗、楼梯、阳台、台阶、壁橱详图等。

② 房间设备详图。包括厕所、浴室、厨房、实验室详图等。

③ 内部装修详图。包括大门、吊顶、花饰详图等。

（5）部分建筑详图可用索引符号索引标准图集

14.6.2　墙身详图

假想用一铅垂面将墙体从上至下垂直剖切后形成的图样称为墙身详图。它是房屋的局部剖面图，它必须详尽地表达建筑在基础以上部分的墙身对于建筑材料、施工方面的要求以及与墙身有关联部分的构造做法。

（1）表达的内容

① 表明砖墙的轴线编号、砖墙的厚度及与轴线的关系。

② 表明各层梁、板等构件的位置及与墙身的关系。

③ 表明室内各层地面、吊顶、屋顶等的标高及构造做法。

④ 表明门窗洞口的高度、上下标高，及洞口的位置。

⑤ 表明建筑对立面装修的要求，包括砖墙各部位的凹凸线脚、窗口、门、挑檐、檐口、勒脚、散水等的尺寸、材料和做法，或进一步用索引号引出做法详图。

⑥ 表明墙身的防水、防潮做法，如檐口、墙身、勒脚、散水、地下室的防水、防潮做法。

（2）应注意的问题

① ±0.000处或防潮层以下的砖墙以结构基础图为施工依据，看墙身剖面图时必须与基础图配合，并注意±0.000处的搭接关系及防潮层的做法。

② 屋面、地面、散水、勒脚等的做法、尺寸应和材料做法表相对应。

③ 要注意建筑标高和结构标高的关系。建筑标高一般是指地面或楼面装修完成后上表

面的标高；结构标高主要指结构构件的下表面或上表面的标高。在预制楼板结构楼层剖面图中一般只注明楼板的下表面标高；在建筑墙身剖面图中一般只注明建筑标高。

（3）墙身详图读图实例

现以图14-10所示的某住宅建筑为例说明阅读墙身详图的方法。

① 看图名。该墙身剖面图为轴外墙的墙身剖面详图。绘图比例为1∶20。

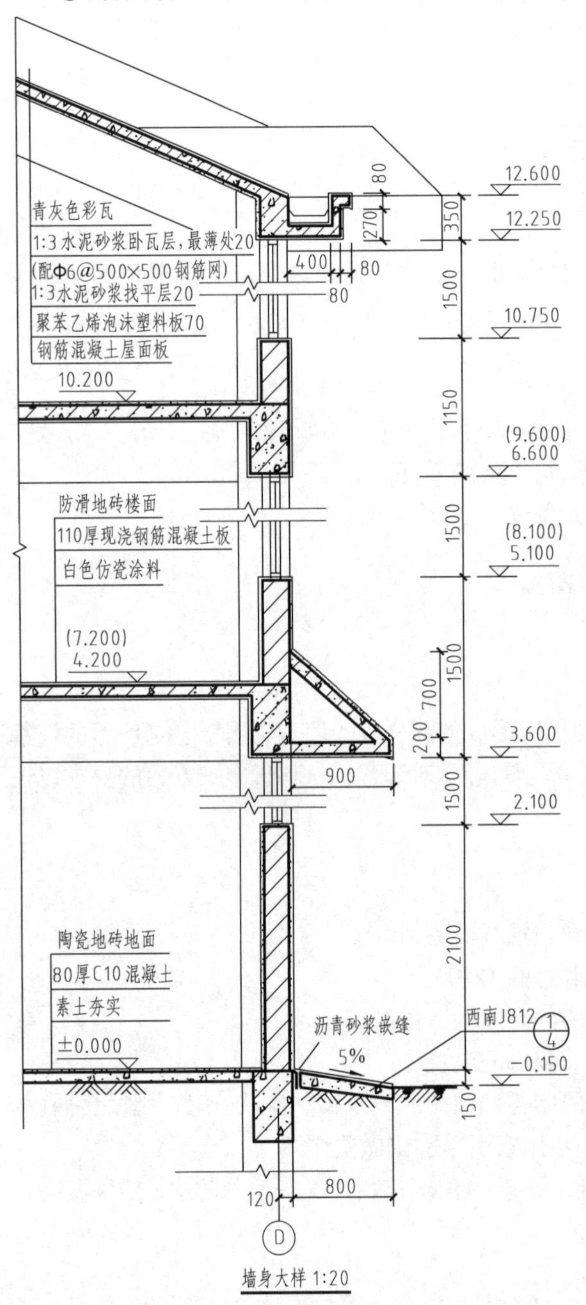

图14-10 墙身详图

② 看檐口剖面部分。可知该房屋檐沟、屋顶层的构造，屋面采用现浇混凝土板。

③ 看窗顶剖面部分。可知窗顶钢筋混凝土过梁即为框架梁。图14-10中所示的各层窗顶过梁均为矩形截面。

④ 看窗台剖面部分。可知窗台是不出挑窗台。

14.6.3 楼梯详图

楼梯详图应能表达出该楼梯的类型、结构形式、构造连接关系、具体尺寸、梯段位置、平台大小以及施工与装修要求等，以便作为楼梯间施工、放线的主要依据，故需要用“详图中的详图”来表达许多具体的详细内容。包括：楼梯平面图、剖面图及踏步、栏杆、扶手等节点的大样图。

（1）楼梯平面图及其内容

假想用一个水平剖切平面在各层楼（地）面向上第一段楼梯中间（顶层在水平栏杆之上）作水平剖切后，移去上面部分向下做出的水平投影所形成的图样称为楼梯平面图，如图14-11所示，它包括以下内容。

① 比例。一般多用大于1∶50的比例。

② 梯段折断线。本应是同踏步线平行的，但为了不至于与踏步线混淆，在底层、中间层平面图中均以一个45°的细斜折断线表示。

③ 标高。标出楼、地面、室外地面、地下室及休息平台标高。

④ 尺寸线。用轴线编号表明楼梯间的位置，注明楼梯间的长、宽尺寸，楼梯跑数，每跑的宽度和踏步数，踏步的宽度，休息平台的尺寸等。

⑤ 剖切符号及编号。在底层楼梯平面图中应标出剖切符号及编号，以便和楼梯剖面图

相对应。

⑥ 其他标注。注明梯段上、下行方向及详图索引符号、比例大小、做法等。

（2）楼梯平面图绘图注意事项

① 一般每层楼梯都应画出平面图，但三层以上的房屋，若中间各层的楼梯形式、构造完全相同，往往只需画出底层、一个中间层（标准层）和顶层三个平面图即可，但应在标准层休息平台面、楼面、地面的平面中以括号的形式加注中间省略的各层相应部位的标高。

② 底层平面图中，只画出上行第一梯段的投影，并在梯段上部平台处以一与踏面线成45°的折断线折断，在梯段投影中部画一长箭头，在箭尾注写“上”。中间层平面图中，在上行第一梯段的中部画一45°的折断线。在折断线两侧、梯段水平投影中部画两条方向相对的长箭头，在箭尾分别注写“上”“下”，表明上行和下行。顶层平面图中，由于顶层平面图剖切平面的位置在栏板以上，因此图中会出现休息平台和完整的梯段的投影。在梯段投影中部画一长箭头，在箭尾注写“下”。在楼面悬空一侧应画出水平栏板的投影。梯段的上行或下行方向，必须以各层楼地面为基准（非中间休息平台），向上称为上行，向下称为下行。

③ 由于梯段最高一级的踏面与平台面或楼地面共面，故每一梯段的踏面数总比步级数少1。

（3）楼梯剖面图及其内容

楼梯剖面图同房屋剖面图的形成一样，为用一假想的铅垂剖切平面，沿着各层的一个梯段、平台及门窗洞口的位置剖切，并向未被剖切梯段方向所作的正投影图。剖切位置最好在上行第一梯段范围内并通过门窗等洞口位置。剖切符号绘制在楼梯底层平面图中。

楼梯剖面图一般用较大的比例绘制。因此，图中各构件、配件的相对位置，各部位的构造做法都绘制得较为详细和准确。尺寸、标高的标注也较完整。它是楼梯结构设计中依据的主要图样之一。

楼梯剖面图应表明各层楼层及休息平台的标高、楼梯踏步数、构件的搭接形式、楼梯栏杆的形式及高度、楼梯间门窗洞口的标高及尺寸等，如图14-12所示。

楼梯剖面图中的尺寸标注包括：

① 水平方向尺寸。应为两道尺寸线：轴线进深尺寸，平台宽及踏步宽×（级数−1）。

② 竖直方向尺寸。应为三道尺寸线：细部尺寸，各楼层间的踏步高×级数，层高。

③ 室内外地面、楼地面及休息平台的标高。

（4）楼梯剖面图绘图注意事项

① 多层建筑中，若中间层楼梯形式完全相同，楼梯剖面图可只画出首层、中间层和顶层，在中间层处用折断线分开，并在中间层的楼层地面、楼梯休息平台面上注写适用于其他各中间层相对应的地面、楼梯休息平台面的标高。

② 倾斜栏杆的高度为从踏面的中部量起至扶手顶面的距离；水平栏杆的高度为从栏杆所在的地面量起至扶手顶面的距离。

③ 楼梯剖面图中除标注各个部位的建筑标高外，对一些构件如楼梯平台、梯梁等，也应标出其各结构标高，为施工和结构设计提供必要的依据。

④ 各梯段的高度尺寸用“踏步高×级数=梯段高”的形式注写。

⑤ 楼梯剖面图的名称应与楼梯首层平面图中的剖切符号及编号相对应。

（5）楼梯栏杆及踏步大样图

表明栏杆的高度、尺寸、材料，与踏步、墙面的搭接方法，踏步及休息平台板的材料、做法及详细尺寸等。

（6）楼梯详图读图示例

图14-11（楼梯平面图）为楼梯详图示例。楼梯平面图的剖切位置为该层的第一梯段（休息平台以下）的任一位置处。由楼梯平面图中的轴线符号可知，该楼梯间位于③、⑤轴与Ⓑ、Ⓓ轴之间。

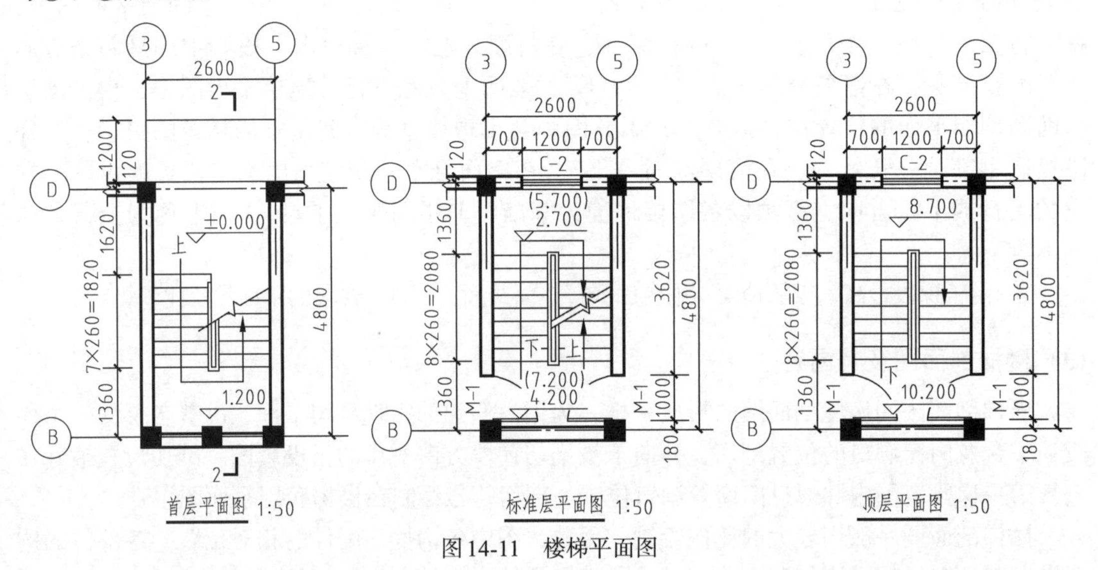

图14-11　楼梯平面图

底层平面图中向上的梯段尺寸标注260×7=1820，表示该梯段有7个踏面，每一踏面宽为260mm，梯段长为1820mm。三个楼梯平面图画在同一张纸上，并互相对齐。读图时应注意各层平面图的特点。底层平面图只有一个被剖切的梯段和栏板。另外，底层平面图中有一剖切符号2—2，由该符号的位置和方向可得楼梯剖面图14-12。

中间层（标准层）平面图上既绘制出了被剖切的向上的梯段，还绘制出了该层向下的完整梯段、楼梯平台及平台以下的梯段。这部分梯段与被剖切的梯段投影重合，以45°折断线为分界。图14-12中尺寸标注260×8=2080，表示该梯段有8个踏面，每一踏面宽为260mm，梯段长为2080mm。

对顶层平面而言，由于剖切平面在栏板之上，故在图中绘制出两段完整的梯段和休息平台，在楼梯口只有一个注有“下”字的长箭头。

对于图14-12（2—2剖面图），将楼梯剖面图和楼梯底层平面图的剖切符号相对应，可知剖面图的由来。在剖面图中可看出底层有三个梯段，其他各层有两个梯段。每个梯段的踏步级数可直接在图中看出。进入楼梯间后，由±0.000m处上八步高度各为150mm的踏步可至一休息平台，标高为1.200m；由此处上九步高度为166.7mm的踏步可至另一休息平台，标高为2.700m；此时，再向上经九级踏步可上至二层楼面，标高为4.200m。由二层向上的每个梯段均为9级踏步。由尺寸标注“166.7×9=1500”看出，该梯段踏步数为9级，每级高度为166.7mm。从图中还可明确每层楼地面与休息平台的标高。

楼梯踏步、栏杆和扶手的做法可见相关的详图图集。

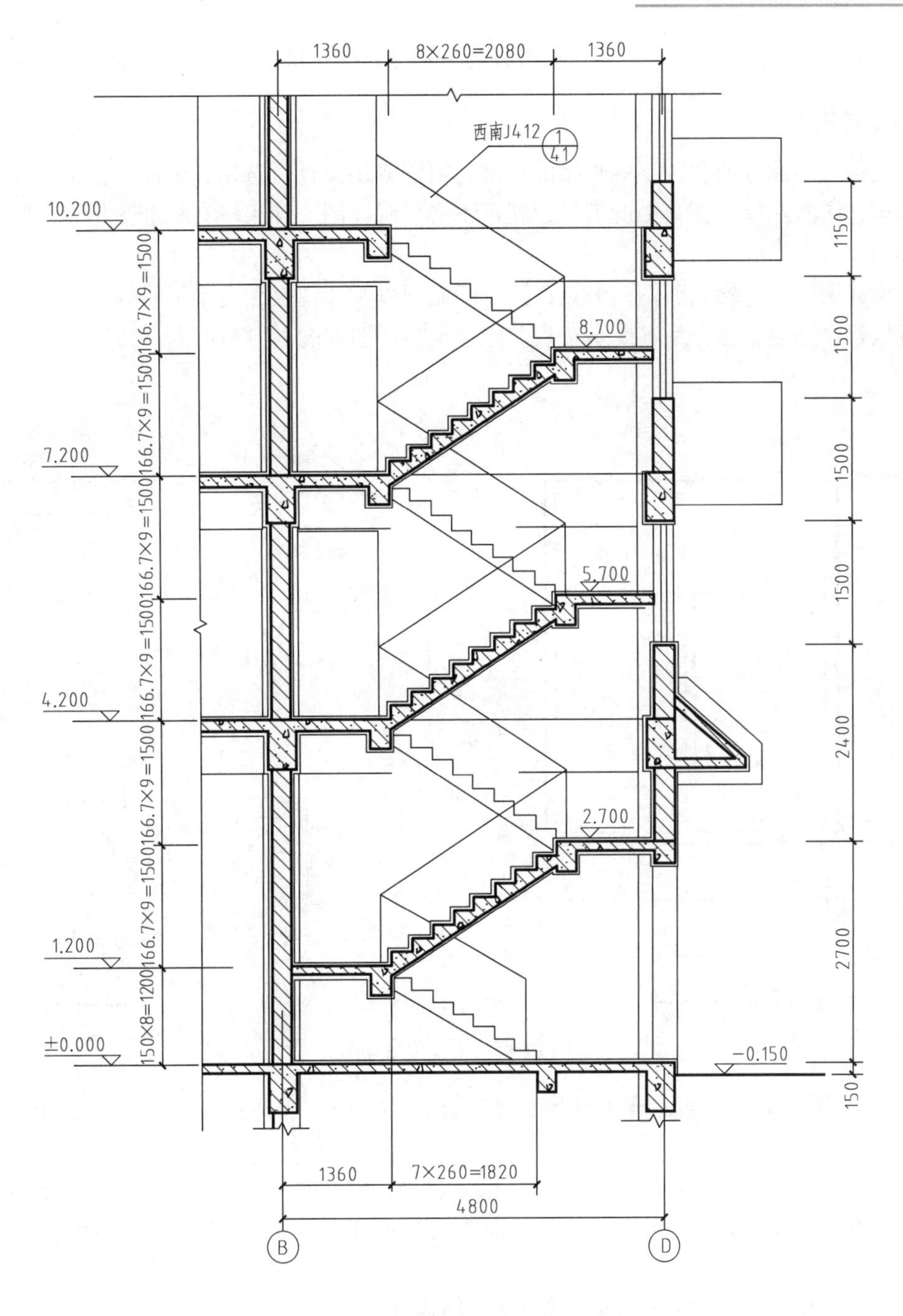

图14-12 楼梯剖面图

14.6.4 门窗详图

(1) 门窗概述

门窗用作交通联系、围护构件、隔声、采光通风等。按材料种类可分为木门窗、钢门窗、塑钢门窗、铝合金门窗、玻璃钢门窗、不锈钢门窗、铁花门窗等；按门窗开启方式，门可分为平开门、推拉门、弹簧门、转门等，窗可分为平开窗、推拉窗、中悬窗、立转窗、上推窗等。

（2）门窗详图

一般都有绘制好的各种不同规格的标准门窗图集供设计者选用，因此，在施工图中，只要说明该详图所在标准图集中的编号，就可不必另画详图。如果没有标准图集时，就一定要另画详图。

门窗详图一般包括立面图、节点详图、断面图以及配件表和文字说明等。

现以铝合金窗为例介绍其图示特点。铝合金窗详图如图14-13所示。

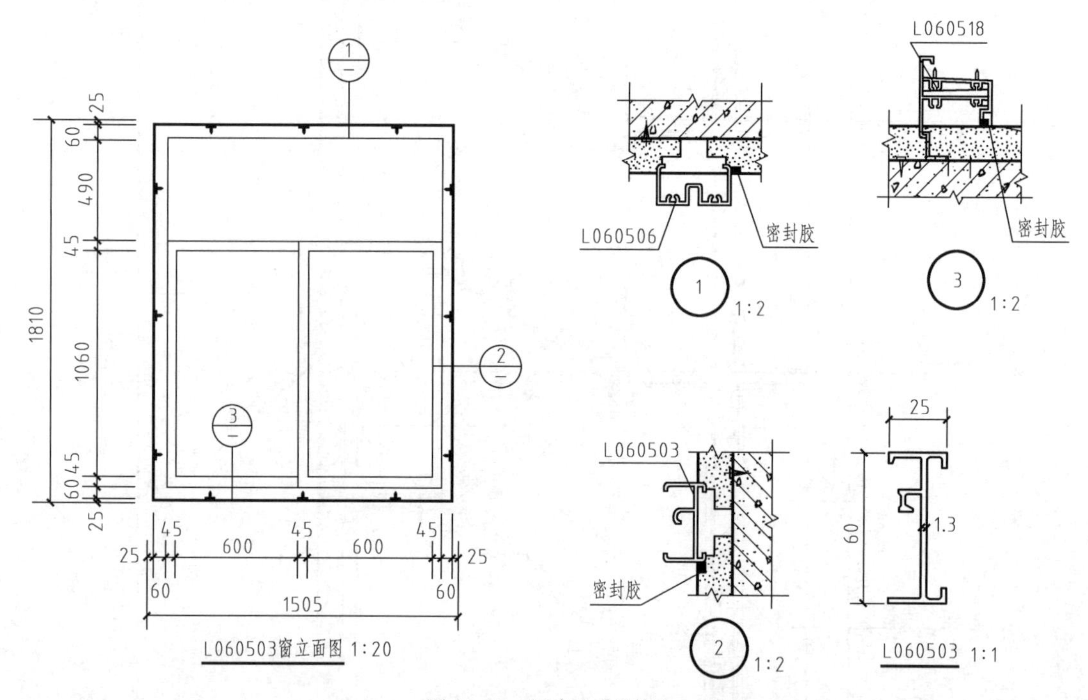

图14-13　铝合金窗详图

① 立面图。立面图表示窗的外形、开启方式及方向，包括主要尺寸和节点的索引符号等内容。

尺寸：立面图尺寸一般应标注三道，第一道为窗洞口尺寸，第二道为窗框的外包尺寸，第三道为窗扇尺寸。洞口尺寸应与建筑平面图、剖面图的洞口尺寸相一致，窗框和窗扇的尺寸为成品的净尺寸。

图线：除外轮廓线用中实线外，其余均用细实线。

② 节点详图。习惯将同一方向的节点详图连在一起，中间用折断线断开，并分别注明详图编号，以便与立面图相对应。节点详图的比例一般较大。

③ 断面图。用大比例（1∶5、1∶2）将各不同窗料的断面形状单独绘制，注明断面上的各截口尺寸，以便于下料加工。有时，为减少工作量，往往将断面图和节点详图结合绘制在一起。

14.6.5　其他详图

其他详图图样及数量需按建筑物的结构复杂程度和形式而定，例如卫生间、厨房详图（如图14-14），檐口、檐沟详图（如图14-15）。

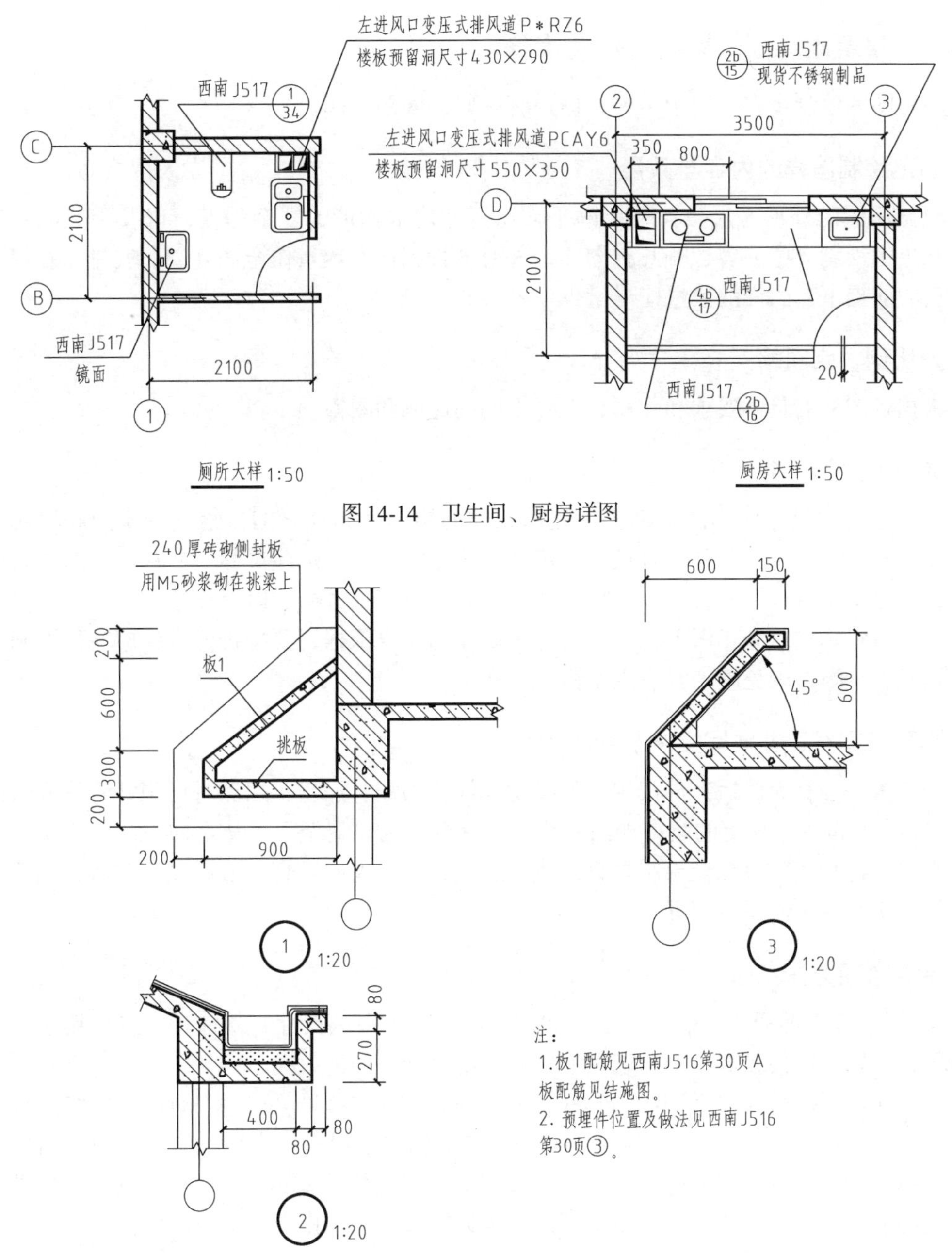

图14-14　卫生间、厨房详图

图14-15　檐口、檐沟详图

14.7　建筑施工图的绘制

只有掌握了建筑施工图的内容、图示原理与方法和学会绘制建筑施工图，才能把设计意图和内容正确地表达出来。同时，通过建筑施工图的绘制，可以进一步认识房屋的构造，提高读图能力，练习绘图技能。

绘制建筑施工图时，要认真仔细、一丝不苟，做到投影正确、表达清楚、尺寸齐全、字体工整、图样布置合理、图面整洁清晰，符合国家制图标准。

14.7.1 建筑施工图的绘制方法及步骤

各种图的绘制步骤不完全一样，但也有一些共同的规律。

（1）确定绘制图样的内容与数量

根据房屋的外形、层数、每层的平面布置和内部构造的复杂程度，以及施工的具体要求，来决定绘制哪些内容、哪几种图样，并对各种图样及数量作全面规划、安排。在保证施工质量的前提下，图样的数量应尽量少。

（2）选比例，定图幅

根据各图样的具体要求和作用，选择不同的比例和图幅。

（3）先绘制底稿，并标注尺寸

为了避免出错，任何图纸都应该先用较硬的铅笔（如H、2H）绘制较淡的底稿线，经过反复检查，并与有关工种综合核对，确认准确无误后，再标注尺寸。注写尺寸时先打好尺寸线，注写文字时也要先打好上下控制线，有时可打好长方格，以保证数字和文字的位置适当、大小一致。建筑施工图上的数字是施工制作的主要依据，要特别注意，应写得准确、整齐、明确、清晰，以免施工时产生差错。

（4）再加深图线，并注写文字及标题栏

经过再次检查无误后，再按规定的线型和线宽加深、加粗。加深时可用针管笔或软铅笔（B、2B），并按国家规定的线型加深图线。加深顺序为自上至下、从左向右。先用丁字尺绘制水平线，再与三角板配合绘制垂直线或倾斜线，做到先曲后直。最后填写图名、比例和各种符号、文字说明、标题栏等。

（5）常用绘图方法

① 同一方向的尺寸一次性量取。如剖面图垂直方向的尺寸，从地坪、各层楼地面直到檐口等，可以一次性量取，用铅笔点上位置，不要画一处量一次。

② 相等的尺寸一次性量取。如平面图上相同宽度的窗口，可以用分规一次性确定位置。

③ 同类的线尽可能一次性绘制。如同一方向的线条尽量一次性绘制，以免三角板、丁字尺来回移动，以保证图面整洁；同一种线型，或同一种线宽尽量一次性绘制，不仅可以使相同类型的图线线宽一致，而且减少调换铅笔的次数，达到提高绘图速度的目的。

14.7.2 建筑施工图绘制示例

现以某住宅楼为例介绍建筑施工图绘制的方法和步骤。

（1）绘制建筑平面图

① 定轴线（采用天正建筑软件TArch8.0绘制建筑平面图的方法详见14.3节）。

② 绘制墙身厚度、柱子、隔断墙和定门窗洞位置。

③ 绘制楼梯、水池、入口台阶、散水、明沟及门窗开启方向等细部。

④ 检查无误后，擦去多余的作图线，按施工图要求加深或加粗图线。

⑤ 绘制尺寸界线、尺寸起止符号及尺寸线，再注写各尺寸数字。

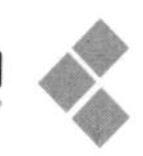

⑥ 标注局部详图索引。

（2）绘制建筑立面图

① 定室外地坪线、房屋的外轮廓线和屋面檐口线。

② 定门窗位置，画细部如檐口、门窗洞、窗台、雨篷、阳台、楼梯、花池等。

③ 绘制墙面材料和装修细部。

④ 经检查无误后，擦去多余的线条，按立面图的线型要求加粗、加深线型或上墨线。

（3）绘制建筑剖面图

① 绘制墙身轴线和轮廓线、室内外地坪线、屋面线。

② 绘制门窗洞口和屋面板、地面等被剖切到的轮廓线。

③ 绘制散水、踢脚板及屋面各层做法等细部。

④ 绘制断面材料符号，如钢筋混凝土。

⑤ 绘制标高符号及尺寸线。

（4）绘制楼梯剖面图

绘制楼梯剖面图的步骤如图14-16。

① 定轴线、定楼面、绘制平台表面线、定梯段和平台宽。

② 升高一级定楼梯坡度线、踏面宽度线。

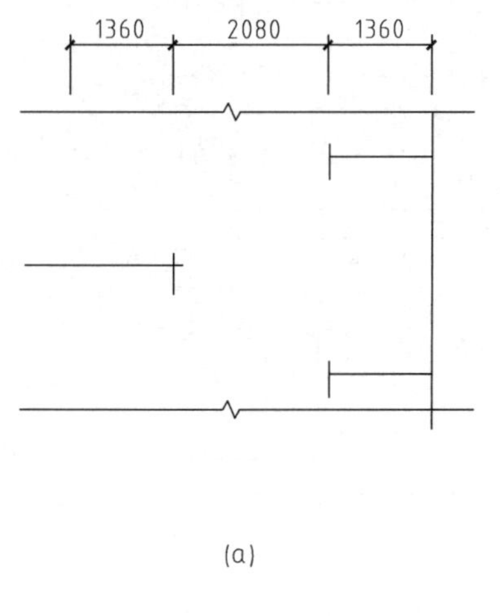

(a)

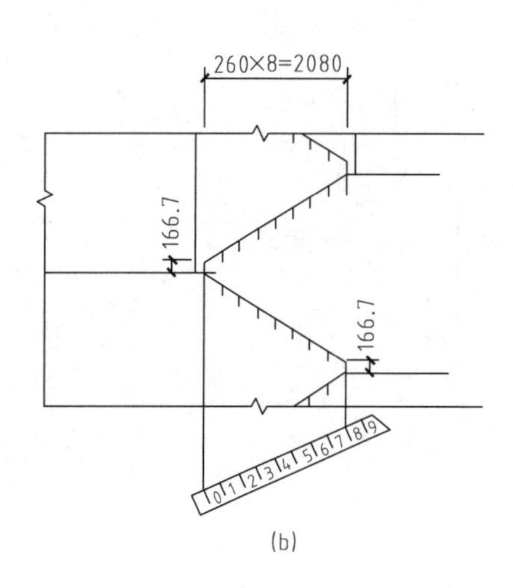

(b)

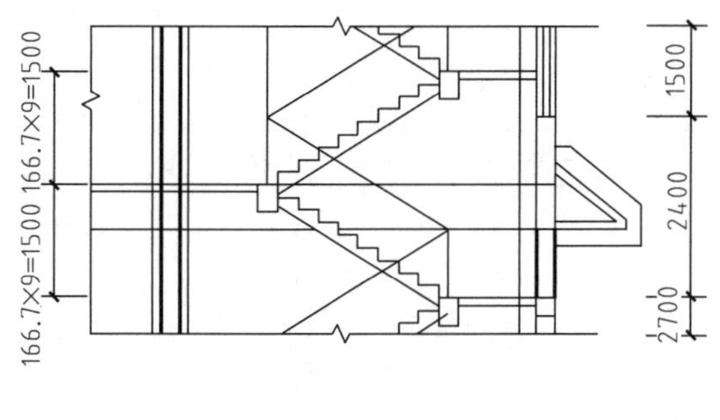

(c)

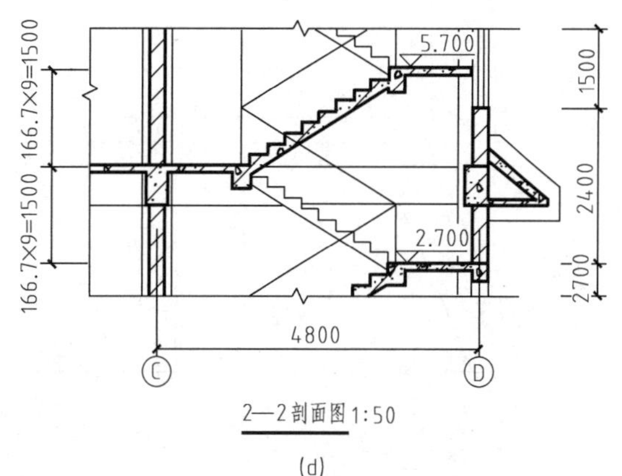

(d)

图14-16　绘制楼梯剖面图的步骤

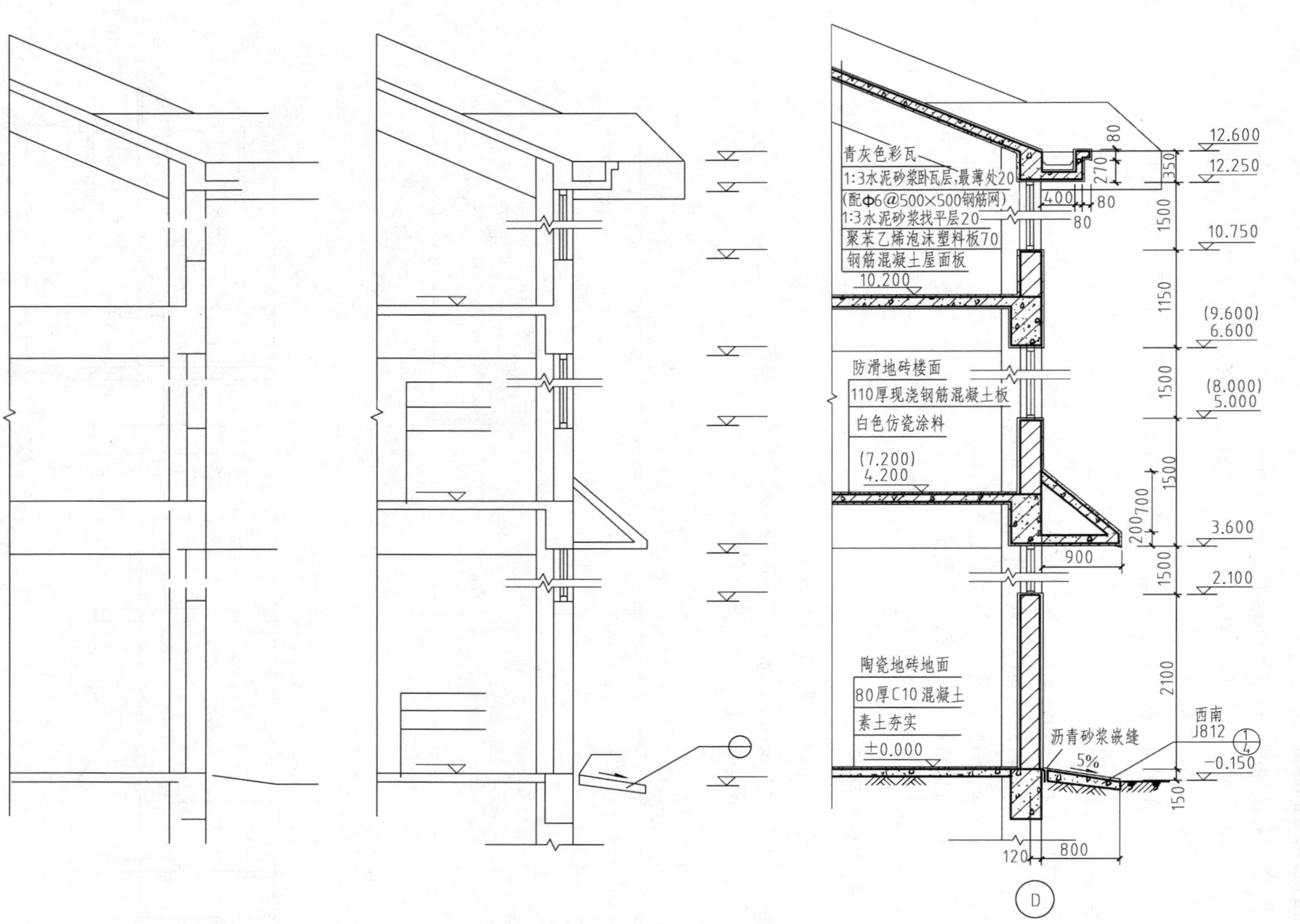

图14-17 绘制墙身详图的步骤

③ 定墙厚、楼面厚度，定梯梁高度、宽度，定墙面、踏面、梯板厚度，定门窗洞、栏杆扶手。

④ 加深图线，标注尺寸、标高、轴线编号、图名、比例等。

（5）绘制墙身详图

绘制墙身详图的步骤如图14-17。

① 绘制轴线和墙身位置。

② 绘制屋顶、墙身和门窗口的外轮廓线。

③ 绘制屋面、散水、踢脚、抹灰等细部和屋面、地面各层做法。

④ 绘制材料符号。

⑤ 绘制尺寸线。

14.8 建筑实例的表达与识图

14.8.1 分析阅读建筑平面图

下面图样为某公寓一层平面图，如图14-18，根据图示内容可以看到：一层四户，各有独立的卫生间。

单元大门朝向北，入口室内地面标高为-0.030m；主要出入口大门挑出北侧外墙间距为900mm。走廊的轴线宽度为1800mm；各户的卧室开间分别为3000mm、3600mm、3900mm；楼梯间开间为3000mm；每个房间的进深均不相同。

该公寓的门有三种规格：单元大门M-1、各进户门M-2、卫生间门M-3。窗有五种规格：C-1、C-2、C-3、C-4、GC-1。门窗尺寸见表14-4。

表14-4 门窗表

类型	编号	规格(宽×高)/(mm×mm)	数量	材料
门	M-1	1500×2400	1	深蓝色防盗门
	M-2	900×2100	24	浅棕色木制门
	M-3	700×2100	13	浅黄色木制门
窗	C-1	1500×1500	21	深褐色塑钢窗
	C-2	3000×1800	6	不锈钢窗
	C-3	2700×1800	3	不锈钢窗
	C-4	900×1200	6	深褐色塑钢窗
	GC-1	900×1000	6	白色塑钢窗

根据平面图还可以了解各房间的使用功能，各房间的详细尺寸以及格局。

通过学习已经知道一般建筑平面图至少需要绘制四幅图，即除图14-18一层平面图外，还需绘制标准层平面图、顶层平面图、屋面（或称屋顶）平面图。

14.8.2 分析阅读建筑剖面图

绘制剖面图的第一步需要阅读建筑平面图，因为，剖切符号按照国家标准的要求标注在建筑平面图中。

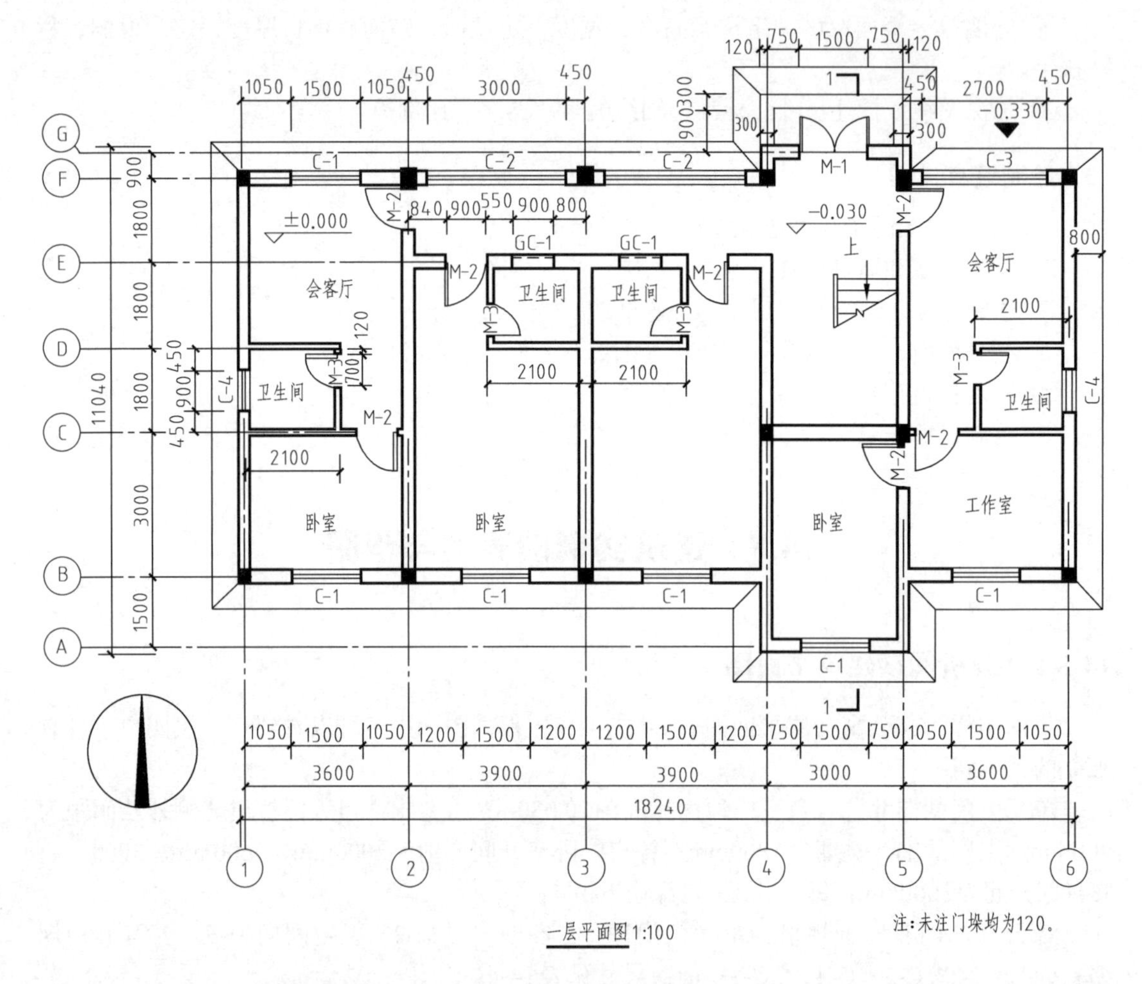

图14-18　某公寓一层平面图

如图14-18，剖切位置在④、⑤轴线之间，1—1为全剖面图，如图14-19所示，从主要入口的大门至楼梯间、并沿右侧公寓的卧室窗洞剖切，所表达的内容包括：屋面、楼面、墙体、梁、门窗等的位置及高度；同时，还表达了建筑物内部分层情况以及竖向和水平宽度方向的分隔。

另外，按照剖面图的绘图规定：即使未被剖切到的，但在剖视方向可以看到的建筑形体构造及其屋顶的形式及排水坡也必须绘制。

剖面图的尺寸标注主要有两项：一是室外、室内地面以及各楼层的标高；二是建筑形体的高度和宽度方向的所有的尺寸及必须标注的局部尺寸。剖面图中还要有必要的文字注释及所需的索引符号等。

下面分析该剖面图的内容，进一步掌握剖面图的识图方法。从图14-19中可以看到，1—1剖面图所表达的位置显示，室外地坪标高为-0.330m，入口处大门前有两步台阶，每步高为150mm，入口室内地面标高-0.030m，一层室内标高±0.000m，这是国家标准规定的相对标高的基准点。

建筑形体在Ⓐ~Ⓒ轴线间为三层，Ⓒ~Ⓖ轴线间为四层，每层层高均为3.000m。其他高度和宽度尺寸请自行阅读理解。

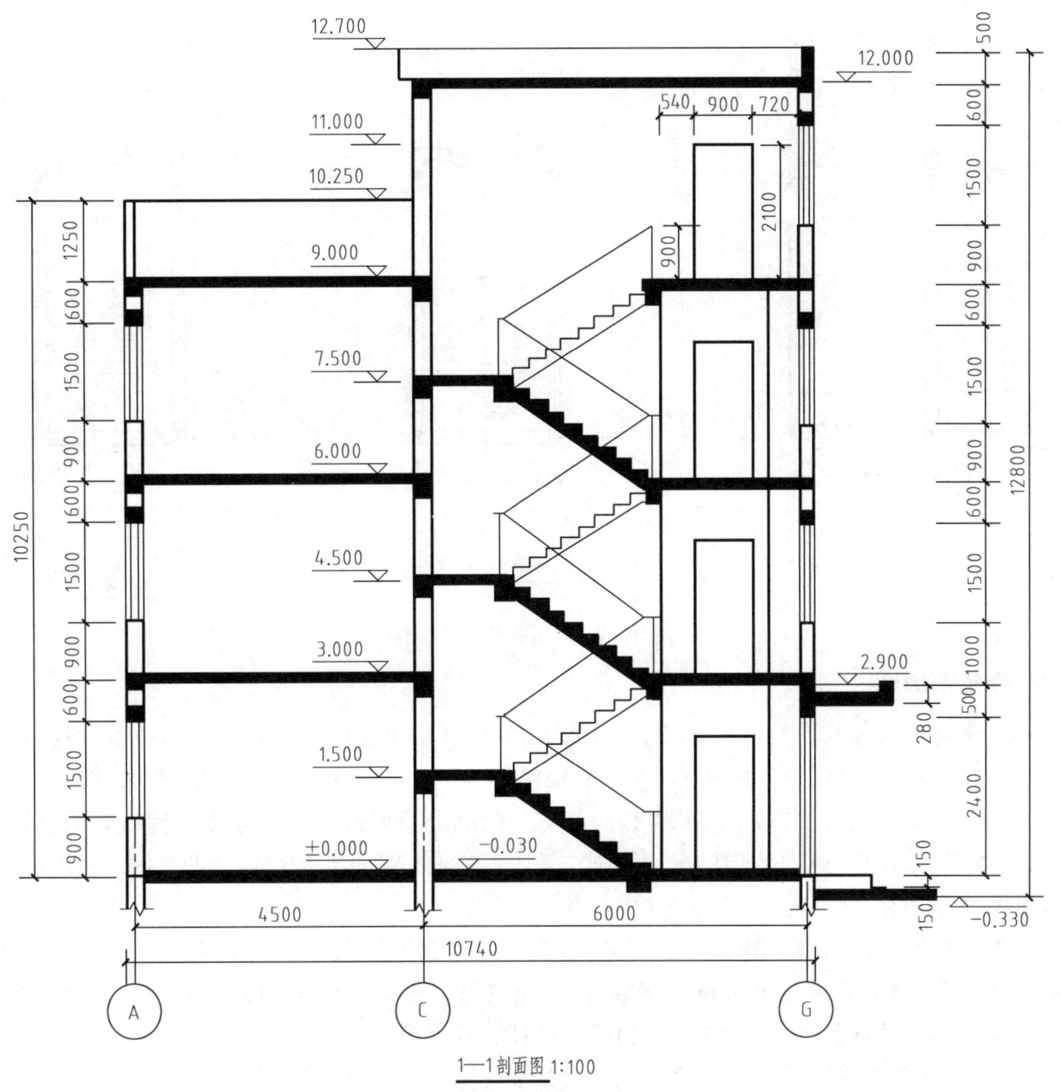

图14-19 某公寓剖面图

14.8.3 分析阅读楼梯详图

楼梯详图包括：楼梯平面图、楼梯剖面图和楼梯节点详图。

(1) 楼梯平面图

如图14-20为楼梯平面图，绘制、阅读楼梯平面图是将各层平面图对齐，根据楼梯间的开间、进深尺寸绘制墙身轴线、墙厚、门窗洞口的位置。

再确定平台宽度：阅读图14-20，一层平面图中距Ⓕ轴线1920mm，即为梯段的起步尺寸，中间层及顶层平面图中距Ⓒ轴线1420mm，即为梯段起步尺寸。并确定梯段的长度及栏杆的位置。

楼梯段长度的确定方法是：楼梯段长度等于踏面宽度乘踏面数（踏步数减1称为踏面数）。踏面宽为260mm，绘制图样时用等分平行线间距的方法绘制楼梯踏步，即绘制踏面。同时，要在梯段适当的位置绘制箭头、标注上下方向。

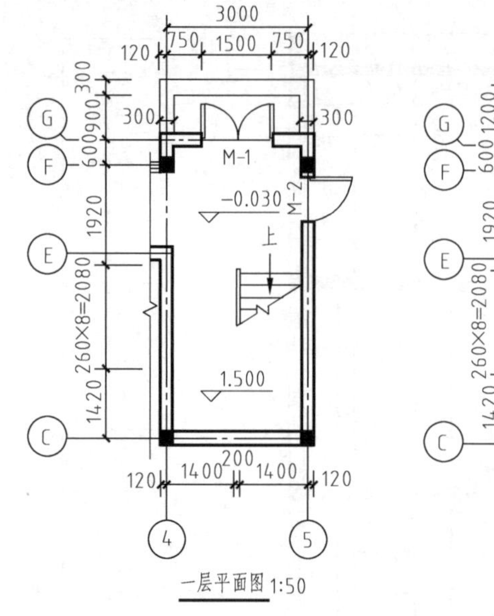

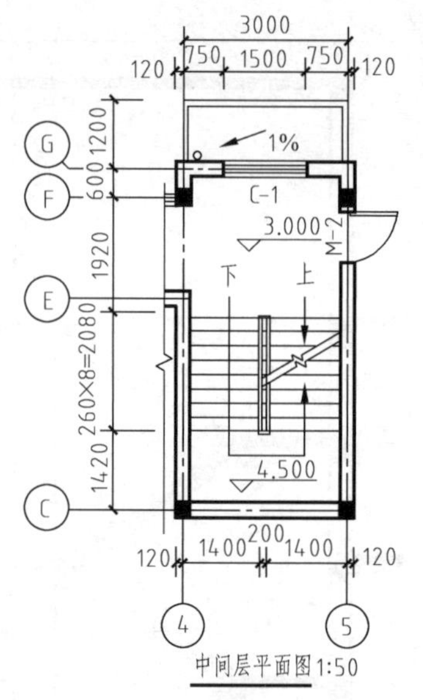

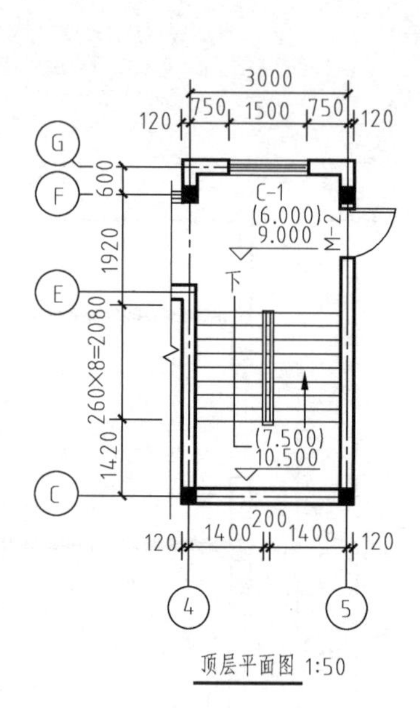

图14-20　某公寓楼梯平面图

（2）楼梯剖面图

楼梯剖面图参照图14-19，首先，根据图14-18底层平面图中标注的剖切位置和投射方向（相当于图14-19建筑剖面图的1—1 的楼梯部分，在此未单独绘制）绘制墙身轴线，楼地面、平台和梯段的位置，如图14-19。其次，绘制墙身厚度、平台厚度、梯横梁的位置。再绘制各梯段踏步，水平方向同平面图画法，竖直方向按实际步数绘制，即绘制各梯段的踏面和踢面轮廓线。

踢面高度与平面图的踏面宽一样，以“踢面高×步数=梯段高度”的形式标注。如图14-19中，第一梯段平台高度为1.500m，步数为9，所以每一梯步高度是：1530÷9=170（mm）。

同时，绘制楼地面、平台地面、斜梁、栏杆、扶手等。

最后，注写标高、尺寸、图名、比例及文字说明，并完整地加深图线。

（3）楼梯节点详图

楼梯节点详图较多，除踏步表面材料及做法外，主要还包括栏杆和扶手的施工与做法。图14-21为楼梯栏杆、扶手、踏步部分详图。

绘制详图要求图样比例与建筑施工图比例相比较大，以能够清晰表达构造结构形状为准，详细绘制所有的结构轮廓。其中较长杆件或其他连接处不需要绘制时，可用折断线断开绘图，即采用断开画法。如图14-21中，连接扶手的扁钢在高度方向及沿踏步方向（图样左侧）均采用了断开画法。

14.8.4　分析阅读其他详图

在建筑详图中还包括其他构造的做法，如雨篷、阳台、花池、地沟、雨水口及水斗、挑檐、坡屋面，烟囱、女儿墙、屋面排水等。

绘制各种详图时，尽管构造不同，但是绘图的要求是相似的，即比例倍数相应大，尺寸详尽，做法清晰。绘制详图的主要目的就是将某些建筑细部能够用图样完整、详细地表达清楚。

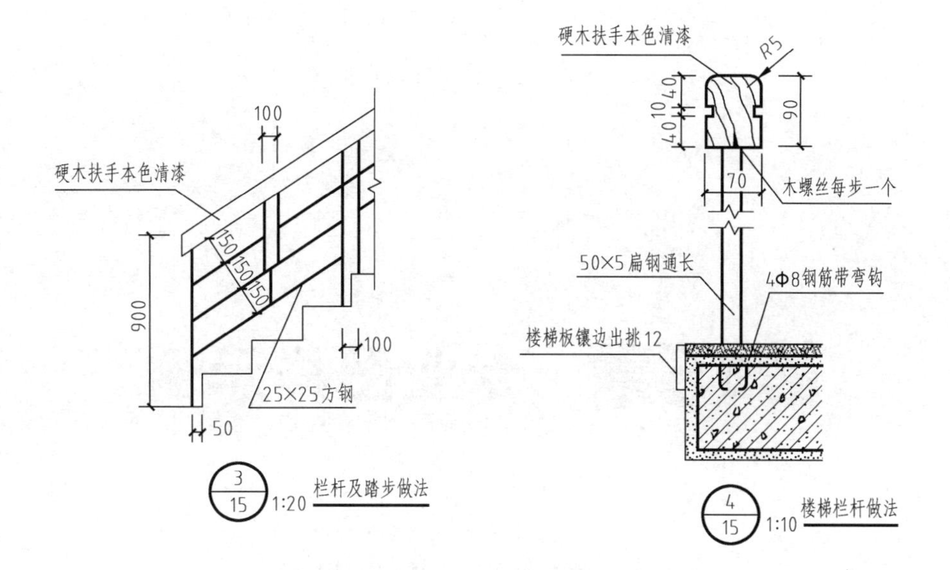

图14-21　某公寓楼梯栏杆、扶手与踏步详图

图14-22为室外散水和台阶的详图，图14-23为屋顶栏杆和正门上方雨篷的详图，请读者自行分析阅读。

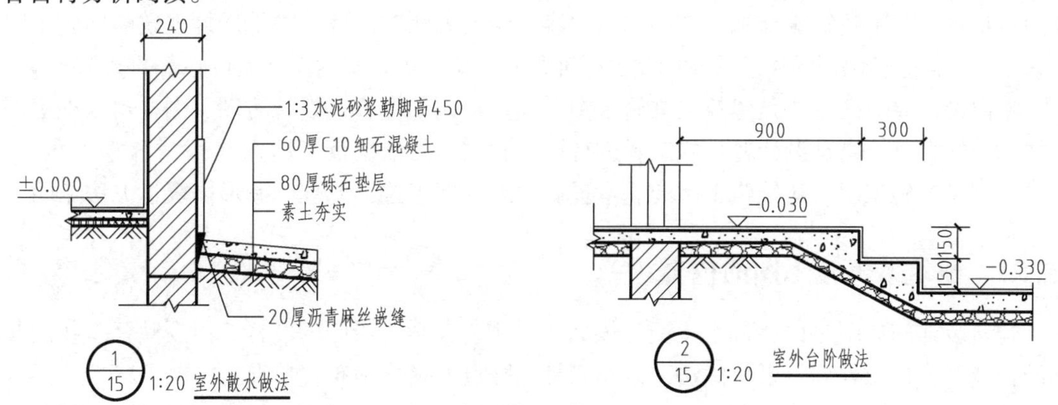

图14-22　某公寓室外散水、室外台阶详图

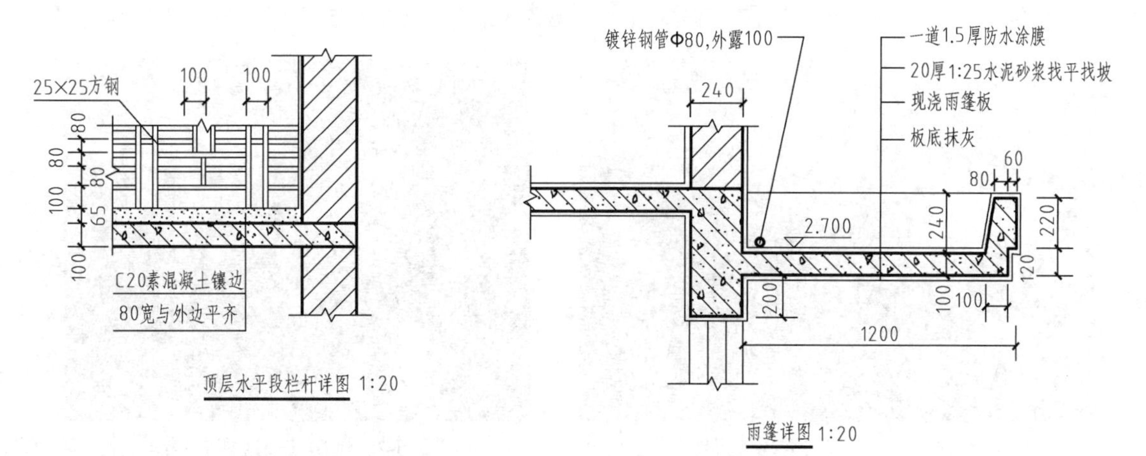

图14-23　某公寓屋顶栏杆、雨篷详图

第15章 专业图样示例

15.1 室内设计专业图样

室内设计是根据使用及使用者的要求将新、旧建筑物进行装饰，再次建造一个功能合理、环境幽雅、满足使用者在物质和精神方面要求的环境。学习建筑装饰施工图的主要内容和图示特点，了解建筑装饰施工图的图示内容及绘制方法和步骤，熟练掌握建筑装饰施工图的阅读方法，能够识别图样所涉及的相关标准与常用符号等是室内设计人员必备的基本技能。

室内设计专业图主要是建筑装饰施工图，通过绘制图样表达设计意图，图样也是施工图的技术文件之一，更是设计者与施工者进行协调和沟通的依据及工具。

建筑装饰施工图与建筑施工图的基本投影原理（即正投影原理）和形体表达方法相同。

15.1.1 建筑装饰施工图的内容

建筑装饰施工图是以透视效果图为依据，采用正投影法绘制的图样，以反映建筑物的装饰结构造型，饰面处理效果及做法，以及家具、陈设、绿化等布置情况。

建筑装饰施工图一般包括：平面布置图、顶棚平面图、立面图、剖面图、节点详图等。建筑装饰施工图仍然以正投影图、轴测图、透视图来表达。如图15-1、图15-2、图15-3，分

图15-1 客厅装饰透视效果图

图15-2 厨房装饰透视效果图

别是室内客厅、厨房、卫生间装饰透视效果图。

图 15-3　卫生间装饰透视效果图

15.1.2　建筑装饰施工图的相关规定

建筑装饰施工图是以建筑施工图为基础的施工图样，主要用于已建造完成（毛坯）、尚需对其室内外环境做进一步美化或改造的情况。建筑装饰施工图需体现使用者的要求并可据此进行装饰装修及环境布置设计施工。因此，建筑装饰施工图又是建筑施工图的延续，也是装饰工程预算的依据。

（1）详图符号和详图索引符号

各建筑构件的详图符号和详图索引符号应符合建筑制图标准（见第14章，表14-3）。

（2）装饰立面内视符号和内视索引符号

为了表达室内立面在平面图中的位置，必须在建筑装饰施工图中用内视符号表达视点方向、位置和编号。内视符号具有方向性，如图15-4，该符号为直径8~12mm细实线圆，并加注箭头和大写字母。箭头表示立面图的投影方向；字母表示对应的立面图编号。

内视符号分为：单面内视符号、双面内视符号和四面内视符号。

内视索引符号的画法与内视符号相似，不同的是需在符号圆内通过圆心加画一条横线，其横线上方依旧注写立面图编号，下方需注写该方向投影得到的立面图所在的图纸编号。

(a)单面内视符号

(b)双面内视符号

(c)四面内视符号

(d)内视索引符号

图 15-4　装饰立面内视符号和内视索引符号示例

（3）建筑装饰施工图图示特点

① 结合环境设计要求详细表达建筑空间装饰的做法以及整体效果。

② 建筑装饰施工图与建筑施工图的图示方法、尺寸标注、图例代号等基本一致。

③ 建筑装饰施工图反映顶、墙、地主要表面的装饰结构、造型处理和装修做法，并用图表示出家具、陈设、绿化等布置，细化到绘制所需的各详图。

④ 有必要的文字说明。从图中引出线，对装饰环境、装饰物以及材料、设备、装饰图案和具体做法加以说明。

（4）建筑装饰施工图的常用图例

表15-1所示为建筑装饰施工图的常用图例。

表 15-1　建筑装饰施工图的常用图例

名称	图例	名称	图例
衣柜		沙发	

续表

名称	图例	名称	图例
双人床	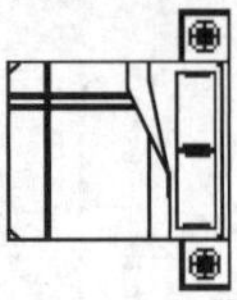	餐桌	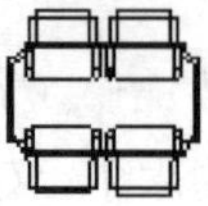
电脑桌	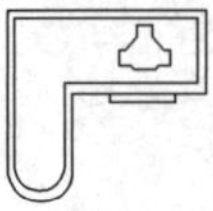	坐便器	
椅子		燃气灶	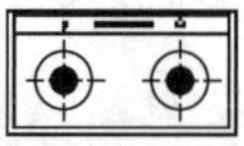
灯饰		洗衣机	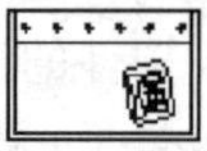
窗饰		洗手盆	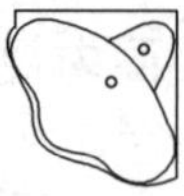
植物		浴盆	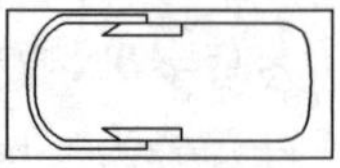

15.1.3 建筑装饰平面布置图

(1) 图示方法及内容

建筑装饰平面布置图的形成与建筑平面图的形成相同，即假想地用一个水平面沿门窗洞口适当的位置将建筑形体剖切开，移去剖切平面以上的部分后，对剖切到的和剩余的部分所作的正投影图，如图15-5。装饰平面布置图是建筑装饰施工图中的主要图样之一。

(2) 建筑装饰平面布置图的内容

建筑装饰平面布置图的内容与建筑平面图有所不同。绘制建筑装饰平面布置图时，在建筑平面图的基础上以常用的图例将室内的家具、陈设、设备的位置关系，以及饰面的装裱及工艺要求等一并绘制在图样中，必要时还需加以文字说明。

建筑装饰平面布置图中需要绘制内视符号，用来表示装饰墙面的位置和投影方向，以及立面图的编号。

(3) 建筑装饰平面布置图的绘制方法

① 根据需要表达的内容和范围，确定图幅和比例，绘制底稿。

② 绘制建筑结构（与绘制建筑平面图相同），被剖切到的墙体轮廓用粗实线绘制，门的开启线用中实线绘制，其余的建筑构造（如阳台、楼梯等）用细实线绘制，考虑承重构建的轴线用细单点长画线绘制。

③ 在建筑平面图基础上用细实线绘制各房间内的家具、设备等形状和位置布置。

④ 绘制地面装饰（如地板、地面砖及其他装饰）的材料、形状及位置等。

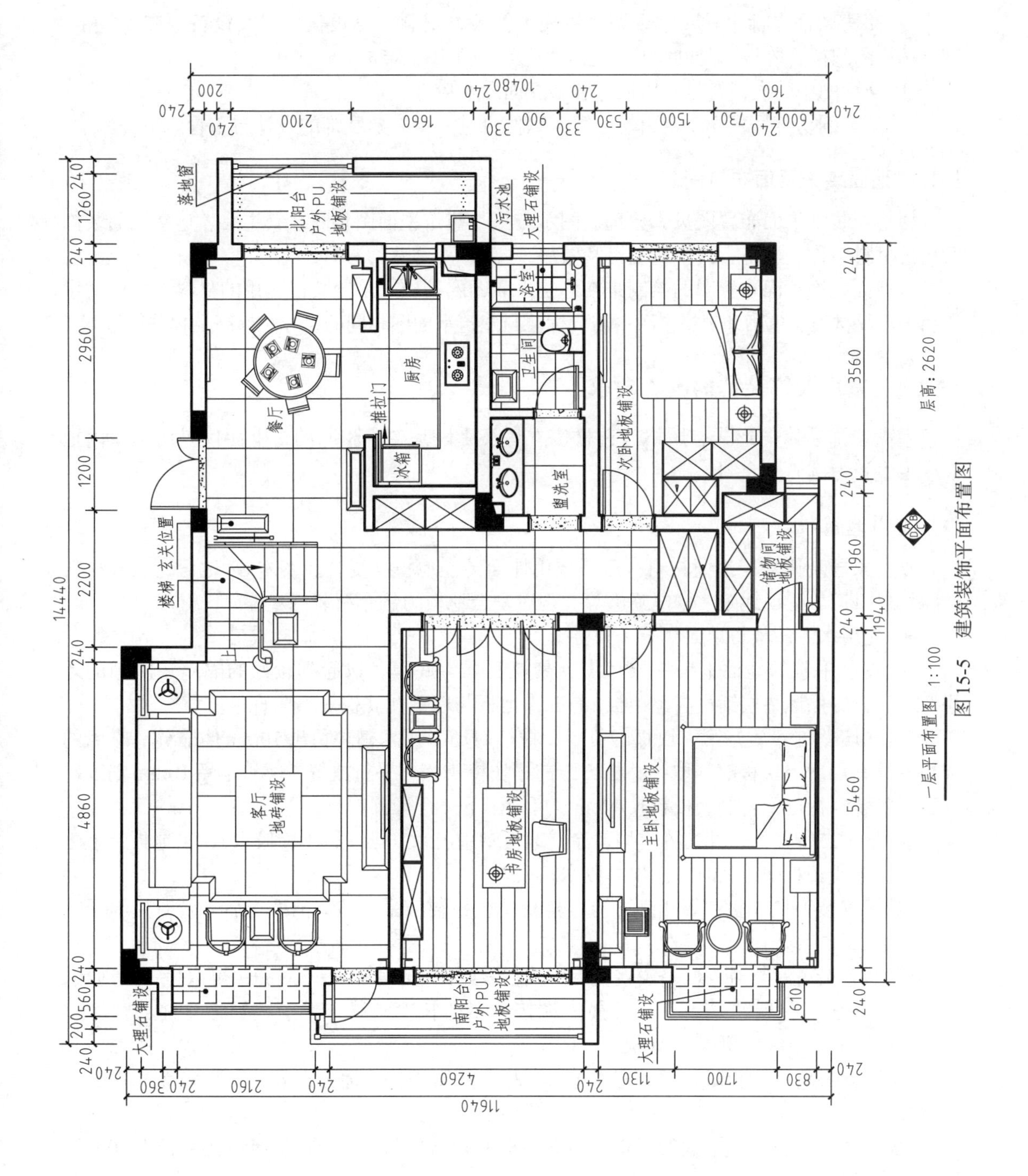

图15-5　建筑装饰平面布置图

（4）阅读建筑装饰平面布置图的方法

① 首先阅读各个房间的功能，以便了解建筑装饰平面布置图的内容。

② 阅读各相关尺寸，要区分建筑结构尺寸和装饰布置尺寸。

③ 阅读装饰设计中的文字说明，以便了解装饰材料、陈设位置以及设备、饰物规格，结合透视图阅读各陈设饰物的结构、色彩和形状，如图15-5。

④ 阅读图中的内视符号，以便与装饰立面图对应。

⑤ 阅读剖切符号、详图索引符号等，以便更进一步了解装饰的设计与布置。

（5）楼地面装饰平面布置图

楼地面装饰平面布置图投影原理及图示方法与建筑平面图相同，其主要表达楼地面装修所用的材料名称、规格、具体造型以及做法、要求等，如图15-6。

楼地面装饰平面布置图的绘制是在建筑平面图的基础上绘制装饰所用的材料，并以文字说明表示其材质、色彩和规格。图中需要标注与建筑平面图相同的尺寸、标高及相关符号等。

15.1.4 室内装饰装修的施工要求

室内装饰装修的形式、风格、选材、方法及手段是各不相同的，下面仅以居室室内地面、卫生间为例简单介绍。

（1）室内地面

现在家居装修对于地面材料一般是选用地面砖、地板（复合、实木）、地毯、塑胶材料（卷材、片材）、运动地胶、静电喷涂等。现以复合地板为例介绍装修步骤。

① 先用水泥砂浆将地面找平，并待干。

② 在已平整的地面上铺一层PVC（聚氯乙烯）底膜，以起到较好的隔声、防潮的效果。注意，应保证垫层铺设高出地板20mm，地板与墙壁、立柱等须成直角。

③ 在墙角处安放好第一块板的位置，榫槽对墙，用木楔块留出10mm伸缩缝。靠墙的一行安装到最后一块板时，取一整板，与前一块榫头相对平行放置，靠墙端留10mm划线后锯下，安装到行尾，若剩余板料长40cm，可用于下一行行首。

④ 从第二行开始，榫槽内应均匀涂上地板专用胶水（第一行不涂胶水），当地板装上之后，用湿布或塑料刮刀及时将溢出的胶水除去。

⑤ 每安装一块地板都要用锤子与木楦将地板轻轻敲紧。装完前两行后，及时用绳子或尺子校准。

⑥ 装到最后一行时，取一块整板后，放在装好的地板上，上下对齐，再取另一块地板，放在这块板上，一端靠墙，然后在另一端按需要的长度画线，并沿线锯下（注：需留出10mm伸缩缝），即为所需宽度地板。

⑦ 装到最后一行板时，先放好木楦块，用专用紧固件将地板挤入，安装完待2h后，撤出木楦。

⑧ 安装中如有伸出地板的管道，需在地板上开出孔洞，其直径应至少比管径大10mm，锯切面应与板面成45°角。

（2）卫生间

① 根据所选用卫生间设备（洗浴、盥洗、便器、热水器等）的尺寸及安装位置设计给

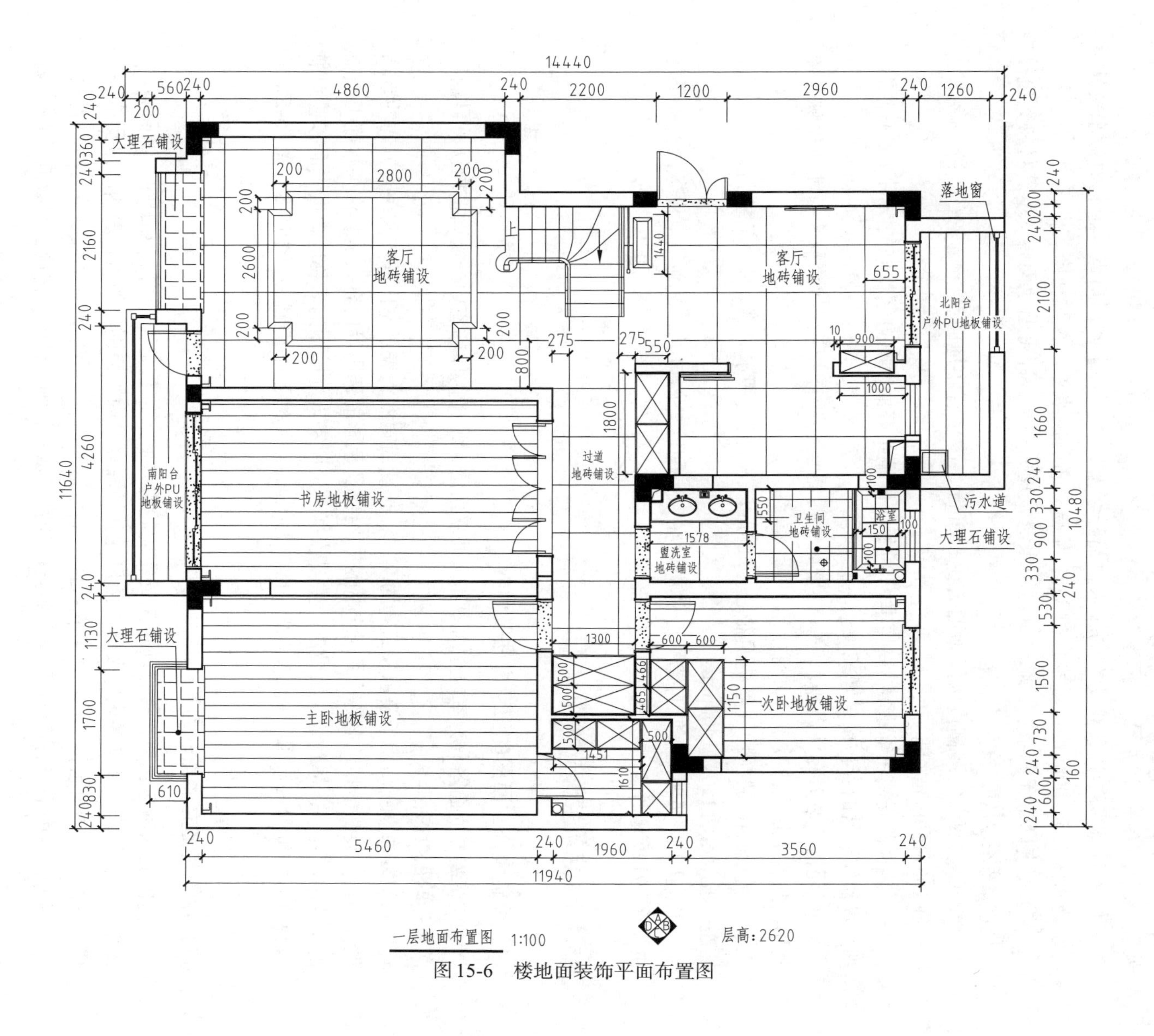

图15-6　楼地面装饰平面布置图

水、排水及用电的管线布置。

② 布好管线之后，清理地面，再用水泥砂浆找平、找坡。

③ 再做地面防水层，这是最重要的一步。防水层涂层要均匀，厚度不小于1.5mm。施工时要特别注意墙角处、地面与墙面连接处（至少要高出地面200mm）、排水管与地面交接处等。

④ 待防水层干透，将所有的排水口临时堵塞，并在卫生间门口做一道临时截水矮墙，注水（水深大于100mm），进水保持24h，检查是否有漏水处，及时补修。

⑤ 检查确定无漏水后，晾干，再用水泥砂浆抹一遍，即可贴地面砖。填缝材料颜色接近地面砖颜色为好。

⑥ 盥洗面盆安装高度为距地面750~850mm，冷水管距地面500mm左右，冷、热水管间距在100~150mm之间。

⑦ 热水器安装在承重墙上，牢固、可靠，两端距墙面留有方便检修的空间，若有浴盆，则热水器和浴盆的容积比最好≥2∶3。

⑧ 便器安装时要注意排水管口的密封，便器与地面的固定连接要稳，与地面接触缝隙间用密封胶密封，待胶干透方可使用。

⑨ 电源插座要预留在盥洗面盆之上500mm处，防止用水时溅入水。洗衣机及其他用电插座一般距地面1300~1400mm。

⑩ 卫生间照明灯不宜过暗，开关应设在卫生间墙外门口处，其他用电设备的开关最好也设在卫生间墙外。

15.1.5 建筑装饰立面图

（1）建筑装饰立面图的图示方法及内容

建筑装饰立面图分为室内立面图和室外立面图，是将房屋的室内外墙面按内视符号的指向所作的正投影图。

建筑装饰立面图用于表示建筑物的高度、长度或宽度，表示室内外空间垂直方向的装饰设计形式，装饰造型的名称、尺寸与做法、材料及色彩的选用等内容，是装饰工程施工图中的主要图样之一，是确定墙面做法的主要依据。房屋室内立面图的名称应根据平面布置图中内视符号的编号（字母）确定。如图15-7为图15-5的A立面布置图；图15-8为图15-5的C立面布置图。

（2）建筑装饰立面图的内容

室内立面图应包括投影方向可见的室内轮廓线和装饰构造、门窗、构配件、墙面做法、固定家具、灯饰、装裱等内容及必要的尺寸和标高。室内立面图一般需要表达吊顶及结构顶棚。室外立面图可根据具体要求和情况绘制应表达的内容。吊顶部分也可以单独绘图表示。

另外，室内个别的陈设还可以另行绘制详图表示其详细的样式与构造，如壁柜、屏风等。

（3）建筑装饰立面图的绘制方法

建筑装饰立面图的外轮廓用粗实线绘制，墙面上的门窗及凸凹于墙面的造型用中实线绘制，其他图示内容、尺寸标注、引出线等用细实线绘制。室内外立面图一般不绘制虚线。

室内立面图的常用比例为1∶50、1∶100，可用比例为1∶30、1∶40、1∶60等。

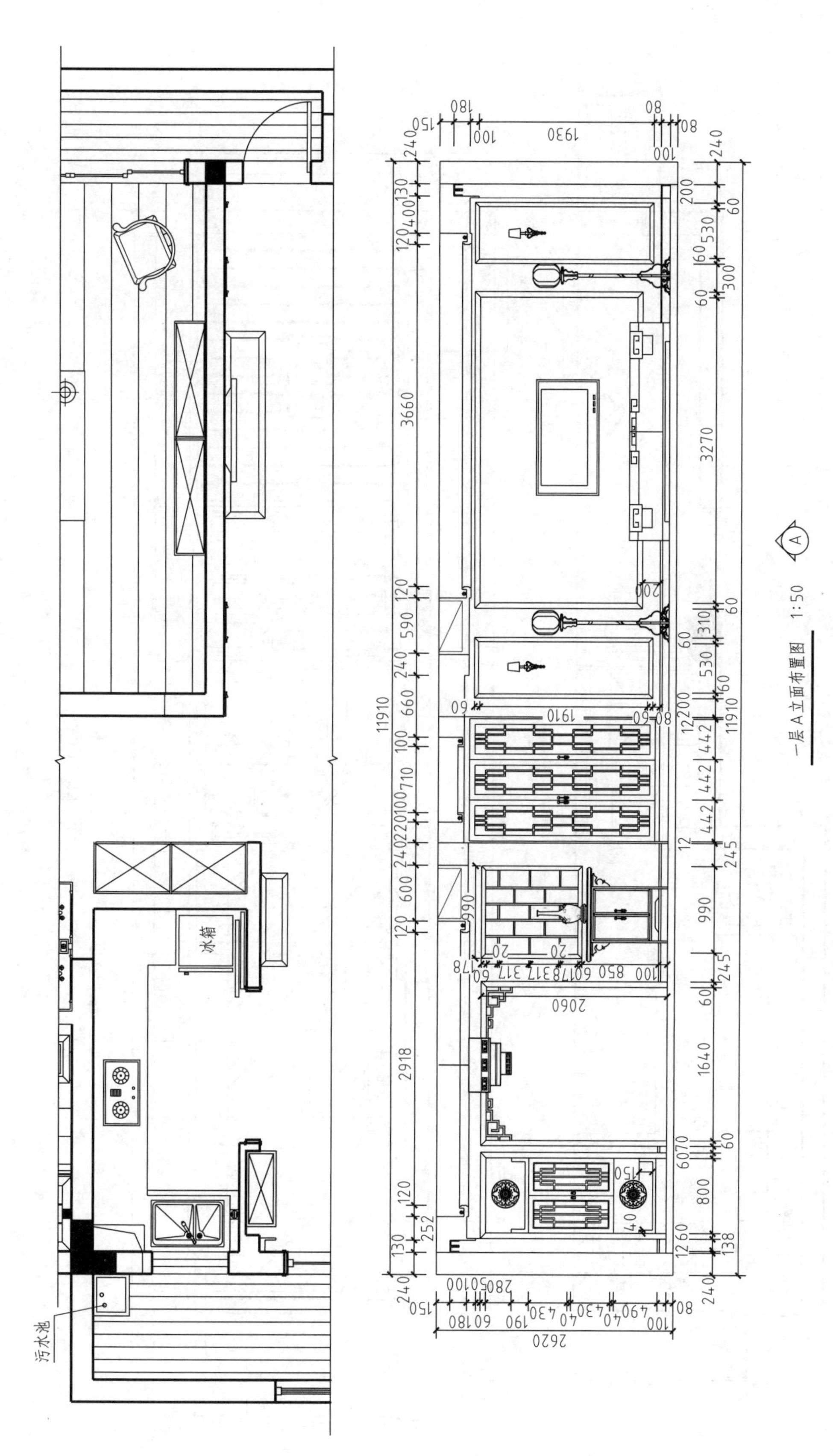

图15-7　一层A立面布置图

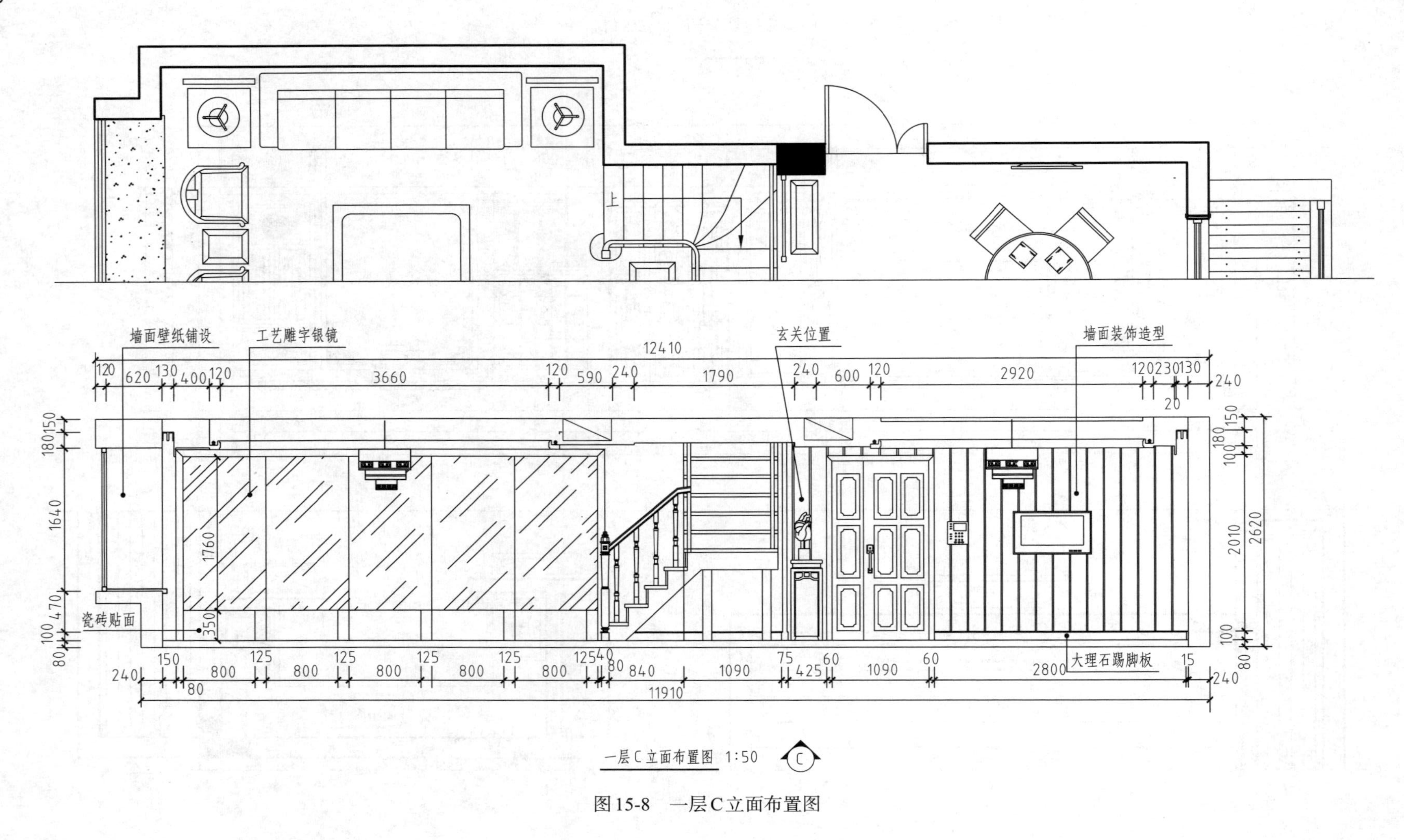

图15-8 一层C立面布置图

绘制建筑装饰立面图的方法与步骤如下：

① 阅读相关的装饰平面图，查看所要表示立面图的内视符号、立面尺寸以及室内陈设等，并布置各陈设的位置及准确的相对尺寸。

② 按照平面图的图示内容绘制某一立面图，尺寸标注时可省略具体陈设物品的详细尺寸，因为这些详细尺寸可在具体详图中标注。同时应注意墙面各种材料及必要的文字说明。

（4）阅读建筑装饰立面图的方法

建筑装饰立面图，除墙面装饰完全相同外一般均需绘制各装饰立面图，图样的命名、编号应与平面布置图中的内视符号一致，内视符号决定室内立面图的阅读方向，同时也标出了图样的数量。

现以室内立面图为例了解识读方法和步骤：

① 首先确定要读的室内立面图所在房间位置，按房间顺序、内视符号的指向识读室内立面图。图15-8为C立面布置图，主要部分为沙发背景墙。从立面图上可以看到沙发背景墙由三种材料组成：自地面起高350mm的范围内采用瓷砖贴墙铺设；中部自高350mm以上至1760mm的范围内采用工艺雕字银镜；其余部分搭配壁纸贴装。顶面配有工艺吊灯。

左侧为4625mm宽装饰银镜；右侧为玄关旁墙面装饰造型。

② 在平面布置图中明确该墙面位置有哪些固定家具和室内陈设等，并注意其定形、定位尺寸，做到对所读墙（柱）面布置的家具、陈设等有一个基本了解。

③ 根据所选择的立面图了解所阅读立面的装饰形式及其变化。

④ 详细阅读室内立面图，注意表面装饰造型及装饰面的尺寸、范围、选材、颜色及相应做法。

⑤ 阅读立面图中的标高、其他细部尺寸、索引符号等。

15.1.6 建筑装饰顶棚平面图

（1）建筑装饰顶棚平面图的图示方法和内容

建筑装饰顶棚平面图（也称为顶面图）一般采用镜像视图绘制。

建筑装饰顶面图的主要内容包括：吊顶造型样式以及定形尺寸、定位尺寸、各级标高、顶平面（吊顶）的构造及做法，灯具的样式、规格、数量及安装位置、空调送风口的位置、消防自动报警系统位置、与吊顶有关音响设施的安装位置及平面布置形式等。

建筑装饰顶面图一般图样包括：顶棚平面图、节点构造详图、装饰详图等。

顶面装饰要求：表面光洁度好、美观、具有一定的反光作用和效果，如图15-9。

（2）建筑装饰顶棚平面图的绘制方法

建筑装饰顶棚平面图一般主要表达灯具及吊顶造型的布置，为突出吊顶造型，其轮廓用中实线绘制，其余构造的轮廓用细实线绘制。

建筑装饰顶棚平面图的比例一般应与建筑装饰平面图、立面图相同，特殊情况例外。

① 根据建筑装饰平面图顶棚内、外墙轮廓线（细实线），绘制顶棚的造型，以中实线表示造型沿原顶棚面向下凸或凹。

② 绘制灯具的安装位置时应将顶棚的吊装造型、材料等相互联系考虑，并结合建筑装饰剖面图的设计与绘制总体构思而定位。同时，应结合所选的灯具类型在本图幅内绘制适当的“图例”。采用吊管、吊钩、支架时，管材为钢制，且直径不小于10mm，吊钩的销钉直径不小于6mm。安装时还要注意观察顶棚是否有渗漏。

③ 以每一层的室内地面标高标注顶棚造型的各标高。

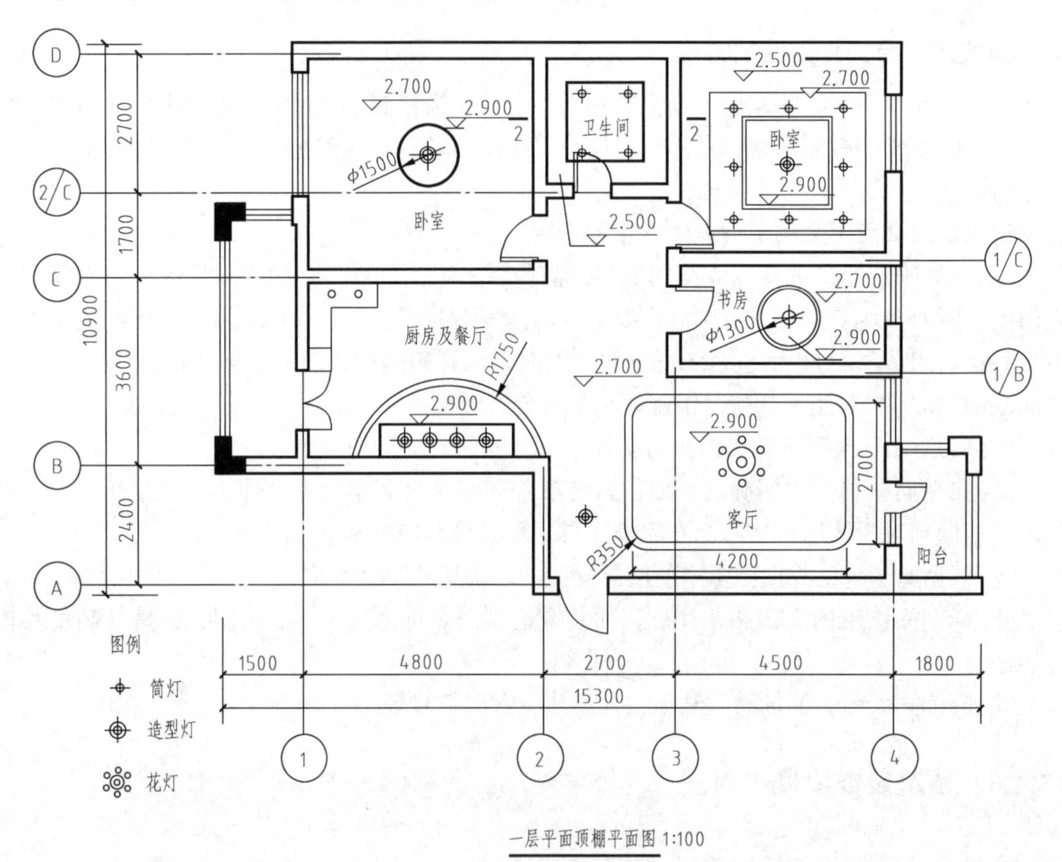

图15-9 建筑装饰顶棚平面图

(3) 阅读建筑装饰顶棚平面图的方法

以图15-9为例了解建筑装饰顶棚平面图的识读方法和步骤：

① 在阅读建筑装饰顶棚平面图之前，首先，需要了解顶棚所在房间的平面布置图情况。

② 其次，还需要了解顶棚造型、灯具等底面标高。例如图15-9中的“书房”，灯具地面标高为2.900m，安装位置应在直径为1300mm的圆形吊顶之内的正中心点处。吊顶标高为2.700m。（注：室内建筑装饰施工图一般均以本层地面为零标高）

③ 依次阅读顶棚吊装尺寸及做法，同时，注意棚顶与墙角有无角线，窗口有无窗帘盒，是否有吊柜等。

④ 阅读阳台、雨篷的吊装与做法。

⑤ 阅读其他构造（如空调、消防系统等）的安装位置及尺寸。

⑥ 阅读各开间、进深等尺寸。

⑦ 图中虚线部分表示吊顶内的暗装灯带。

15.2 室内装饰剖面图与详图

15.2.1 建筑装饰剖面图

将某一建筑装饰墙面、局部墙面、顶棚面等剖切后经投影得到的图样为建筑装饰剖面图。

(1) 建筑装饰剖面图的图示方法和内容

建筑装饰剖面图主要包括：墙身剖面图和吊顶剖面图。

① 墙身剖面图。墙身剖面图的依据（即剖切位置）在建筑装饰立面图中标注，如图15-10室内墙面装饰某立面图中标注的1—1。按图示方向沿1—1剖切，并从左向右作投影，即得到了该墙身的剖面图1—1，如图15-10（b）。其主要用来表示墙身在立面图中无法表达的表面装饰厚度以及其具体做法，各个装饰构造与建筑结构之间的连接方式、固定位置尺寸以及不同材料之间的交接方式等。

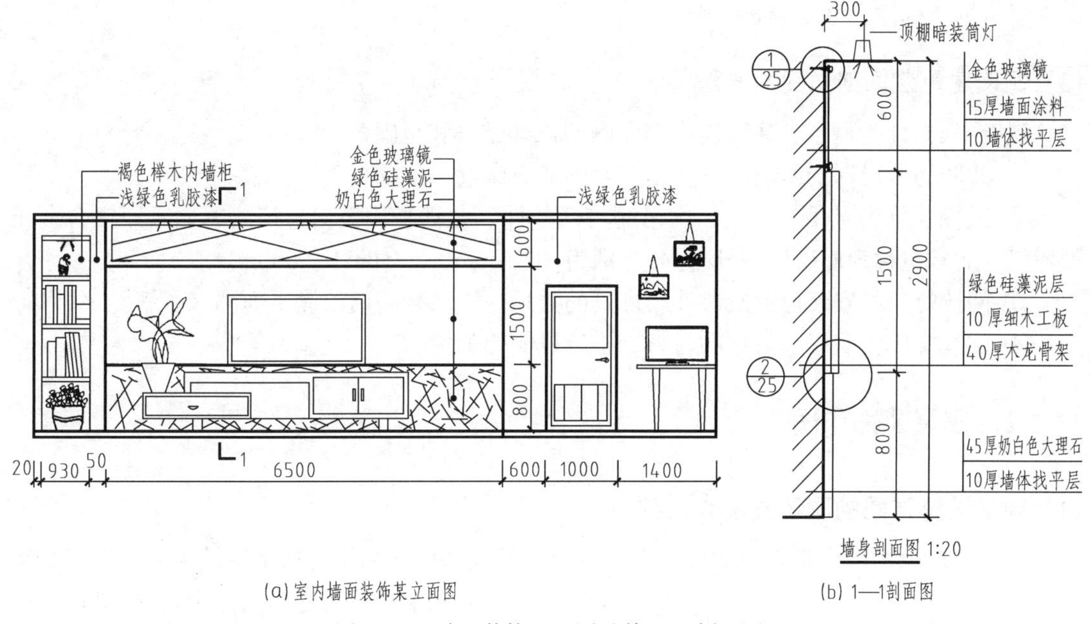

图15-10 墙面装饰立面图及其1—1剖面图

由于各装饰面层的厚度尺寸较小，所以通常采用与平面图、立面图、剖面图相比较大的比例绘图，如1∶20、1∶10、1∶5，甚至有时为了特殊需要或便于尺寸标注而采用1∶1或较小倍数的放大比例2∶1、5∶1等。

② 吊顶剖面图。图15-11为15-9中的某住宅卫生间吊顶2—2剖面图（局部）。吊顶材料为钢制龙骨吊架、铝合金压型薄板、筒灯、造型灯。（在此不再详述）

(2) 建筑装饰剖面图的绘制方法

根据立面装饰的复杂程度确定剖面图的绘图比例及表达范围。图15-10（b）采用比例为1∶20。

自上而下采用粗实线绘制顶棚线、墙体轮廓线、地面线，采用中实线或细实线绘制墙面装饰层厚的轮廓线，依次标注装饰分段尺寸及总高尺寸。

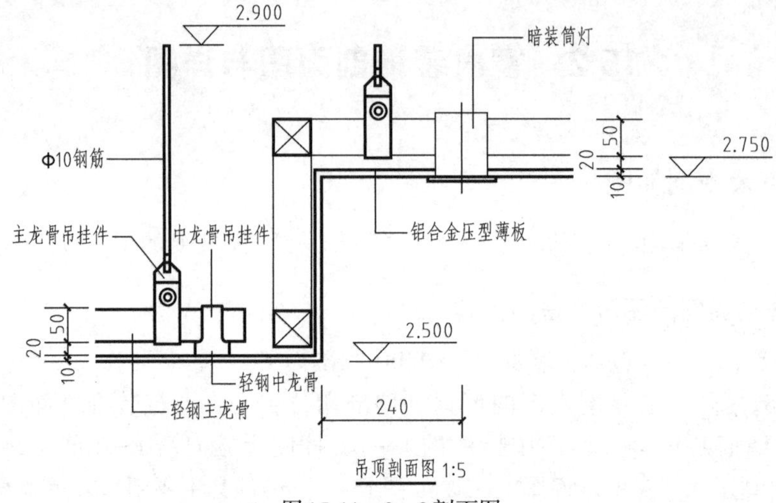

图15-11 2—2剖面图

以文字说明注写装饰材料及厚度尺寸。对于在此图样中仍未表达清楚的局部结构可采用详图索引符号标注，并绘制各详图。

(3) 阅读建筑装饰剖面图的方法

现以图15-11为例了解建筑装饰剖面图的识读方法和步骤：

① 此图为一局部剖面图，与顶棚平面图对应阅读，了解其剖切位置。

② 顶棚装饰为悬吊式顶棚，由吊筋将吊挂件、龙骨与楼板相连接，下端镶嵌铝合金压型薄板（通常也称为面层）。隔层标高分别为：2.900m、2.750m、2.500m。

③ 阅读灯具的安装位置及尺寸。灯具的数量还需结合阅读顶棚平面图来了解。

④ 阅读文字说明了解吊顶的材料、施工说明等相关问题。

15.2.2 建筑装饰详图

(1) 建筑装饰详图的图示方法和内容

建筑装饰详图即为将其他图样难以表达清楚的某些局部细小构造采用较大的比例所绘制的投影图（也称为大样图），如图15-12。

建筑装饰详图表达了各装饰构件内部以及它们之间的详细构造之间的连接方式、各部位的定位尺寸、饰面衔接，也表达了各构件的装饰工艺要求。建筑装饰详图是提升装饰效果、完成难点装饰的重要依据。

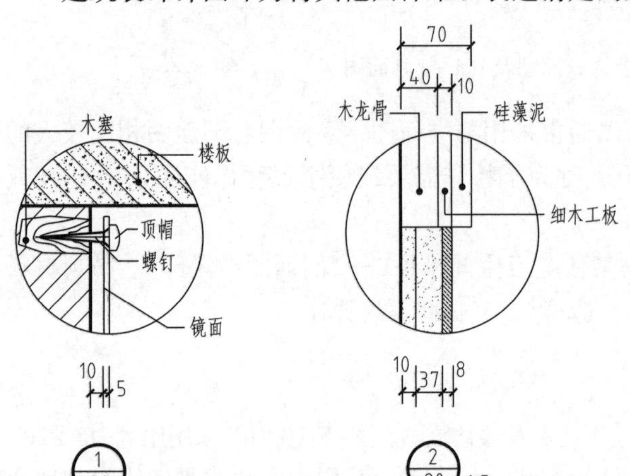

图15-12 建筑装饰详图

(2) 建筑装饰详图的绘制方法

建筑装饰详图根据建筑结构的不同其内容不同，诸如：墙身节点详图、吊顶详图、装饰节点详图、装饰造型详

图、家具详图、门窗构造详图、地面造型详图、家具小品饰物详图等。

绘图时，建筑构造的轮廓线用粗实线绘制；各种材料的饰面轮廓用细实线绘制，并标注必要的尺寸，用文字注写材料名称及具体做法。详图是提升装饰效果和细致装饰施工的指导性技术文件。

(3) 阅读建筑装饰详图的方法

建筑装饰详图的绘制特点是比例较大，所要表达的图样范围较小。似乎比较简单，但是对于图样的要求更加精细，对于装饰材料的图例及说明要求更加详尽。正是因为需要进一步说明局部构造的做法，所以图样必须绘制严谨，尺寸标注也应完整。

阅读详图较为容易，只有一点需要强调并注意：比例、详图索引符号与详图符号的对应关系必须一致。

15.3　建筑物外部装饰专业图样

室外装饰工程主要分为两大部分：一是建筑物外墙体装饰，通常用石材、铝塑板、玻璃或外墙涂料等，根据设计的不同要求施工；二是建筑主体散水以外的范围，即属于园林景观的施工。本节主要讲述的是后者，即室外园林景观环境工程的主要图示内容、绘图与识图方法等。通过学习可以掌握并了解如何通过室外环境景观工程与建筑形体的造型、人居环境的设计以及优质的景观设计提高人们生活质量。

本节主要介绍绘制室外环境景观工程图的基本要求，培养读者阅读图样的能力。要求掌握常用的室外环境景观工程图的图示方法、绘图方法、步骤与技巧；通过绘图掌握并熟知各种室外环境景观工程图的作用，从而加强空间想象能力；学会应用以前所学习的基本知识。希望读者经过训练达到具有初步设计基础的水平。

15.3.1　地形的表示法和地形断面图

(1) 地形的表示法

地形是构成室外环境景观的要素之一，地形表示法是将地球表面起伏不平的地形表示在平面图上的方法。包括等高线法、分层设色法、晕渲法、晕滃法和写景法等。在实际应用时，可根据不同用途、不同目的选择不同的方法。以下重点介绍等高线法和晕渲法。

① 等高线法是将地面上相同高度（或水面下相同深度）的各点连线，按一定比例缩小投影在平面上呈现为平滑曲线的方法，又称为水平曲线法。它能把高低起伏的地形表示在地图上，如图15-13。

等高线的高度是以我国山东青岛海平面的平均高度为基准起算，并且以严密的大地测量和地形测量为基础绘制而成的。它是科学性最强、实用价值最高的一种地形表示方法，主要缺陷是不够直观。图15-13表示的地形为两座山峰。等高线密集的地形，地势陡峭；等高线稀疏的地形，地势较平缓。工程上通常采用等高线法绘图。

② 晕渲法是应用光照原理，以色调的明暗、冷暖对比来表现地形的方法，又称为阴影法。如图15-14，它的最大特点是立体感强，在方法上有一定的艺术性；主要缺陷是没有

数量概念，在渲染暗影时没有严密的数学规则。

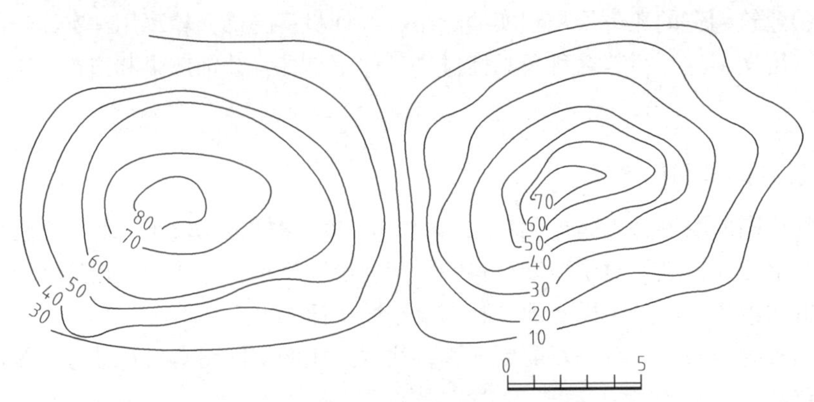

图15-13　等高线法

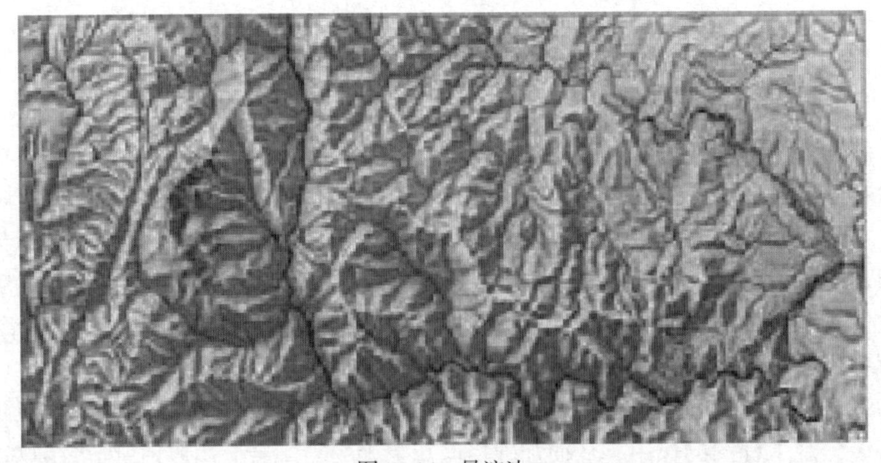
图15-14　晕渲法

（2）地形断面图

在设计室外道路、景观环境等工程中，为了进行填方、挖方工程量的概算，以及合理地确定线路的纵坡，并了解某范围内室外地面起伏情况，常需利用地形图绘制沿指定方向的纵断面图。

用假想的铅垂面（或正平面）剖切地形面，剖切平面与地形面的截交线称为地形断面，在此基础上绘制出的相应的材料图例即为地形断面图。

如图15-15，将地形面沿1—1剖切平面的位置剖切，地形面中的各等高线与1—1剖切平面的积聚线具有交点，将各点向上作竖直方向的铅垂线，分别与按比例尺绘制的一组以高程为纵坐标的水平线的对应位置相交，用粗实线平顺地连接各点，并根据实际情况绘制材料图例即得到地形断面图。

断面过山脊、山顶或山体低谷处的高程变化点的高程，可用内插法求得。

内插法：一般是指数学上的直线内插法，即利用等比关系，用一组已知的未知函数的自变量的值和与它对应的函数值来求未知函数其他值的近似计算方法。应用这种方法绘图可将图15-15地形断面图的山顶部分近似绘制出来。（具体做法在此略）

绘制地形断面图时，高程比例尺比水平比例尺大10至20倍，这是为了使地面的起伏变化更加明显，如图15-15，水平比例尺是1：2000，高程比例尺为1：200。

在专业设计中，绘制竖向设计图需要借助于设计平面图及原地形图，地形图中必须标注标高，用以表示地形在竖向的变化与起伏。

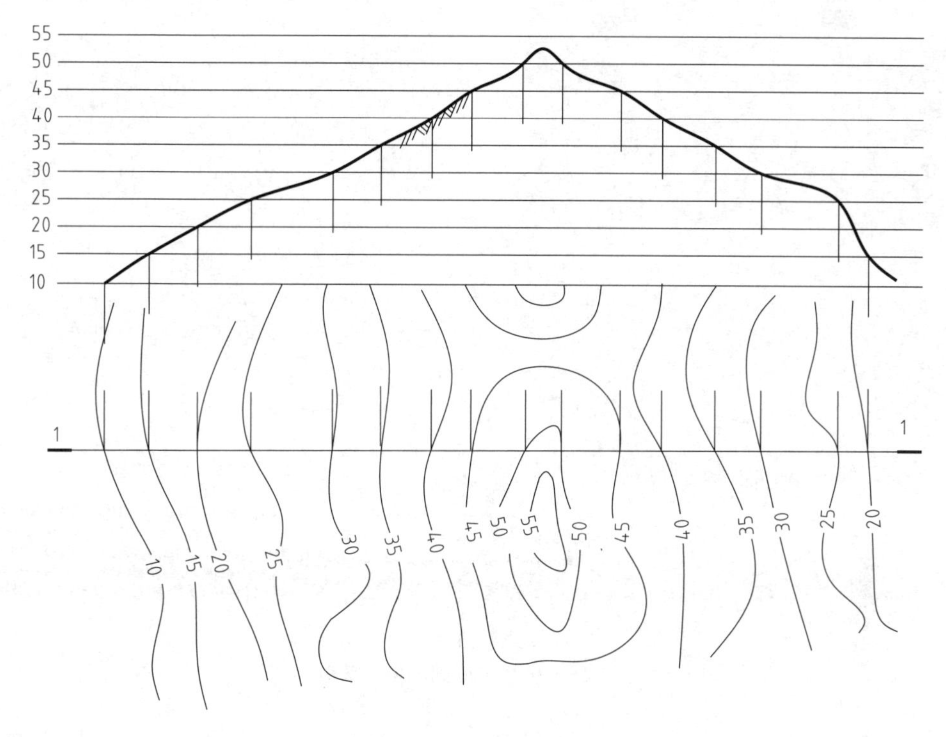

图15-15　地形断面图

15.3.2　植物的表示法与绘制

室外景观设计离不开园林设计，在园林设计中自然离不开植物。植物的种类繁多，有些还会因地域不同而不同，但是基本绘制方法是大同小异的。

(1) 植物的平面表示法

植物平面图图例如图15-16，不同种类的植物，其绘制方法也不同。

绘图时需注意的问题如下。

① 绘制植物的平面图时多以圆形为外轮廓，并以内弧线、短线、碎线等表示。有时，由于选取的植物种类不同，植物平面图中的轮廓鲜叶也采用波浪线绘制。

② 应根据建筑物的地理位置，分析植物迎光及背光的位置，并在植物平面图中以线条的疏密来区分，线条稀疏时为迎光面，线条较密时为背光面。

③ 设计时，应注意各植物之间的距离及位置，不可盲目地绘制。

(2) 植物的立面表示法

植物立面图图例如图15-17。在绘制园林景观施工图时应按实际距离的尺寸标注各种园林植物品种及数量，标明与周围固定构筑物和地上地下管线距离的尺寸，这是施工放线依据。

自然式种植可以用方格网控制距离和位置，方格网尽量与测量图的方格线在方向上一致。现状保留树种，如属于古树名木，则要单独注明。

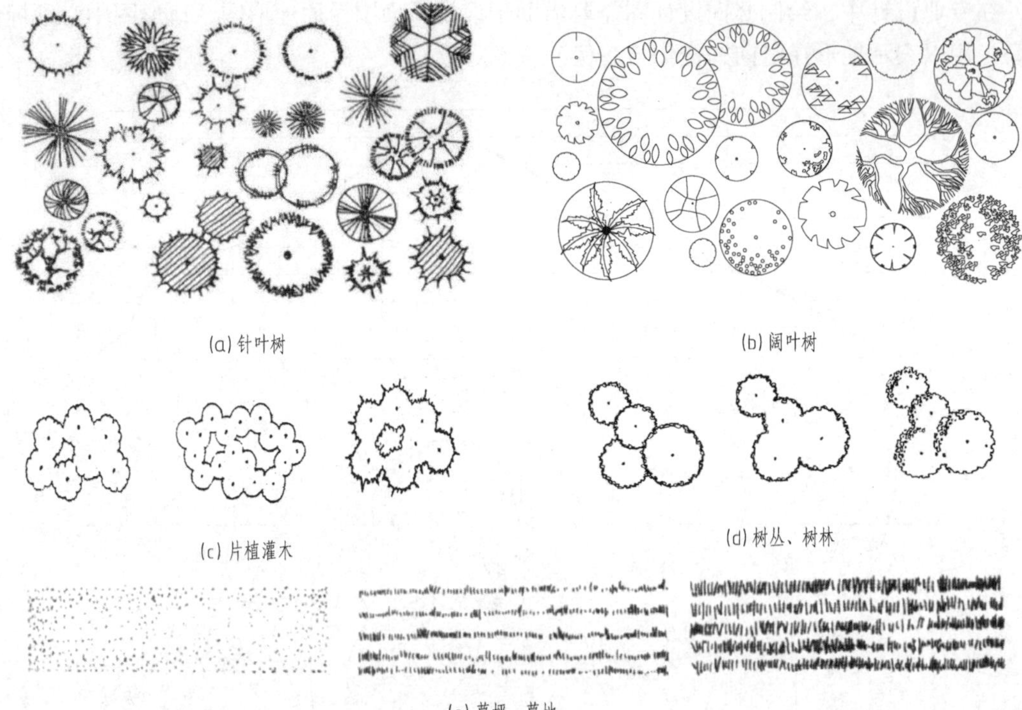

图 15-16　植物平面图图例（部分）

图 15-17　植物立面图图例（部分）

在纵向上要标明各园林植物之间的关系、园林植物与周围环境及地上地下管线设施之间的关系；要标明施工时准备选用的园林植物的高度、体型；要标明植物与山石的关系。

有时，也需要用局部放大图标明重点树丛、各树种关系，古树名木周围处理和覆层混交林种植详细尺寸，以及花坛的花纹细部。如图 15-18，为了表达设计者的构思，往往在工程设计中还需要绘制植物及其部分建筑、道路以及其他景观在内的效果图。

绘图时需注意的问题如下。

① 绘制植物的立面图时多以梯形或三角形为外轮廓。以树为例，树分为三部分——树冠、树枝、树干，绘制植物立面图时重点在树冠的绘制。一般树冠的轮廓多以锯齿线绘制，上窄

(a) 植物平面效果图

(b) 植物透视效果图

(c) 植物立面效果图

图15-18　植物效果图

下宽，且不仅仅是随意绘制的，而是根据树种的体态特征以线条的起伏变化来表示的。

② 根据建筑物的地理位置，注意远、中、近景以及上下、前后的层次关系，植物迎光及背光也应在植物的立面图中用线条的疏密来区分：线条稀疏时为迎光面，反之，线条较密时为背光面。

③ 设计时，应注意各植物之间的距离及位置，不可盲目地绘制。

15.3.3　水体的表示法与绘制

水体包括：水池、喷泉、水墙、叠水等。需要绘制水体平面图、立面图、剖面图等。

（1）水体的表示法

水面一般分为静水（静态的水面）和动水（动态的水面）。

(a) 静态的水面

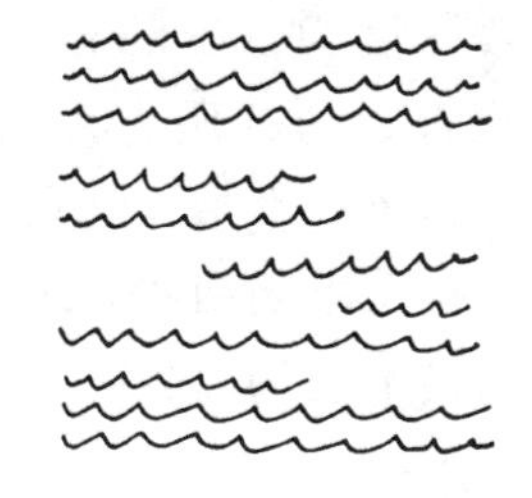

(b) 动态的水面

图15-19　水面表示法

① 静水的表示法。静态的水面常用平行线表示，如图15-19（a）。在一组平行线中应有断续或留白，用以表示受光照的效果。线条要流畅。若在透视图中绘制静态的水面，应近粗而疏，远细而密。

② 动水的表示法。动态的水面常用波浪线表示，如图15-19（b），但要求绘制时线条有规则地起伏，也可以使起伏相错，或者用封闭的波浪线绘制。

（2）水体示例

以喷水池为例，如图15-20，应在图中标注喷水池周围地形标高、池缘标高及岸底标高。还应标明池底转折点、池底中心标高、排水方向，进水口、排水口、溢水口的位置及标高。同时，也应以文字及表格说明池缘及池底结构构造、表层（防护层）所用材料、防水层及池底基础所用材料及做法，池缘与山石、绿地、树木接合部分的做法，池底种植水生植物做法等。如图15-21为该喷水池池底结构构造图。

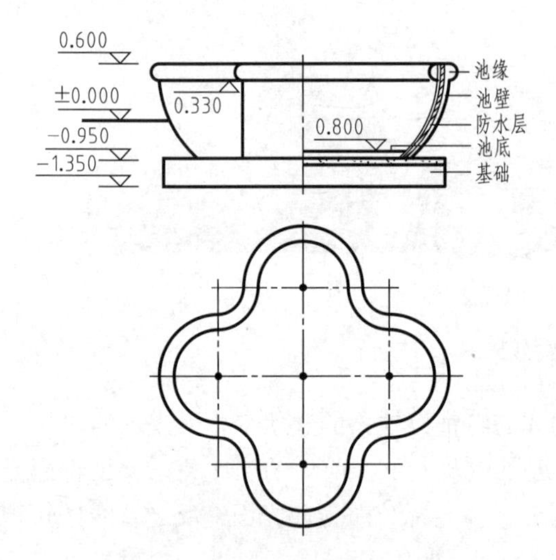

图15-20 喷水池结构示意图

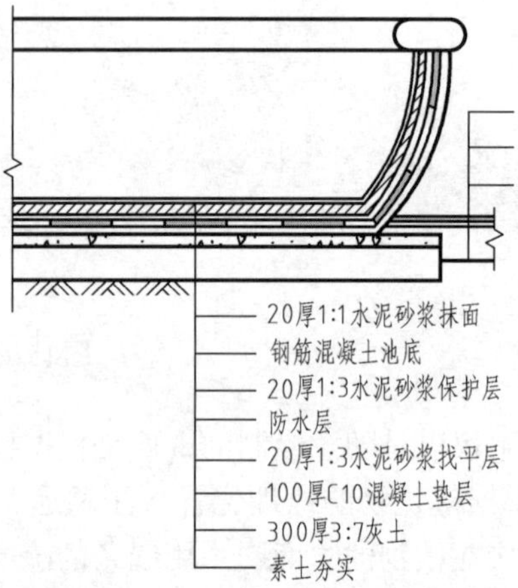

图15-21 喷水池池底结构构造图

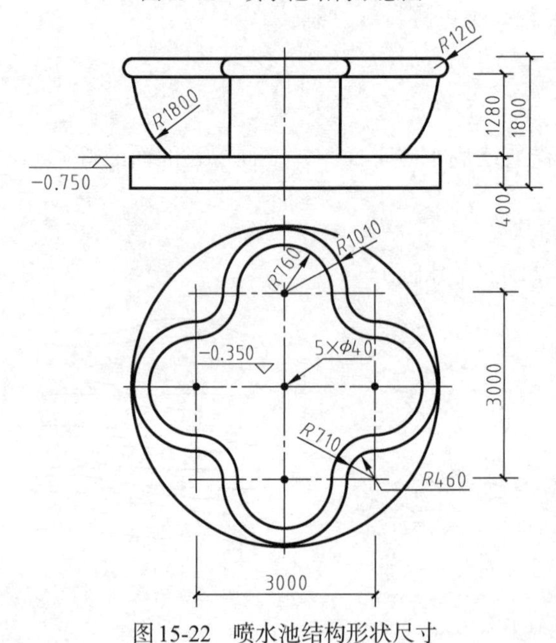

图15-22 喷水池结构形状尺寸

喷水池一般由基础、防水层、池底、池壁、压顶（也可称为池缘）等几部分组成。喷水池的基础起主要承重作用，材料为灰土和混凝土；防水层的材料种类较多，常用的有：沥青、卷材类、塑料类、橡胶类、涂料类等。池底材料为钢筋混凝土，一般厚度为200mm以上，可以直接承受水的垂直方向的压力；池壁材料也为钢筋混凝土，可以直接承受水的水平方向的压力；池壁也可以采用砖或块石砌筑。压顶是喷水池的最上面的部分，合理、美观的压顶不仅可以保护池壁，还可以防止池水溢出，并具有装饰的美感。

一座完整的喷水池除表达结构形状的尺

寸图（如图15-22）外，还必须配有供水、排水系统以及泄水管、溢水管、沉淀装置等。同时，还要配有泵房，并注明泵坑的位置、尺寸、标高。另需电气管线、配电装置、控制室等（这里略）。

图15-23为动水绘制示例。

图15-23 动水的绘制示例

15.3.4 山石的表示法与绘制

园林设计中还包括假树和置石部分，其石材的种类很多，无论形状如何，都需要用图样表示。

（1）山石的表示法

常见的山体形式有三种，如图15-24。

(a) 自下仰视而高远

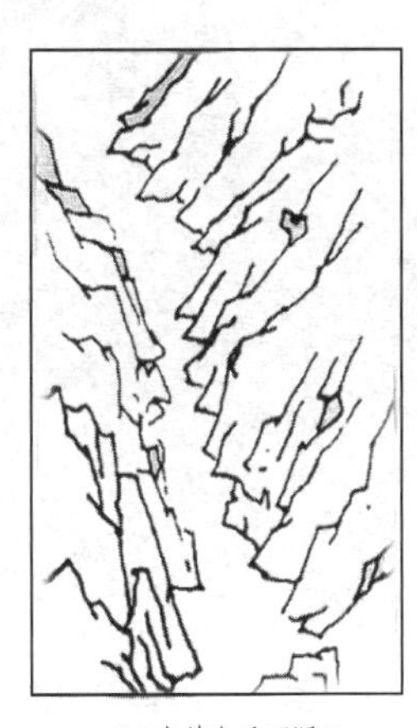

(b) 自前向后而深远

(c) 自近向远而平缓

图15-24 山体的形式

绘制山石一般用折线或曲线，并以加重线条来表示迎光或背光效果，不同的石材，采取不同的绘制方法。通常用大石、小石穿插或相间来表现层次。要求绘制时线条的转折要流畅而有力，如图15-25。

（2）山石工程图的绘制

山石工程图包括平面图、立面图、剖面图和节点详图等。

图15-25　山石的绘制方法

① 平面图。山石平面图的内容如图15-26，主要表示山石的位置、尺寸，山峰及制高点、山谷、山洞的平面位置、尺寸及各处高程。还需表示山石附近地形及构筑物、地下管线及与山石的距离尺寸，植物及其他设施的位置、尺寸。

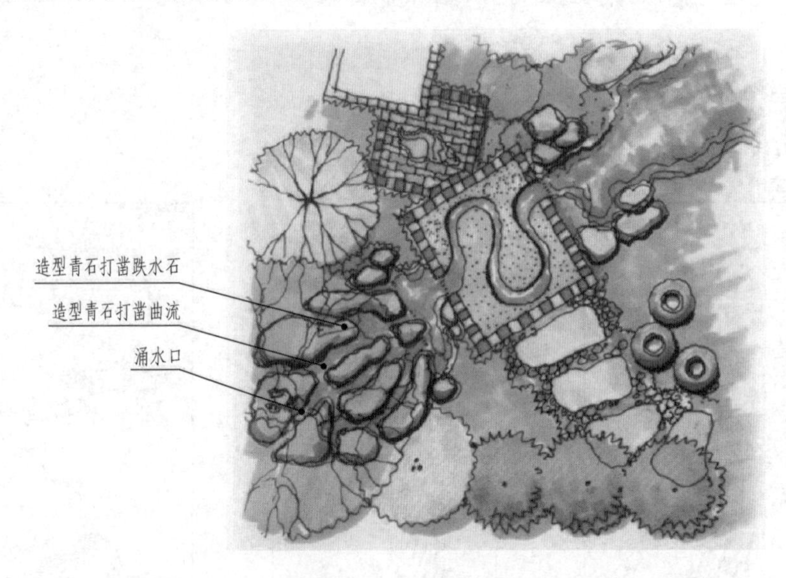

图15-26　山石平面图

② 立面图（或透视图）。立面图用来表达山石层次、配置形式，表达山石从立面方向观察到的大小与形状以及山石与植物和其他设施的关系，如图15-27为园林景观范围内的石景。一般情况下，需要绘制山石四个方向的立面图，而在此仅绘制了一个方向的立面图，其余略去。

图15-28为仿古建筑周边的石景透视图。从图样中可以清晰地了解石材的形状、大小、位置及相互关系，这是较直观的图样。在施工过程中，也完全可以根据石景透视图进行施工，只是具体的石材大小及形状则因材料近似确定，而不必附加准确的尺寸。

图15-27　山石立面图

图15-28　山石图示例

15.3.5　室外环境工程图识图方法

下面以室外景墙为例简单介绍室外环境工程图的识图方法。如图15-29为景墙平面图。

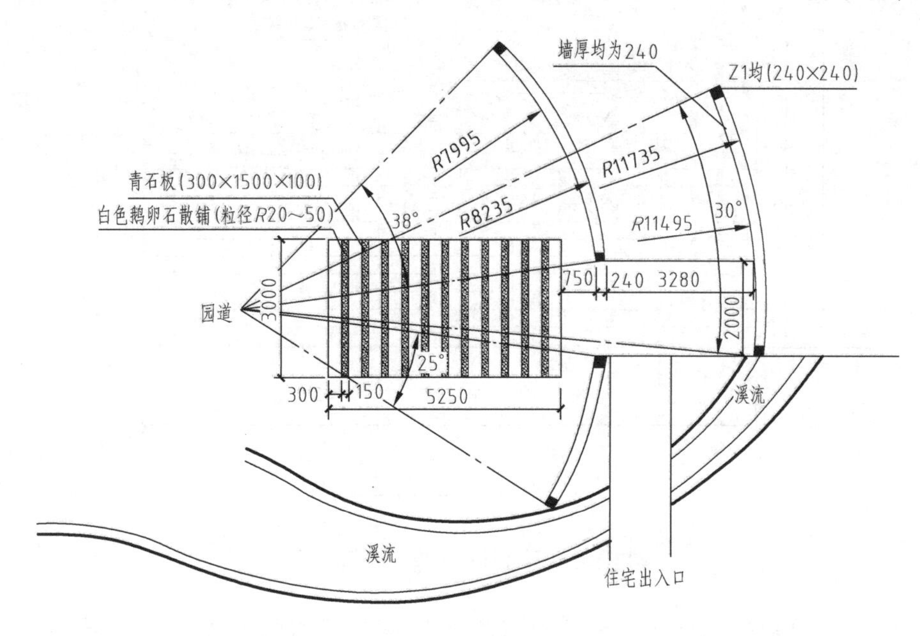

图15-29　室外环境工程平面图

景墙呈部分柱面、扇形分布，共有三面。采用青石板和白色鹅卵石相间铺设景墙中间园区道路，路宽为3000mm。

如图15-30、图15-31为景墙立面图。墙体材料均为砖墙，上方倾斜。景墙面经处理后左侧留有边长为850mm的正方形平面，右侧留有直径为1200mm的圆，可分别在其内撰写园区标志和名称。

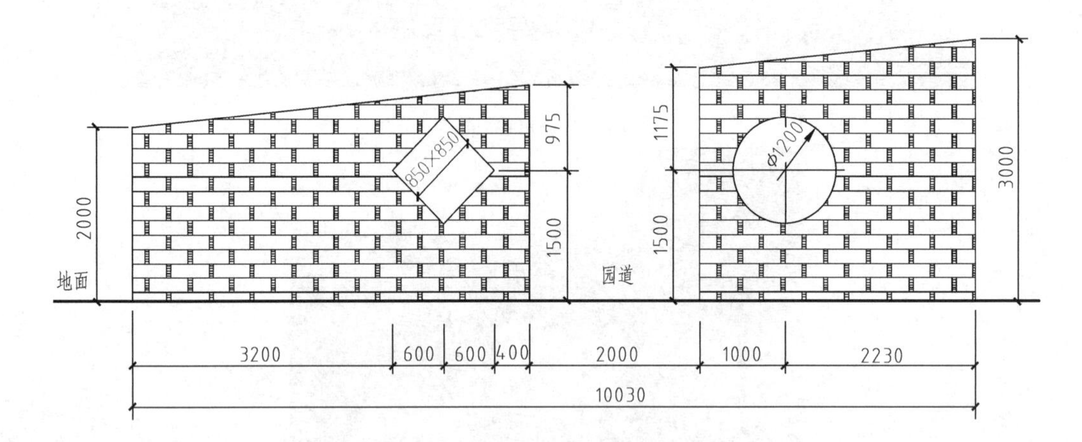

图15-30　室外环境工程立面图（一）

结合平面图阅读，最右侧一面的景墙半径较大，弧长较小。景墙面上镶嵌着三个1/4球形花篮装饰物，以增加园区的美感。

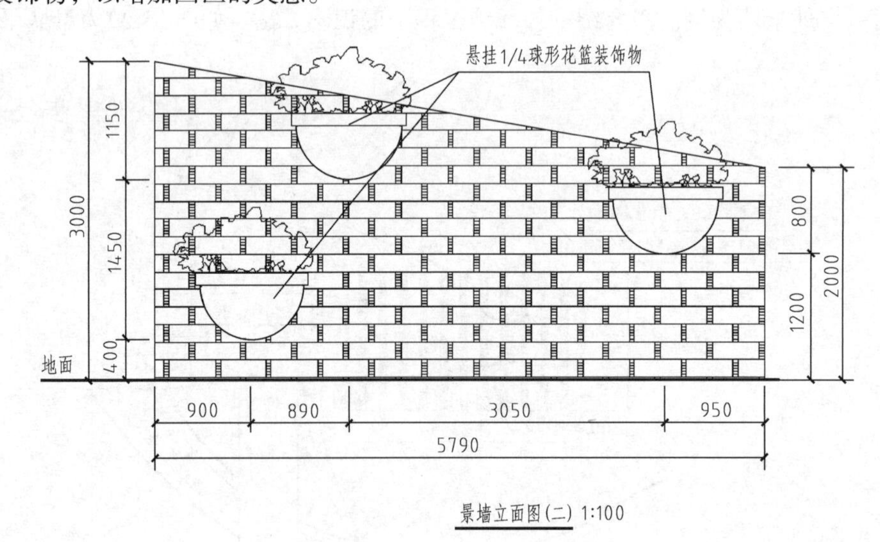

图15-31　室外环境工程立面图（二）

如图15-32为景墙立柱Z-1配筋剖面图，其属于结构施工图之一。基础部分为宽1040mm、高100mm的C10钢筋混凝土板。上部是大放脚两级加固构造柱。柱的截面为边长240mm的正方形。柱内受力筋（竖直方向）有4根，其余分布筋和箍筋为ф8@200。

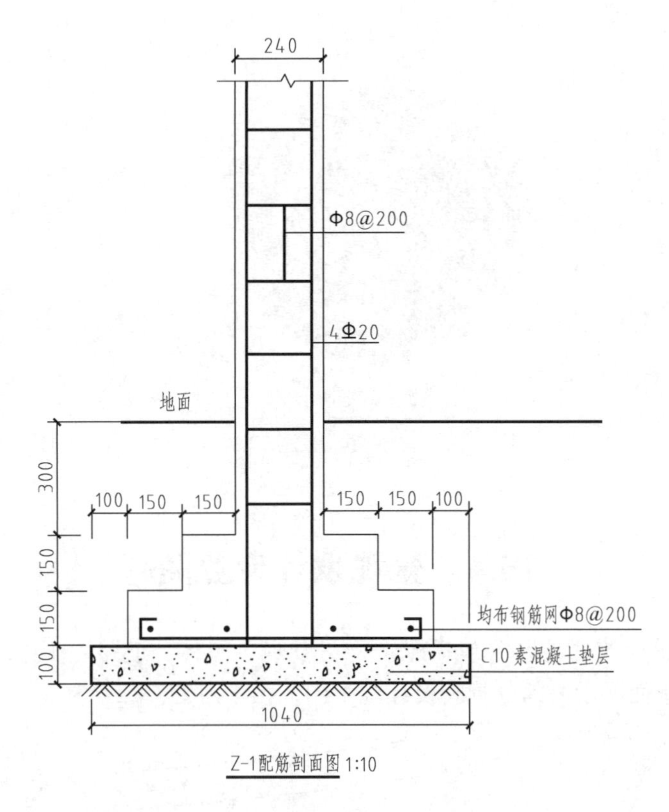

图15-32 室外环境工程剖面图

如图15-33为花钵详图，从中可以了解其施工过程的具体做法、设计所选择的材料以及花钵的尺寸和安装尺寸等。

室外环境工程详图包含的内容很多，在此不一一列举。

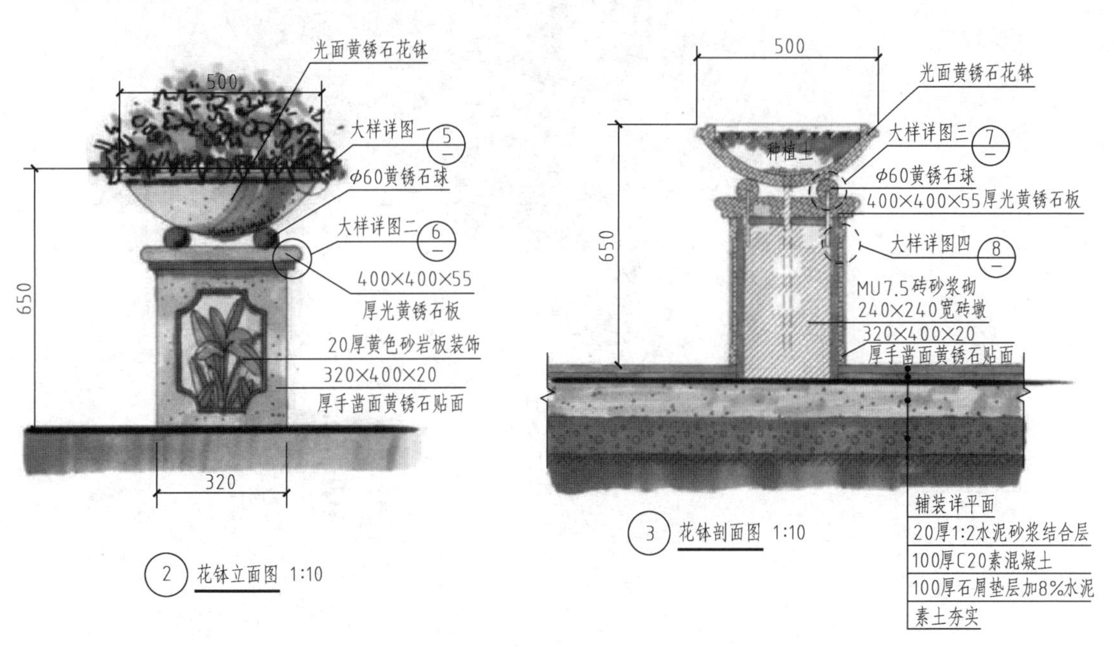

图15-33

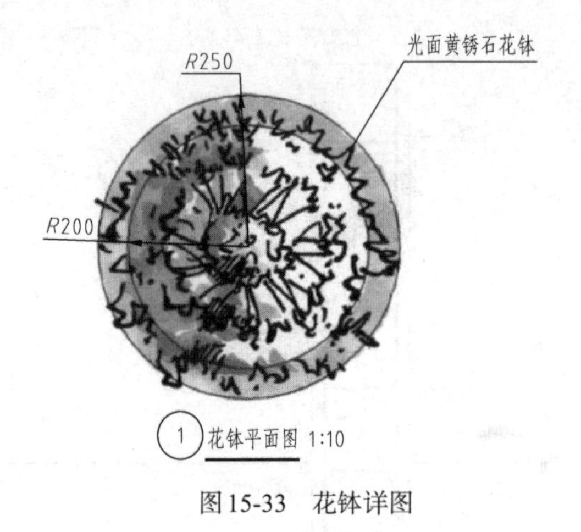

图15-33　花钵详图

15.4　景观设计专业图样

景观设计涵盖建筑居住区（包括建筑物、景观、园林、道路、配景等）、旅游风景区、生态旅游区等。下面展示一部分景观设计施工图，供学习者参照绘制。

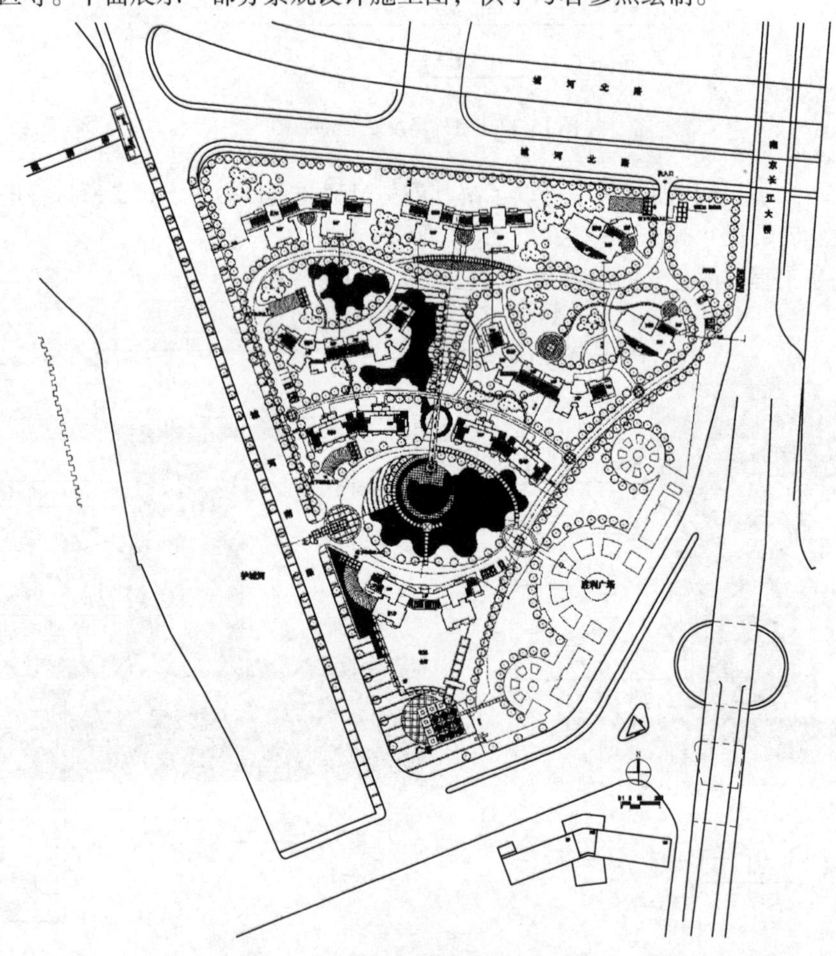

图15-34　景区设计总体规划平面图

① 景区设计总体规划平面图，如图15-34。

② 道路景观设计图，包括灯饰，如图15-35。

③ 园林绿植平面图，如图15-36。

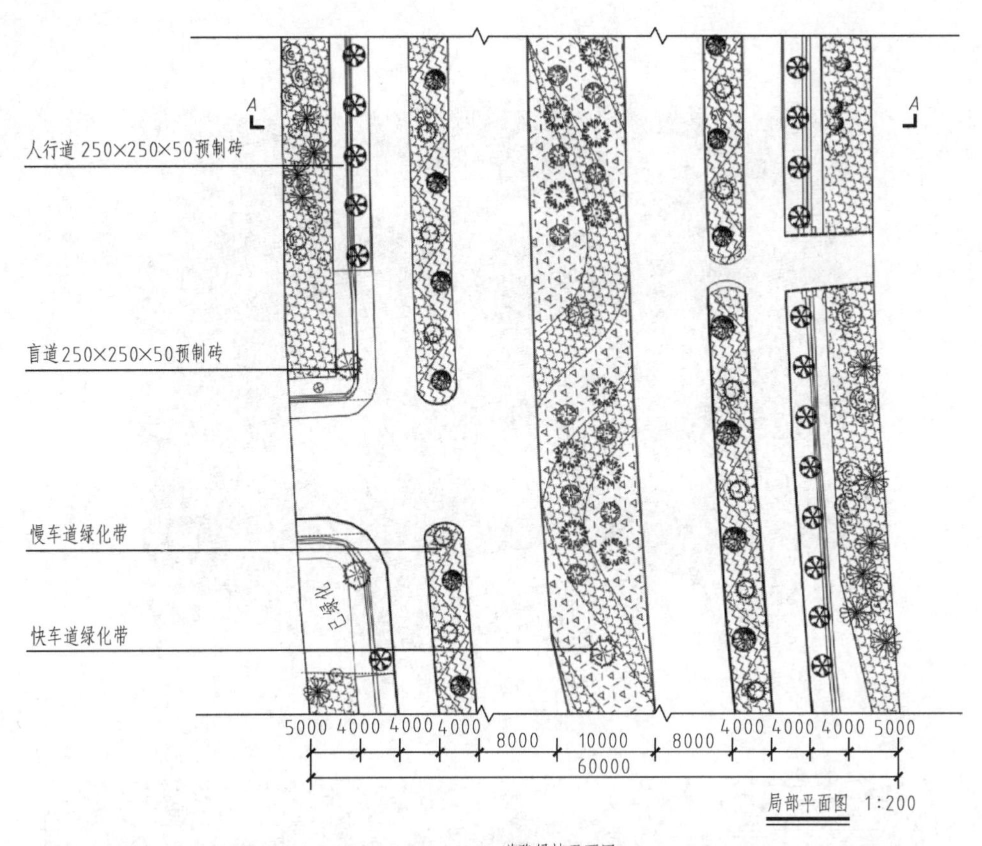

(a) 道路绿植平面图

(b) 效果图

图15-35　道路景观设计图

(a) 公园园林平面图(局部、手绘)

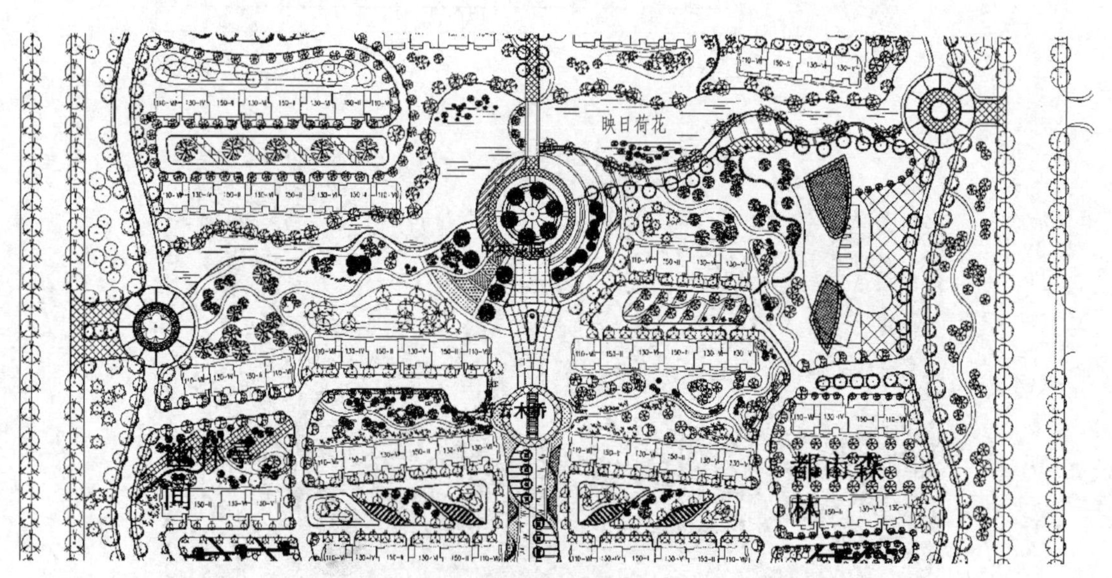

(b) 住宅园林平面图(局部)

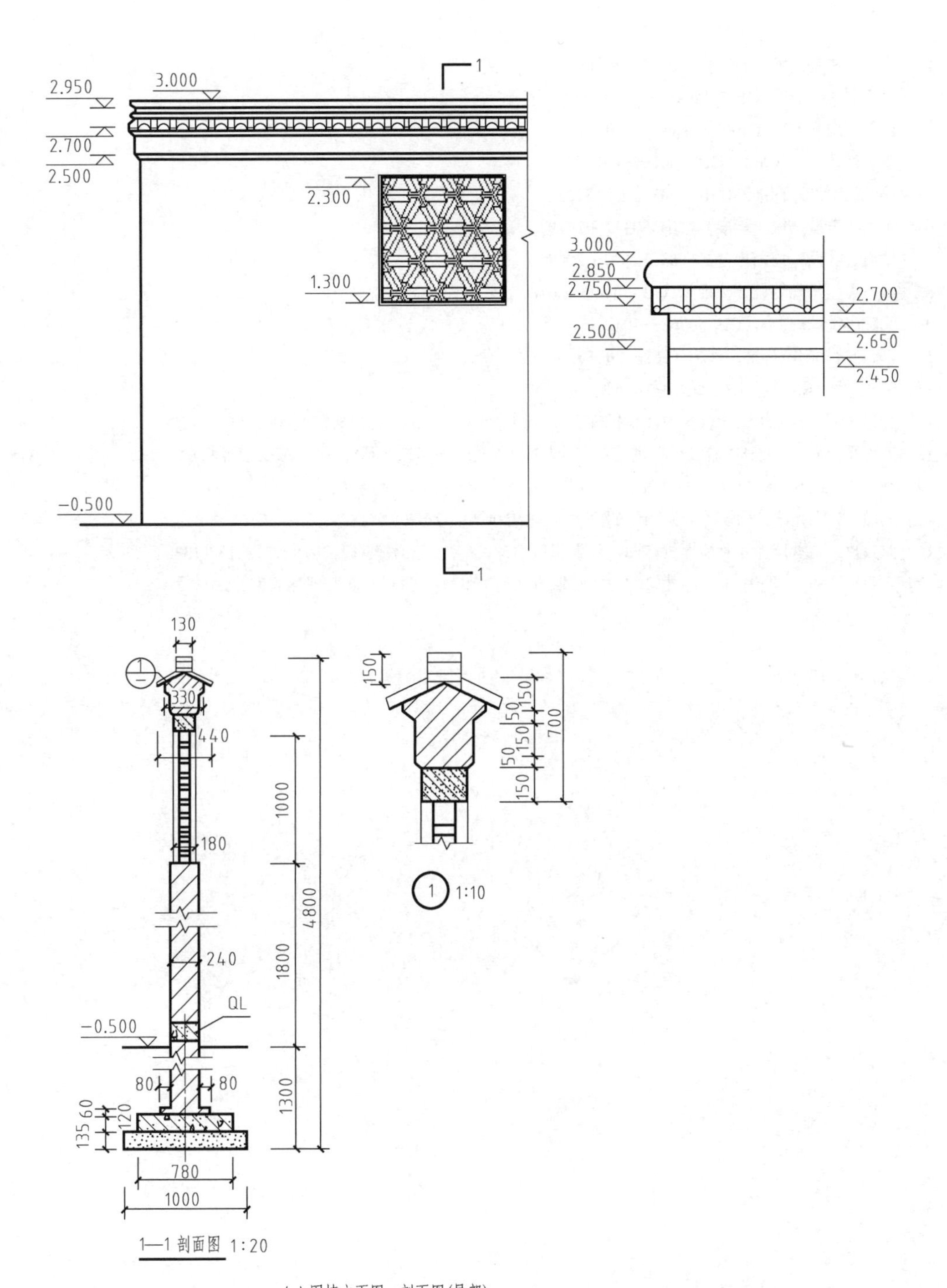

(c) 围墙立面图、剖面图(局部)

图15-36　园林绿植平面图

参考文献

[1]《房屋建筑制图统一标准》(GB/T 50001—2017).
[2]《总图制图标准》(GB/T 50103—2010).
[3]《建筑制图标准》(GB/T 50104—2010).
[4]《建筑设计防火规范》(GB 50016—2014).
[5]《建筑照明设计标准》(GB 50034—2013).
[6]《民用建筑设计统一标准》(GB 50352—2019).
[7]《城市公共设施规划规范》(GB 50442—2008).
[8]《城市居住区规划设计标准》(GB 50180—2018).
[9]《无障碍设计规范》(GB 50763—2012).
[10]《风景园林制图标准》(CJJ/T 67—2015).
[11]《公园设计规范》(GB 51192—2016).
[12] 孙川，董黎. 艺术设计教育中计算机辅助设计的教学思考 [J]. 大众文艺，2012 (6)：257.
[13] 熊平原，王毅. 农林类院校计算机辅助设计及应用公选课教学改革研究 [J]. 安徽农业科学，2015，43 (1)：315-316.
[14] 季又君. 工业设计与计算机辅助设计应用 [J]. 科技传播，2016，8 (8)：72-79.
[15] 刘敏. 对建筑施工图设计与制图的研究 [J]. 智能城市，2018，4 (16)：120-121.
[16] 张玫玫. 艺术设计专业计算机辅助设计课程教学探讨 [J]. 艺术教育，2018 (7)：132-133.
[17] 丁嘉树. 基于建筑施工图的建筑物信息提取方法研究 [D]. 赣州：江西理工大学，2017.